기하학연구서 시리즈 • 5

Lectures on Differential Geometry 2

양성덕의 미분기하강의 2편

- 공간곡률계산법 중심 -

양성덕 지음

KYOWOO

머리글

공간의 휘어진 정도, 즉 공간의 곡률을 어떻게 이해하고 계산할 것인가 하는 것은 수학적으로는 이미 백 칠십년, 물리적으로도 이미 백년이 넘는 역사를 보유한 깊이있는 이론이지만 여전히 대중적이기에는 어려운 주제인 것 또한 사실입니다.

이 책은 공간의 곡률에 대한 수학적 이해를 추구하고 싶은 이들을 대상으로 하며 쉬운 경우의 계산을 반복적으로 수행하게 하여 일정한 수준의 이해에 이르게 하는 걸 목표로 합니다. 이 책을 읽기 위한 전제 조건은 학부생을 대상으로 한 저의 졸저 양성덕의 미분기하강의 1편[5] 입니다. 거기에 나와 있는 개념과 기호, 계산들, 특히 5장 곡면의 내재적 기하를 이해하는 것은 이 강의록을 읽는 데에 필수적인 선수조건입니다.

모든 수학과 마찬가지로 미분기하학도 엄밀함이 생명이지만, 처음으로 고등 미분기하학을 공부하는 입장에서는 그 엄밀함을 다 갖추어 나가면서 앞으로 나아가는 게 쉽지만은 않습니다. 이 책은 대부분의 개념과 용어에 대한 정확한 정의와 기호의 엄밀한 사용은 조금 접어두고 몇 가지 이론과 계산 방법의 전달에 촛점을 맞추고 있습니다. 엄밀하게 이론을 전개해 나가는 미분기하학 양서들은 이미 많이 있으므로 완벽한 이해를 원하시는 분은 그런 책을 참고하면 되겠습니다.

곡률을 계산하는 데는 크게 세 가지 방법이 있습니다. 이탈리아 학파를 중심으로 개발된 국소좌표계를 이용한 방법, 카르탕에 의해 개발된 움직이는 틀장법, 아핀 접속을 이용한 법 등입니다. 물론 세 가지 다 같은 방법인데 겉으로 보기엔 많이 달라보입니다. 세 방법 모두 각자의 장단점이 있는데 이 책에서는 대부분의 예에서 접속을 사용하는 방법과 움직이는 틀장을 사용하는 방법을 모두 적용하여 두 방법을 비교할 수 있도록 하였습니다.

개인적으로 움직이는 틀장법에 대한 책을 쓰는 데에 감회가 깊습니다. 학부생 시절 그 방법으로 곡선과 곡면의 미분기하학을 처음 배웠는데 일년을 공부하고 나서도 그 방법의 아리송함을 정확히 이해할 수 없음에 느꼈던 황당함은 나중에 우리나라 수학도들이 쉽게 읽을 수 있는 미분기하 책을 써야겠다는 결심을 하게 된 계기가 됐습니다. 지금도 움직이는 틀장법을 완벽히 이해했다고 말할 순 없다고 생각하지만 이 책이 그 내용을 이해하고자 하는 분들께 약간의 도움은 되리라고 생각합니다. 많이 부족하지만 이 책을 펴냄으로써 오랫동안 마음 속에 담고 있었던 부담을 하나 덜게 된 것 같아 조금은 마음이 편해졌습니다.

1장에서는 3차원 유클리드 공간 다음으로 가장 단순한(?) 공간인 3차원 구의 기하를 다루면서 비-유클리드 공간의 기하를 어떻게 들여다 볼 것인가 하는 전개방법의 틀을 제시합니다. 2장에서는 곡면의 곡률을 계산하는 법을 소개합니다. 3장에서는 유클리드 공간, 쌍곡 공간, 3차원 구 공간 등의 곡률을 계산하는 법을 소개합니다. 4장에서는 공간의 곡률에 대한 정의와 일반적 계산법을 다룹니다. 5장에서는 움직이는 틀장으로 공간의 곡률을 계산하는 법과 그것이 접속을 직접 이용한 방법과 왜 같은 결과를 주는지 설명합니다. 6장에서는 곡선의 곡률, 7장에서는 공간에 들어있는 곡면의 곡률을 계산하는 법을 소개합니다. 8장에서는 4차원 로렌쯔 공간에 들어있는 여러 3차원 공간을 소개합니다. 9장에서는 여러 3차원 리 행렬군에 계량기를 주는 법을 소개합니다. 10장에서는 로렌쯔 다양체의 곡률에 대하여 공부합니다. 특히 4차원 더시터르 공간과 반 더시터르 공간의 단면 곡률을 계산해 봅니다. 11장에서는 슈바르쯔쉴드 시공간에 대하여 공부합니다. 아인쉬타인의 방정식으로부터 어떻게 이 시공간을 유도하고 그 식으로부터 어떻게 수성의 근일점 이동을 해석하는가를 다룹니다. 부록 A에서는 리만이 공간의 곡률을 어떻게 생각해 냈을까에 대한 해설을 제시합니다. 부록 B에서는 여러 시공간의 아인쉬타인 텐서를 계산하는 매쓰매티카 코드를 제시합니다.

이 강의록을 쓰는 데 있어서 여러 분들과 기관으로부터 많은 도움을 받았습니다. 그 모든 분들의 성함을 일일이 거명하면서 감사의 마음을 표하기가 어려워 이렇게나마 감사하다는 말씀을 드릴 수 밖에 없습니다. 한국연구재단의 연구비 지원(NRF 2017R1E1A1A03070929, NRF 2020R1F1A1A01074585, 4단계 BK21)에도 감사합니다. 그리고 지난 20여 년간 제게 훌륭한 교육과 연구의 환경을 제공해 준 고려대학교와 부족한 제 강의에도 열심히 따라와 준 고려대학교 학생들에게 감사합니다.

완벽함을 추구하면서 쓴 강의록은 아니지만 그것이 향후 발견될 수많은 오류, 오타 등에 대한 변명이 될 수는 없을 것입니다. 이건 고쳐야 된다 하는 부분을 보게 되면 꼭 전달 부탁드립니다. 적절한 시점에 개정판을 내면서 더욱 더 완벽한 모습을 갖추도록 노력하겠습니다.

고려대학교 아산이학관에서

양성덕 드림

차 례

제 1 장

3차원 구

1.1 3차원 구를 바라보는 여러 가지 방법

1.1.1 $\mathbb{E}^4$ 의 부분 공간으로 보기

실수 네 개로 이루어진 모든 순서쌍들의 모임을 $\mathbb{R}^4$ 라 한다. $\mathbb{R}^4$ 에 통상적인 벡터공간의 구조와 표준 내적

$$\langle (x_1, y_1, z_1, w_1), (x_2, y_2, z_2, w_2) \rangle = x_1x_2 + y_1y_2 + z_1z_2 + w_1w_2$$

을 준 것을 4차원 유클리드 공간이라 하고 $\mathbb{E}^4$ 로 나타낸다. 이 내적을 이용하여 정의한 거리 함수에 대하여 원점으로부터의 거리가 1인 모든 점들의 집합을 표준 단위 3차원 구라 하고 $\mathbb{S}^3(1)$ 로 나타낸다. 즉

$$\mathbb{S}^3(1) = \{(x, y, z, w) \in \mathbb{E}^4 : x^2 + y^2 + z^2 + w^2 = 1\}.$$

사실 원점이 아닌 다른 점으로부터 거리가 일정한 점들의 집합도 다 3차원 구라 불러야 하겠으나 편의상 3차원 구라 하면 위 표준 단위 3차원 구를 뜻하는 것으로 한다.

1.1.2 $\mathbb{C}^2$ 의 부분 공간으로 보기

$x + iy = \mathrm{z}, z + iw = \mathrm{w}$ 로 나타내면 $\mathbb{S}^3(1)$ 을 $\mathbb{C}^2$ 의 부분집합으로 볼 수도 있다.

$$\mathbb{S}^3(1) := \{(\mathrm{z}, \mathrm{w}) \in \mathbb{C}^2 : \mathrm{z}\bar{\mathrm{z}} + \mathrm{w}\bar{\mathrm{w}} = 1\}.$$

$\mathbb{S}^3(1)$ 을 이렇게 보면 복소수의 성질을 이용할 수 있으므로 3차원 구를 서술하는 데에 조금 더 편리하다. 예를 들어

$$(\mathrm{z}, \mathrm{w}) \mapsto (e^{i\theta}\mathrm{z}, e^{i\phi}\mathrm{w})$$

는 xy-평면에서 원점을 θ 만큼, zw-평면에서 원점을 ϕ 만큼 회전하는 것을 나타낸다.

1.1.3 행렬 공간의 부분 공간으로 보기

구의 한 점을 다음과 같이 행렬로 볼 수 있다.

$$M = \begin{pmatrix} \mathrm{z} & \mathrm{w} \\ -\bar{\mathrm{w}} & \bar{\mathrm{z}} \end{pmatrix}, \quad \mathrm{z}\bar{\mathrm{z}} + \mathrm{w}\bar{\mathrm{w}} = 1.$$

이렇게 생긴 모든 행렬들의 집합을 **SU**(2)라 하는데 이는 군(group)이 되며 더 나아가 리 군(Lie group)이라는 게 된다. 즉, **SU**(2)와 $\mathbb{S}^3(1)$은 일대일 대응된다. 이렇게 $\mathbb{S}^3(1)$을 행렬집합으로 보는 이유는 무엇일까? 그건 $\mathbb{S}^3(1)$에 군 구조를 줄 수 있기 때문이며 리 군론을 적용시킬 수 있어 더욱 더 풍부한 이론이 나온다. 예를 들어 두 점 사이의 곱을 생각할 수 있다. 김영욱·고성은[4]에 $\mathbb{S}^3(1)$의 기하에 대한 조금 자세한 설명이 있다.

1.1.4 지도를 통해 보기

북극점 $N = (0,0,0,1)$로부터의 입체 사영 $\pi_N : \mathbb{S}^3(1)\backslash\{N\} \to R^3$를 이용하여 $\mathbb{S}^3(1) \setminus \{N\}$을 R^3로 사영할 수 있다.

$$\pi_N(x,y,z,w) := \left(\frac{x}{1-w}, \frac{y}{1-w}, \frac{z}{1-w}\right).$$

이 입체사영은 역함수 $\pi_N^{-1} : R^3 \to \mathbb{S}^3(1) \setminus \{N\}$를 가지며 다음과 같다.

$$\pi_N^{-1}(u,v,w) := \frac{(2u, 2v, 2w, u^2+v^2+w^2-1)}{u^2+v^2+w^2+1}.$$

그런데 π_N^{-1}에 의한 $\mathbb{R}^3$의 상은 $\mathbb{S}^3(1)$ 전체를 다 덮지 못한다. 그래서 남극점 $S := (0,0,0,-1)$로부터의 입체사영 $\pi_S : \mathbb{S}^3(1)\backslash\{S\} \to R^3$도 생각한다.

$$\pi_S(x,y,z,w) = \left(\frac{x}{1+w}, \frac{y}{1+w}, \frac{z}{1+w}\right).$$

π_S 를 이용하여 $\mathbb{S}^3(1) \setminus \{S\}$ 를 R^3 로 사영할 수 있다. 이 사영에 대한 역함수 $\pi_S^{-1} : R^3 \to \mathbb{S}^3(1) \setminus \{S\}$ 는 다음과 같다.

$$\pi_S^{-1}(a, b, c) = \frac{(2a, 2b, 2c, 1 - a^2 - b^2 - c^2)}{1 + a^2 + b^2 + c^2}.$$

이러면 $\pi_S \circ \pi_N^{-1}$ 와 $\pi_N \circ \pi_S^{-1}$ 은 $\mathbb{R}^3 \setminus \{0\}$ 에서 $\mathbb{R}^3 \setminus \{0\}$ 으로 가는 사상이 된다. 여기서 (a, b, c) 와 (u, v, w) 사이의 관계는 다음과 같다.

$$(a, b, c) = \pi_S \circ \pi_N^{-1}(u, v, w) = \frac{(u, v, w)}{u^2 + v^2 + w^2},$$

$$(u, v, w) = \pi_N \circ \pi_S^{-1}(a, b, c) = \frac{(a, b, c)}{a^2 + b^2 + c^2}.$$

$(a^2+b^2+c^2)(u^2+v^2+w^2) = 1$ 임에 주목하라. (a, b, c) 와 (u, v, w) 는 단위구에 대하여 반전의 관계에 있다. 그리고

$$\det \frac{\partial(u, v, w)}{\partial(a, b, c)} = -(a^2 + b^2 + c^2)^{-3}$$

여서 향이 뒤집어지고 있음을 알 수 있다. $(\mathbb{R}^3, \pi_N^{-1})$ 와 $(\mathbb{R}^3, \pi_S^{-1})$ 는 각각 3차원 구의 지도(chart)가 되며 이 둘로 이루어진 집합

$$\{(\mathbb{R}^3, \pi_N^{-1}), (\mathbb{R}^3, \pi_S^{-1})\} \tag{1.1}$$

은 3차원 구의 지도책(atlas)이 된다. 구에서 무슨 일이 벌어지고 있는지 보기 위해선 대부분의 경우 $(\mathbb{R}^3, \pi_N^{-1})$ 지도만 보면 되나 북극점과 그 근방에서 무슨 일이 벌어지고 있는지 보기 위해선 $(\mathbb{R}^3, \pi_S^{-1})$ 를 봐야 한다. 또는, 북극점, 남극점에 상관하지 않더라도 어느 지도를 가지고 있는가에 따라 어떻게 서술하는 가를 분명히 해야 한다. 다양체 공부의 첫 걸음은 지도를 바꿨을 때 어떻게 그 서술이 바뀌는 가를 알아내는 데에 있다고 할 수 있다. 점, 곡선, 영역 등이 어떻게 바뀌는 가는 거의 자명하다. $\mathbb{S}^3(1)$ 의 계량기는 각 지도에서 다음과 같이 표현된다.

$$ds^2 = \frac{4(du^2 + dv^2 + dw^2)}{(1 + u^2 + v^2 + w^2)^2} = \frac{4(da^2 + db^2 + dc^2)}{(1 + a^2 + b^2 + c^2)^2}.$$

1.1.5 어느 방법으로 구를 볼 것인가?

일단 $\mathbb{E}^4$ 의 부분다양체로 $\mathbb{S}^3(1)$ 을 보는 것이 가장 자연스러운 것으로 생각된다. 2차원 유클리드 평면 $\mathbb{E}^2$, 3차원 유클리드 공간 $\mathbb{E}^3$ 을 공부하면서 얻은 지식을 직관을 통해서 $\mathbb{E}^4$ 로 확장해보면 $\mathbb{E}^4$ 의 성질을 어렵지 않게 유추할 수 있다. 그래서 $\mathbb{E}^4$ 의 부분공간으로 $\mathbb{S}^3(1)$ 을 바라보는 것은 사실 $\mathbb{E}^3$ 의 곡면 $\mathbb{S}^2(1)$ 을 바라보는 것과 비슷한 면이 많아 이해하기 쉽다. 최소한 개념적으로, 계산적으로 그렇다. 그렇지만 아쉬운 점은, 일반적으로 이렇게는 $\mathbb{S}^3(1)$ 을 시각적으로 볼 수가 없다는 것이다.

$\mathbb{S}^3(1)$ 을 눈으로 볼 수 있는 가장 좋은 방법은 아마 입체사영을 통해 만들어진 지도를 통해서 보는 것일 것이다. 계량기만 주어진 지도를 가지고 기하를 연구하는 것이 가능함을 쌍곡 평면의 예를 통하여 알아보았었는데 이제는 3차원 구의 기하를 구의 지도 공간을 가지고 들여다 보자는 것이다. 이렇게 구를 바라보는 방법은 결국 휘어진 공간, 더 나아가 다양체를 바라보는 가장 일반적인 방법이 되므로 이를 잘 이해하는 것이 좋다.

위 두 방법 간의 관계를 살펴보는 건 역시 입체사영을 통하여 이루어진다.

1.2 $\mathbb{E}^4$ 의 부분 공간으로 본 3차원 구의 기하

이렇게 구를 보면 $\mathbb{S}^3(1)$ 은 $\mathbb{E}^4$ 의 기하를 물려받는다. 이는 3차원 유클리드 공간에 있는 곡면이 3차원 유클리드 공간의 기하를 물려받는다는 것과 같은 의미다.

1.2.1 3차원 구에 있는 곡선, 곡면, 영역의 예

예를 들어 다음은 모두 $\mathbb{S}^3(1) \subset \mathbb{E}^4$ 에 있는 곡선들이다.

$$\begin{aligned}
\alpha_1(t) &:= (\cos t, \sin t, 0, 0), \\
\alpha_2(t) &:= (0, 0, \cos t, \sin t), \\
\alpha_3(t) &:= \tfrac{1}{\sqrt{2}}\left(\cos t, \sin t, \cos t, \sin t\right), \\
\alpha_4(t) &:= \tfrac{1}{\sqrt{2}}(\cos t, \sin t, \cos -t, \sin -t).
\end{aligned}$$

예를 들어 다음은 3차원 구면에 있는 2차원 구면이다.

$$\{(x, y, z, w) \in \mathbb{S}^3(1) : x^2 + y^2 + z^2 = 1, w = 0\}.$$

다음은 클리포드 원환면(Clifford Torus)이라는 것인데 3차원 구에 들어 있는 곡면 중 매우 흥미로운 것이다.

$$CT := \left\{(x, y, z, w) \in \mathbb{S}^3(1) : x^2 + y^2 = \frac{1}{2}, z^2 + w^2 = \frac{1}{2}\right\}.$$

이는 사실 다음 곡면의 특수한 경우, 즉 $r = \frac{\pi}{4}$ 인 경우다.

$$CT(r) := \left\{(x, y, z, w) \in \mathbb{S}^3(1) : \begin{array}{l} x^2 + y^2 = \cos^2(r), \\ z^2 + w^2 = \sin^2(r) \end{array}\right\}.$$

이를 일반적 클리포드 원환면이라 한다. $CT(r)$를 입체사영 π_N을 통해 $\mathbb{R}^3$로 보낸 이미지를 그려보면 곡면의 이름에 원환면이 들어 있는 이유를 눈으로 보게 된다.

1.2.2 3차원 구에서 길이, 각도, 넓이, 부피

3차원 구 $\mathbb{S}^3(1)$의

곡선 $\gamma : t \in [a, b] \to \mathbb{S}^3(1) \subset \mathbb{E}^4$ 의 길이,
곡면 $X : (u^1, u^2) \in \mathcal{U} \subset \mathbb{R}^2 \to \mathbb{S}^3(1)$ 의 넓이,
영역 $Y : (v^1, v^2, v^3) \in \mathcal{V} \subset \mathbb{R}^3 \to \mathbb{S}^3(1)$ 의 부피

등은 모두 γ, X, Y를 $\mathbb{E}^4$로 들어가는 사상으로 간주하여 구한다. 즉,

$$\begin{aligned}\text{Length}(\gamma) &:= \int_a^b \sqrt{\langle\gamma',\gamma'\rangle}\,dt,\\ \text{Area}(X(\mathcal{U})) &:= \iint_{\mathcal{U}} \sqrt{\det g}\,du^1du^2,\\ \text{Volume}(Y(\mathcal{V})) &:= \iiint_{\mathcal{V}} \sqrt{\det h}\,dv^1dv^2dv^3.\end{aligned}$$

여기서 $\langle,\rangle$는 $\mathbb{E}^4$의 내적이며 g, h는 각각 $i, j \in \{1,2\}$, $k, \ell \in \{1,2,3\}$에 대하여

$$g_{ij} := \langle\partial_i X, \partial_j X\rangle, \qquad h_{k\ell} := \langle\partial_k Y, \partial_\ell Y\rangle$$

를 성분으로 가지는 2×2, 3×3 행렬이다.

질문 1.2.1. 위 정의에 따라 $\alpha_1, \alpha_2, \alpha_3, \alpha_4$의 길이를 구해보아라.

질문 1.2.2. α_3과 α_4가 만나는 각도를 구해보아라.

질문 1.2.3. 일반적 클리포드 원환면 $CT(r)$의 매개식을 구하고 이 매개식에 대한 계량기의 표현을 구해 보아라. 일반적 클리포드 원환면 $CT(r)$의 넓이를 구하여라.

질문 1.2.4. 일반적 클리포드 원환면 $CT(r)$의 내부의 부피와 외부의 부피를 모두 구하여라.

위 논의 중에는 $\gamma', \partial_i X, \partial_k Y$ 등과 같이 관련된 함수의 일계미분이 등장하는데 이들은 모두 3차원 구에 접한다는 특징을 가지고 있다. 점 $p \in \mathbb{S}^3(1)$에서 $\mathbb{S}^3(1)$에 접하는 모든 접벡터들의 집합을 $T_p\mathbb{S}^3(1)$이라 하고 3차원 구의 p에서의 접공간(tangent space of $\mathbb{S}^3(1)$ at p)이라 한다. $p \in \mathbb{S}^3(1)$를 $\mathbb{E}^4$의 점으로 간주하였을 때 p

에 기점을 둔 모든 $\mathbb{E}^4$ 의 벡터들의 집합을 $T_p\mathbb{E}^4$ 라 하며 $V_p \in T_p\mathbb{E}^4$ 를 다음과 같이 $T_p\mathbb{S}^3(1)$ 로 보내는 사상을 사영이라 하고 $^{\tilde{T}}$ 로 나타낸다.

$$^{\tilde{T}} : T_p\mathbb{E}^4 \to T_p\mathbb{S}^3(1), \qquad V_p^{\tilde{T}} := V_p - \langle V_p, p\rangle p.$$

1.2.3 3차원 구의 곧은선

임의의 $p \in \mathbb{S}^3(1) \subset \mathbb{E}^4$ 와 길이가 1인 $v_p \in T_p\mathbb{S}^3(1)$ 를 선택하라. 그러면

$$\langle p, p\rangle = \langle v_p, v_p\rangle = 1, \quad \langle p, v_p\rangle = 0.$$

따라서

$$\gamma(s) := \cos s\, p + \sin s\, v_p \tag{1.2}$$

는 모든 s 에 대하여 $\mathbb{S}^3(1)$ 에 들어있으며 속력은 항상 1이다. 또한 $\ddot{\gamma}(s) = -\gamma(s)$ 여서 $\ddot{\gamma}(s)$ 를 $T_{\gamma(s)}\mathbb{S}^3(1)$ 로 사영한 벡터 즉

$$\ddot{\gamma}(s)^{\tilde{T}} \tag{1.3}$$

은 **0**이다. 따라서 γ 는 곧은선이다. 역으로 모든 곧은선은 (1.2) 처럼 생겼다는 것은 쉽게 따질 수 있다.

1.2.4 3차원 구의 강체운동

0이 아닌 임의의 두 실수 a, b 에 대하여 다음 두 사상

$$R_{a,\theta}(x,y,z,w) := (\cos a\theta\, x - \sin a\theta\, y, \sin a\theta\, x + \cos a\theta\, y, z, w),$$
$$S_{b,\theta}(x,y,z,w) := (x, y, \cos b\theta\, z - \sin b\theta\, w, \sin b\theta\, z + \cos b\theta\, w)$$

는 각각 xy-평면에서의 회전, zw-평면에서의 회전 (rotation) 이다. $\mathbb{S}^3(1)$ 은 이 회전에 의하여 보존된다. 이를 $\mathbb{E}^4$ 의 회전으로 보았을 때는 회전의 축이 없다. 하지만 이를 $\mathbb{S}^3(1)$ 에 국한시키면 회전의

축이 있다. 그걸 살펴보기 위하여 $p = (1, 0, 0, 0)$, $v_p = (0, 1, 0, 0)$에 대하여 (1.2)로 주어진 곡선

$$\gamma(s) = \cos s(1, 0, 0, 0) + \sin s(0, 1, 0, 0) = (\cos s, \sin s, 0, 0)$$

를 생각한다. 이는 $\mathbb{S}^3(1)$의 곧은선이다. $S_{b,\theta}$는 이 곡선을 전혀 변화시키지 않는다. 따라서 γ는 $S_{b,\theta}$의 축이다. 한편 $R_{a,\theta}$는 $\gamma(s_0)$를 $\gamma(s_0 + a\theta)$로 보내며 이는 γ를 따라가는 평행이동(translation)에 해당한다. $S_{b,\theta} \circ R_{a,\theta}$는 나선운동(helicoidal motion)이며 이 또한 $\gamma(s_0)$를 $\gamma(s_0 + a\theta)$로 보낸다.

질문 1.2.5. 왜 $S_{b,\theta} \circ R_{a,\theta}$가 γ를 따라가는 평행이동이 아니며 $R_{a,\theta}$가 γ에 대한 나선운동이 아닌지 설명하여라.

1.2.5 3차원 구의 곡면의 곡률

3차원 유클리드 공간의 곡면론을 3차원 구면에서 전개하려면 가장 먼저 무엇을 정의하여야 할까? 여러 가지 방법으로 3차원 구의 곡면론을 전개할 수 있겠지만 가우스 사상은 그 어느 이론전개에서도 필수불가결한 요소일 것이다. 자, $\mathbb{S}^3(1)$의 곡면

$$X : \mathcal{U} \subset \mathbb{R}^2 \to \mathbb{S}^3(1) \subset \mathbb{E}^4$$

에 대한 단위법벡터를 어떻게 정의하면 될까?

$X_1 := \partial X/\partial u^1, X_2 := \partial X/\partial u^2$는 모두 곡면에 접하는데 이와 같이 곡면의 점 p에서 곡면에 접하는 모든 벡터들의 집합을 T_pM이라 한다. 단위 법벡터는 일단은 유클리드 공간의 곡면론에서처럼 다음과 같이 정의하면 될 것이다.

정의 1.2.1. $T_p\mathbb{S}^3(1)$의 원소이면서 X_1, X_2에 모두 수직이고 길이가 *1*인 벡터 G 중 X_1, X_2, G가 양의 향을 가지는 것을 가우스 사상 *(Gauss map)*이라 한다.

이를 구체적으로 계산하는 법은 다음과 같다.

소정리 1.2.1. $X = (x, y, z, w)$, $X_i := \partial X/\partial u^i = (x_i, y_i, z_i, w_i)$,

$$X_1 \wedge X_2 := \begin{pmatrix} \mathbf{i} & \mathbf{j} & \mathbf{k} & \mathbf{l} \\ x_1 & y_1 & z_1 & w_1 \\ x_2 & y_2 & z_2 & w_2 \\ x & y & z & w \end{pmatrix}$$

라 할 때

$$G = \frac{X_1 \wedge X_2}{|X_1 \wedge X_2|}.$$

여기서 $\mathbf{i}, \mathbf{j}, \mathbf{k}, \mathbf{l}$은 각각 x-축, y-축, z-축, w-축에서 양의 방향을 가리키는 단위벡터다. 즉

$$\mathbf{i} = (1, 0, 0, 0),\ \mathbf{j} = (0, 1, 0, 0),\ \mathbf{k} = (0, 0, 1, 0),\ \mathbf{l} = (0, 0, 0, 1).$$

행렬식의 성질을 적용시키면 이 G가 가우스 사상의 모든 성질을 만족시킨다는 것을 쉽게 알 수 있다. 이 G를 사용하여 $T_p\mathbb{S}^3(1)$에서 $T_pM \subset T_p\mathbb{S}^3(1)$으로의 사영을 정의할 수 있다.

$$^T : T_p\mathbb{S}^3(1) \to T_pM, \quad v_p^T := v_p - \langle v_p, G\rangle G.$$

이제 곡면 X에 대하여 모양연산자 S는 다음과 같이 정의한다.

$$S : T_pM \to T_pM, \quad S(v_p) := [-(G \circ \gamma)'(0)]^T. \tag{1.4}$$

여기서 $\gamma : (-\epsilon, \epsilon) \to M \subset \mathbb{S}^3(1)$는

$$\gamma(0) = p, \qquad \gamma'(0) = v_p$$

인 곡면 M의 곡선이다. $\mathbb{E}^3$의 곡면에 대한 모양연산자의 정의와 매우 비슷하다. 이 모양연산자 또한 선형대칭이다.

이제 곡면의 외재적 가우스 곡률 K_{ext}와 평균곡률 H를 다음과 같이 정의한다.

$$K_{ext} := \det S, \qquad H := \frac{1}{2}\,\mathrm{tr}\, S.$$

여기서 $\mathbb{E}^3$의 곡면론에서처럼 그냥 K를 쓰지 않고 K_{ext}라 쓴 데에는 이유가 있다. 가우스의 놀라운 정리에 의하면 유클리드 공간의 곡면에 대해서는 제 1 기본형식만으로도 K를 계산할 수 있었다. 그 식을 차용하여 $\mathbb{S}^3(1)$의 곡면에 대해서도 제1 기본형식만을 이용한 곡률을 정의할 수 있는데 그걸 K_{int}라 하면 사실은 다음이 성립한다.

$$K_{int} = K_{ext} + 1.$$

유클리드 공간의 곡면에 대해선

$$K_{int} = K_{ext},$$

나중에 공부할 쌍곡 공간 $\mathbb{H}^3(-1)$의 곡면에 대해선

$$K_{int} = K_{ext} - 1$$

이 성립한다. 자세한 증명은 §7.7에 제시하여 두었다.

1.3 3차원 구의 접속

앞에서 $\mathbb{S}^3(1)$에 있는 곡선과 곡면의 곡률을 살펴보았는데 그 둘은 모두 한 벡터장이 어떤 방향으로 얼마나 변하는가와 관련이 있다. 곡선의 곡률을 생각할 때는 $\dot\gamma$이 $\dot\gamma$ 방향으로 얼마나 변하는가를 살펴보았고 곡면의 곡률을 생각할 때는 G가 v 방향으로 얼마나 변하는가(의 –)를 살펴보았다. 그걸 좀더 이론적으로 살펴보고자 할 때 접속(connection)이라는 것을 활용하면 편리하다. 먼저 $\mathbb{E}^4$의 접속 D에 대하여 다음을 알아보자. 이론 전개를 위해 $\mathbb{E}^4$의

벡터장을 다음과 같이 나타내자.

$$\begin{aligned}(f^1, f^2, f^3, f^4) &= f^1\mathbf{i} + f^2\mathbf{j} + f^3\mathbf{k} + f^4\mathbf{l} \\ &= f^1\partial_1 + f^2\partial_2 + f^3\partial_3 + f^4\partial_4 \\ &= \sum_{j=1}^{4} f^j\partial_j\end{aligned}$$

그런데 앞으로는 이 책 전체에 걸쳐 아인쉬타인의 합 표기법을 적용시켜 한 첨자가 위아래에 동시에 나타나는 합은 $\sum$ 기호를 생략한다. 즉

$$f^j\partial_j := \sum_{j=1}^{4} f^j\partial_j$$

그러면 $f^j\partial_j$ 의 미분은 다음과 같다.

$$\begin{aligned}\partial_i(f^j\partial_j) &= \partial_i(f^1, f^2, f^3, f^4) \\ &= (\partial_i f^1, \partial_i f^2, \partial_i f^3, \partial_i f^4) \\ &= (\partial_i f^j)\partial_j.\end{aligned}$$

따라서

$$(g^i\partial_i)(f^j\partial_j) = g^i(\partial_i(f^j\partial_j)) = g^i((\partial_i f^j)\partial_j).$$

이것을 다음과 같이 표현한다.

$$D_{g^i\partial_i}(f^j\partial_j) := g^i(\partial_i f^j)\partial_j.$$

소정리 1.3.1. *D는 정의 4.3.1의 성질 (1)~(4)와 성질 (5)~(6)을 만족시킨다.*

이의 증명은 독자에게 맡긴다. 이제 $\mathbb{S}^3(1)$의 접속 ∇을 정의하려고 하는데 그 전에 먼저 $\mathfrak{X}(\mathbb{S}^3(1))$라는 걸 $\mathbb{S}^3(1)$ 전체에 정의된 모든 벡터장들의 집합으로 정의해 둔다. 그러면 $\mathbb{S}^3(1)$의 접속

$$\nabla : \mathfrak{X}(\mathbb{S}^3(1)) \times \mathfrak{X}(\mathbb{S}^3(1)) \to \mathfrak{X}(\mathbb{S}^3(1)), \qquad (X, Y) \mapsto \nabla_X Y$$

는 다음과 같이 정의된다.

$$\begin{aligned}(\nabla_X Y)(p) &:= (D_X Y)(p)^{\tilde{T}} \\ &= (D_X Y)(p) - \langle (D_X Y)(p), p\rangle p.\end{aligned}$$

이를 간단히 다음과 같이 쓰자.

$$\nabla_X Y = D_X Y - \langle D_X Y, p\rangle p.$$

소정리 1.3.2. $\mathbb{S}^3(1)$ 의 접속 ∇ 은 성질 *(1)~(4)*와 소정리 *4.5.1*의 성질 *(5)~(6)*을 만족시킨다.

증명 (1), (2)가 성립하는 것은 D와 내적 $\langle , \rangle$ 의 성질로부터 쉽게 볼 수 있다. 한편

$$\begin{aligned}\nabla_{fX} Y = D_{fX} Y - \langle D_{fX} Y, p\rangle p &\overset{(a)}{=} f D_X Y - \langle f D_X Y, p\rangle p \\ = f(D_X Y - \langle D_X Y, p\rangle p) &= f\nabla_X Y.\end{aligned}$$

여기서 (a)는 D가 (1)~(6)을 만족시키기 때문에 성립한다. 따라서 (3)이 성립한다. 한편

$$\begin{aligned}\nabla_X fY &= D_X fY - \langle D_X fY, p\rangle p \\ &= X(f)Y + fD_X Y - \langle X(f)Y + fD_X Y, p\rangle p \\ &= X(f)Y + fD_X Y - \langle fD_X Y, p\rangle p \\ &= X(f)Y + f(D_X Y - \langle D_X Y, p\rangle p) \\ &= X(f)Y + f\nabla_X Y.\end{aligned}$$

따라서 (4)가 성립한다. 한편

$$\begin{aligned}\nabla_X Y - \nabla_Y X &= (D_X Y - \langle D_X Y, p\rangle p) - (D_Y X - \langle D_Y X, p\rangle p) \\ &= D_X Y - D_Y X - \langle D_X Y - D_Y X, p\rangle p \\ &= [X, Y] - \langle [X, Y], p\rangle p.\end{aligned}$$

여기서 X, Y가 $\mathbb{S}^3(1)$ 에 접하므로 $[X, Y]$ 또한 $\mathbb{S}^3(1)$ 에 접한다. 따라서 $\langle [X, Y], p\rangle p = 0$. 그러므로

$$\nabla_X Y - \nabla_Y X = [X, Y].$$

따라서 비틀림 없음 조건 (5)가 성립한다. 마지막으로 다음을 살펴보자.

$$\begin{aligned} X\langle Y, Z\rangle &= \langle D_X Y, Z\rangle + \langle Y, D_X Z\rangle \\ &= \langle \nabla_X Y + \langle D_X Y, p\rangle p, Z\rangle + \langle Y, \nabla_X Z + \langle D_X Z, p\rangle p\rangle \\ &= \langle \nabla_X Y, Z\rangle + \langle Y, \nabla_X Z\rangle \end{aligned}$$

따라서 어울림 조건 (6)이 성립한다. ■

이제 (1.3)에 제시된 곡선의 가속도, (1.4)에 제시된 모양연산자를

$$\nabla_{\gamma'}\gamma', \qquad -\nabla_v G$$

등으로 쓰면 될 것 같으나 그 정의를 잘 살펴보면 아직은 $\nabla_{\gamma'}\gamma'$, $\nabla_v G$ 등의 기호를 사용하는 데에 있어 문제가 있음을 알게 된다. 무엇보다도 $\nabla_X Y$ 의 X, Y 는 $\mathbb{S}^3(1)$ 전체에 정의된 것인데 γ', v, G 등은 그렇지 않다. 이 부분을 어떻게 처리하는가는 §6.1, §7.2 등에 제시하였다.

당장 다음 장부터 곡면과 공간의 곡률을 계산하는 데에 ∇를 사용하는데 여기서도 비슷한 문제가 발생한다. 우리는 지도를 사용하여 곡면이나 공간을 들여다 볼 것인데 지도는 곡면, 공간의 일부만을 나타내며 따라서 계산적으로는 공간의 일부에만 정의된 것처럼 보이는 벡터장을 가지고 ∇를 계산하는 것처럼 보인다. 그렇지만 여기서 발생하는 문제는 가속도나 모양연산자를 생각할 때와는 간단한 문제로 곡률을 국지적으로 생각한다는 것으로 넘어갈 수 있다.

1.4 3차원 구의 내재적 기하

1.4.1 내재적 기하의 정의

앞에 제시된 3차원 구 $\mathbb{S}^3(1)$의 정의를 보면 $\mathbb{S}^3(1)$은 처음부터 $\mathbb{E}^4$에 들어있는 대상으로 설정되어 있다. 그러나 이는 이론 전개의 편의상 그런 것이며 사실 $\mathbb{S}^3(1)$을 다른 데에 들어있는 것으로 보고 이론을 전개할 수도 있다. 예를 들어 $\mathbb{C}^2$에 들어있는 것으로 $\mathbb{S}^3(1)$를 생각할 수도 있다. 그런데 $\mathbb{C}^2$와 $\mathbb{E}^4$는 같다고 볼 수 있으므로 $\mathbb{S}^3(1)$가 $\mathbb{C}^2$에 들어있다고 보는 것과 $\mathbb{E}^4$에 들어있다고 보는 것은 어쩌면 같은 관점이라고 볼 수도 있다. 그런데 이미 §1.1.3에서 살펴보았지만 $\mathbb{S}^3(1)$은 **SU**(2)와 같다고 할 수 있으며 나중에 §9.5에서 보겠지만 **SU**(2)의 군 구조를 이용하여 왼불변 계량기를 주면 이 계량기는 $\mathbb{S}^3(1)$이 $\mathbb{E}^4$로부터 물려받는 계량기와 일치한다. 계량기가 일치하므로 계량기를 이용해서 정의하는 모든 성질들, 길이, 각도, 넓이, 부피, 레비-치비타 접속, 곡률 등은 어디에 들어있다고 보는 가에 상관없이 같다.

이와 같이 구가 어디 들어있든지 상관없이 성립하는 기하를 구의 내재적 기하(intrinsic geometry)라 한다. 내재적 기하는 사실 구가 어디에 들어있는가를 보지 않고 (1.1)에서 살펴본 바와 같이 2개의 지도를 붙여만든 추상적인 대상으로 $\mathbb{S}^3(1)$를 들여다보면서 전개할 수도 있는데 그게 이 책에서 곡면과 공간을 바라보는 기본적 관점이다. (1.1)의 각 지도는 $\mathbb{S}^3(1)$에서 한 점이 빠진 것이므로 ∞로 갈 때 어떻게 가는지 그 극한을 잘 설정해두면 한 장의 지도로도 $\mathbb{S}^3(1)$의 내재적 기하를 다 안다고 할 수 있다. 따라서 $\mathbb{S}^3(1)$를 다음과 같이 π_N^{-1}를 이용하여 만든 지도에 다음 계량기를 준 것으로 보자.

$$\left(\mathbb{R}^3 \cup \{\infty\}, ds^2 = \frac{4(du^2 + dv^2 + dw^2)}{(1 + u^2 + v^2 + w^2)^2}\right).$$

기호의 편의상 이를 $(\mathbb{R}^3, ds^2)$으로 나타내자. 이러면 $(\mathbb{R}^3, ds^2)$의

곡선, 곡면, 영역은 $\mathbb{S}^3(1)$ 의 곡선, 곡면, 영역을 나타내며 이것들의 길이, 넓이, 부피 등은 굳이 $\mathbb{E}^4$ 로 돌아가지 않더라도 위 계량기 ds^2 으로 구하면 된다.

질문 1.4.1. *§1.2.1*의 곡선, 곡면, 영역을 $(\mathbb{R}^3, ds^2)$ 에 나타내고 그 것의 길이, 넓이, 부피를 ds^2 을 이용해서 구해 보아라.

1.4.2 벡터를 나타내는 방법

$\mathbb{S}^3(1)$ 을 $\mathbb{E}^4$ 에 들어있는 것으로 보지 않고 위와 같이 한 장의 지도로 볼 때 가장 먼저 부딪히는 어려움은 접벡터를 어떻게 나타낼 것인가 하는 것이다. 거두절미하고 결론부터 말하자면 접벡터 v를 함수에 작용하는 편미분연산자로 보며 다음과 같이 나타낸다. $p \in \mathbb{R}^3$ 와 $a, b, c : \mathbb{R}^3 \to \mathbb{R}$ 에 대하여

$$v(p) = a(p)\frac{\partial}{\partial u}\Big|_p + b(p)\frac{\partial}{\partial v}\Big|_p + c(p)\frac{\partial}{\partial w}\Big|_p .$$

벡터를 왜 이렇게 나타내는가 하는 기초적 설명을 [5] 에서 찾아볼 수 있다. 한편

$$a(p)du_p + b(p)dv_p + c(p)dw_p$$

등은 벡터공간 $T_p\mathbb{S}^3(1)$ 에 작용하는 선형함수, 즉 일-형식 (one form) 을 나타내며, 편의상 $(u, v, w) = (u^1, u^2, u^3)$ 이라 할 때, 다음을 만족시킨다.

$$du_p^i\left(\frac{\partial}{\partial u^j}\Big|_p\right) = \delta_j^i := \begin{cases} 1 & \text{단 } i = j, \\ 0 & \text{단 } i \neq j. \end{cases}$$

1.4.3 벡터 사이의 대응관계와 1-형식 사이의 대응관계

$\mathbb{S}^3(1) \subset \mathbb{E}^4$ 의 접벡터와 위에서 정한 $(\mathbb{R}^3, ds^2)$ 의 벡터간 대응관계를 이해하는 것은 중요하다. $(u, v, w) \in \mathbb{R}^3$ 를 $(x, y, z, w) \in$

$\mathbb{S}^3(1) \subset \mathbb{E}^4$로 보내는 사상 π_N^{-1}을 편의상 Φ로 나타내자. 이제 $q \in \mathbb{R}^3$를 고정하자. 그러면 $\gamma(0) = q$인 곡선 $\gamma : (-\epsilon, \epsilon) \to \mathbb{R}^3$에 대하여 $\gamma'(0)$는 $\mathbb{R}^3$의 벡터고 $(\Phi \circ \gamma)'(0)$는 $\mathbb{S}^3(1)$의 접벡터인데 $\gamma'(0)$을 $(\Phi \circ \gamma)'(0)$에 대응시키는 사상 $\Phi_\star$는 $T_q\mathbb{R}^3$와 $T_{\Phi(q)}\mathbb{S}^3(1)$ 사이의 일대일대응이 된다. 이에 따르면 u, v, w를 u^1, u^2, u^3으로 나타낼 때 다음이 성립한다.

$$\Phi_\star \left(a^i \frac{\partial}{\partial u^i} \right) = a^i \frac{\partial \Phi}{\partial u^i}.$$

한편 1-형식 사이에는 x, y, z, w를 x^1, x^2, x^3, x^4로 나타낼 때 다음 대응관계가 일대일 대응이 된다.

$$\Phi^\star(dx^j) = \frac{\partial x^j}{\partial u^i} du^i.$$

1.4.4 접속

이제 $(\mathbb{R}^3, ds^2)$의 접속 ∇은 두 접벡터장 v, w에 대하여 두 벡터를 먼저 $\mathbb{E}^4$에 있는 $\mathbb{S}^3(1)$의 접벡터로 보고 거기서의 $\nabla_v w$를 계산한 다음 $\nabla_v w$를 다시 $(\mathbb{R}^3, ds^2)$으로 보내면 된다. 이것은 정의 4.3.1의 성질 (1)~(4)와 소정리 4.5.1의 성질 (5)~(6)을 만족시킨다.

1.4.5 3차원 구의 곡면론

이제 곡면 $X : \mathbb{R}^2 \supset \mathcal{U} \ni (s^1, s^2) \mapsto (u^1, u^2, u^3) \in (\mathbb{R}^3, ds^2)$을 생각하자. 곡면의 접벡터장은 다음과 같이 표현된다.

$$X_i = \partial_i X = \frac{\partial X}{\partial s^i} = \frac{\partial u^j}{\partial s^i} \frac{\partial}{\partial u^j}.$$

곡면이 $(\mathbb{R}^3, ds^2)$로부터 물려받는 계량기는 다음과 같다.

$$ds_X^2 = \frac{4 \sum_{i=1}^3 (du^i)^2}{(1 + \sum_{i=1}^2 (u^i)^2)^2} = \frac{4 \sum_{i=1}^3 (\sum_{j=1}^2 \frac{\partial u^i(s^1, s^2)}{\partial s^j} ds^j)^2}{(1 + \sum_{i=1}^2 (u^i(s^1, s^2))^2)^2}.$$

형식적으로는 du^i 를 $\frac{\partial u^i(s^1,s^2)}{\partial s^j}ds^j$ 로 바꾸고 u^i 를 $u^i(s^1,s^2)$ 로 바꾸면 된다.

질문 1.4.2. 앞에서 정의한 구면, 클리포드 원환면이 $(\mathbb{R}^3, ds^2)$ 으로부터 물려받은 계량기를 구하고 그것을 질문 *1.2.3*의 답과 비교하여라.

이제 X 의 가우스 사상을 알아보자. 이제 입체사영을 이용하여 지도를 만든 장점을 하나 볼 수 있는데 위 지도는 $\mathbb{E}^3$ 와 공형이다. 즉 $ds^2 = du^2 + dv^2 + dw^2$ 에 대해 수직인 두 벡터는 $ds^2 = \frac{4(du^2+dv^2+dw^2)}{(1+u^2+v^2+w^2)^2}$ 에 대해서도 수직이다. 따라서 X_1 과 X_2 의 유클리드 외적(Euclidean cross product)을 $X_1 \times X_2$ 라고 하면

$$G := \frac{X_1 \times X_2}{|X_1 \times X_2|_{ds^2}}$$

는 곡면에 수직인 단위벡터다. 이것이 가우스 사상이 된다. 여기서 $|\ |_{ds^2}$ 은 계량기 ds^2 으로 잰 길이를 말한다.

이제 모양연산자는 다음과 같으며

$$S(v) = -\nabla_v G$$

외재적 가우스 곡률 K_{ext} 와 평균곡률 H 는 여전히 다음과 같다.

$$K_{ext} = \det S, \quad H = \frac{1}{2}\operatorname{tr} S.$$

1.4.6 정리

여기서 $(\mathbb{R}^3, ds^2)$ 의 여러 가지를 정의한 방법은 $\mathbb{S}^3(1)$ 이 $\mathbb{E}^4$ 에 들어있는 것으로 보고 $\mathbb{S}^3(1)$ 가 $\mathbb{E}^4$ 로부터 물려받은 것들을 $(\mathbb{R}^3, ds^2)$ 에서 재해석하는 방법으로 이루어졌다. 이는 통상적으로 $\mathbb{E}^3$ 에 있는 곡면에 기하적 구조를 주는 방법과 일치한다. 이 과정은 완전히 내재적으로 수행할 수 있다.

질문 1.4.3. 모든 것들을 내재적으로 정의하여 보아라.

1.5 3차원 구의 곡률

이제까지 3차원 구에 있는 곡선, 곡면 등의 곡률에 대하여 알아보았다. 그럼 3차원 구 자체의 곡률은 어떻게 정의할까?

정의가 어떻게 되든지 간에 3차원 구면의 곡률은 어느 점에서도 1이 되어야 할 것이다. 이는 구면이 모든 점, 모든 방향이 다 같다는 점과 3차원 구가 평면은 아니라는 점에서 기인하며 2차원 구면의 곡률이 모든 점에서 똑같다는 사실에서도 기인한다.

그런데 이에 대한 답은 3차원 구의 곡률만 생각해선 안 될 것이다. 왜냐하면 결국 일반적인 3차원 다양체의 곡률의 정의가 주어지고 그에 따라 구의 곡률을 생각해서 구의 곡률이 뭐냐 답할 수 있을 것이기 때문이다. 따라서 3차원 구의 곡률을 어떻게 정의해야 할 것인가에 대한 답은 사실 구면이 아닌 다른 3차원 공간의 곡률이 어떻게 정의되어야 할 것인가에 대한 답과 동시에 추구되어야 할 것이다.

공간의 곡률을 어떻게 생각해야 할 것인가에 대한 아이디어를 처음 제시한 사람은 리만이다. 리만의 생각을 자세히 설명한 책으로는 스피박의 [25, 2권] 이 있는데 그 내용에 대한 해설과 나름대로의 견해를 이 책의 부록에 실어놓았다.

제 2 장

곡면의 곡률

2.1 공형 곡면의 곡률 계산

계량기가

$$ds^2 := e^{2\sigma(u,v)}(du^2 + dv^2) \tag{2.1}$$

로 주어진 uv-평면의 한 영역, 즉 공형곡면조각, 을 생각하자. 이 곡면의 가우스 곡률은 여러 방법으로 계산될 수 있다. 물론 이 식은 곡면이 $\mathbb{E}^3$에 매립되어 있는 경우에도 쉽게 유도가 되었었다. 여기서는 곡면 그 자체의 곡률을 계산하는 법을 알아 보자.

2.1.1 좌표를 이용한 계산

양성덕의 미분기하강의 1편[5] 5장 9절에서

$$\nabla_{\partial_i}\partial_j = \Gamma^k_{ij}\partial_k$$

를 만족시키는 Γ_{ij}와

$$R^i_{jkl} := \frac{\partial\Gamma^i_{jl}}{\partial x^k} - \frac{\partial\Gamma^i_{jk}}{\partial x^l} + \sum_\mu \Gamma^\mu_{jl}\Gamma^i_{\mu k} - \Gamma^\mu_{jk}\Gamma^i_{\mu l},$$

그리고 $R_{ijkl} := g_{i\alpha}R^\alpha_{jkl}$에 대하여 가우스 곡률 K는

$$K = \frac{-R_{1212}}{g_{11}g_{22} - g_{12}g_{21}}$$

임을 알아보았다. 이를 이용하면 위 공형곡면에 대하여

$$K = -e^{-2\sigma}\Delta\sigma$$

임을 알 수 있었다. 이제 이 결과를 다음과 같이 계산할 수도 있음을 보인다.

2.1.2 레비-치비타 접속을 이용한 계산

레비-치비타 접속(Levi-Civita connection)은 정의 4.3.1의 (1)~(4), 소정리 4.5.1의 (5)~(6)을 만족시키는 미분연산자며 ∇로 표시한다.

그리고 두 벡터장 X, Y 에 대하여 리 괄호 $[X, Y]$ 의 정의는 (4.1)에 제시되어 있다.

(2.1)로 주어진 공형곡면에 대하여

$$e_1 := e^{-\sigma}\partial_1, \quad e_2 := e^{-\sigma}\partial_2$$

는 단위직교벡터기저가 되는데 이에 대하여 다음 두 소정리가 성립한다.

소정리 2.1.1.

$$[e_1, e_1] = [e_2, e_2] = 0, \quad [e_1, e_2] = -[e_2, e_1] = e^{-\sigma}\sigma_2 e_1 - e^{-\sigma}\sigma_1 e_2.$$

증명 정의에 의하여

$$\begin{aligned}[e_1,e_2] &= e_1(e_2) - e_2(e_1) \\ &= e^{-\sigma}\partial_1(e^{-\sigma}\partial_2) - e^{-\sigma}\partial_2(e^{-\sigma}\partial_1) \\ &= e^{-\sigma}((\partial_1 e^{-\sigma})\partial_2 + e^{-\sigma}\partial_1\partial_2) \\ &\qquad - e^{-\sigma}((\partial_2 e^{-\sigma})\partial_1 + e^{-\sigma}\partial_2\partial_1) \\ &= (\partial_1 e^{-\sigma})e_2 - (\partial_2 e^{-\sigma})e_1.\end{aligned}$$

이로부터 $[e_1, e_2]$ 에 대한 식을 얻을 수 있다. ■

소정리 2.1.2.

$$\begin{aligned}\nabla_{e_1} e_1 &= -e^{-\sigma}\sigma_2 e_2, & \nabla_{e_1} e_2 &= e^{-\sigma}\sigma_2 e_1, \\ \nabla_{e_2} e_1 &= e^{-\sigma}\sigma_1 e_2, & \nabla_{e_2} e_2 &= -e^{-\sigma}\sigma_1 e_1.\end{aligned}$$

증명 $\nabla_{e_i} e_j$ 또한 새로운 벡터장이다. 즉 어떤 Γ_{ij}^k 에 대하여 $\nabla_{e_i} e_j = \Gamma_{ij}^k e_k$. $\{e_i\}$ 는 단위수직이므로

$$\Gamma_{ij}^k = \langle \nabla_{e_i} e_j, e_k \rangle.$$

Γ_{ij}^k를 구하는 구체적 방법으로는 코줄의 공식 (4.3)

$$\begin{aligned}2\langle\nabla_X Y, Z\rangle &= X\langle Y, Z\rangle + Y\langle Z, X\rangle - Z\langle X, Y\rangle \\ &\quad + \langle[X,Y],Z\rangle - \langle[Y,Z],X\rangle + \langle[Z,X],Y\rangle\end{aligned}$$

을 이용하면 좋다. 여기서 $\{e_i\}$는 단위수직이므로 다음이 성립한다. 식 (4.4) 참조.

$$\begin{aligned}\Gamma_{ij}^k &= \langle\nabla_{e_i}e_j, e_k\rangle \\ &= \frac{1}{2}\left(\langle[e_i,e_j],e_k\rangle - \langle[e_j,e_k],e_i\rangle + \langle[e_k,e_i],e_j\rangle\right).\end{aligned}$$

이로부터 결론이 따라 나온다. ■

이러면 리만 곡률 텐서는 다음과 같이 계산된다.

$$\begin{aligned}R(e_1,e_2)e_1 &= \nabla_{e_1}\nabla_{e_2}e_1 - \nabla_{e_2}\nabla_{e_1}e_1 - \nabla_{[e_1,e_2]}e_1 \\ &= e^{-2\sigma}(\sigma_{11}+\sigma_{22})e_2.\end{aligned}$$

따라서 곡률은 다음과 같다.

$$K = K(e_1,e_2) = \frac{-\langle R(e_1,e_2)e_1, e_2\rangle}{\langle e_1,e_1\rangle\langle e_2,e_2\rangle - \langle e_1,e_2\rangle^2} = -e^{-2\sigma}\Delta\sigma.$$

2.1.3 1-형식 틀장을 이용한 계산

여기 제기하는 계산 방법은 5장에 제시된 일반적 방법의 아주 기본적 예다. 보이고자 하는 바는 이렇게 계산해도 앞에서 접속을 이용하여 얻은 것과 같은 결과를 얻는다는 것이다. 첫 단계로 단위직교 1-형식기저[1)]

$$\theta^1 := e^\sigma du^1, \quad \theta^2 := e^\sigma du^2$$

에 대한 접속 1-형식을 구하자. 즉 $i,j\in\{1,2\}$에 대하여

$$\omega_i^j = -\omega_j^i \qquad \text{(반-대칭성)}$$

1) 이 말의 의미에 대해선 §7.3.2을 보라.

이면서 제 1 구조방정식

$$d\begin{pmatrix}\theta^1 & \theta^2\end{pmatrix} = \begin{pmatrix}\theta^1 & \theta^2\end{pmatrix} \wedge \begin{pmatrix}\omega_1^1 & \omega_1^2 \\ \omega_2^1 & \omega_2^2\end{pmatrix}$$

를 만족시키는 1-형식 ω_i^j 를 찾아보자. 일단

$$\begin{aligned} d\theta^1 &= de^\sigma \wedge du^1 = (e^\sigma \sigma_1 du^1 + e^\sigma \sigma_2 du^2) \wedge du^1 \\ &= e^\sigma \sigma_2 du^2 \wedge du^1 = -e^\sigma \sigma_2 du^1 \wedge du^2, \\ d\theta^2 &= de^\sigma \wedge du^2 = (e^\sigma \sigma_1 du^1 + e^\sigma \sigma_2 du^2) \wedge du^2 \\ &= e^\sigma \sigma_1 du^1 \wedge du^2 \end{aligned}$$

임을 알 수 있다. 이제 반-대칭성에 의해

$$\omega_1^1 = \omega_2^2 = 0, \quad \omega_2^1 = -\omega_1^2 = a du^1 + b du^2$$

라 할 수 있는데 제 1 구조방정식으로부터 쉽게 $a = \sigma_v$, $b = -\sigma_u$ 임을 알 수 있다. 즉

$$\omega_2^1 = e^{-\sigma}\sigma_2\theta^1 - e^{-\sigma}\sigma_1\theta^2. \tag{2.2}$$

따라서 접속 행렬은 다음과 같다.

$$\omega := \begin{pmatrix}\omega_1^1 & \omega_1^2 \\ \omega_2^1 & \omega_2^2\end{pmatrix} = \begin{pmatrix}0 & -1 \\ 1 & 0\end{pmatrix} e^{-\sigma}(\sigma_2\theta^1 - \sigma_1\theta^2).$$

그리고 곡률 행렬은 다음과 같다.[2)]

$$\Omega := d\omega - \omega \wedge \omega. = \begin{pmatrix}0 & -1 \\ 1 & 0\end{pmatrix} (-1)(\sigma_{11} + \sigma_{22}) e^{-2\sigma}\theta^1 \wedge \theta^2.$$

2) 사실은 곡면의 경우 항상 $\omega \wedge \omega = 0$ 이어서 $\Omega = d\omega$ 다. 그러나 3차원부터는 $\omega \wedge \omega$가 일반적으로 0이 아닌데 일관성을 위하여 여기서도 아예 $d\omega - \omega \wedge \omega$ 를 곡률 2-형식으로 하겠다. 아, 그리고 $\Omega = d\omega - \omega \wedge \omega$ 의 전치를 취하면 $\Omega^t = d\omega^t + \omega^t \wedge \omega^t$ 가 되는데 이렇게 ω^t 를 접속 행렬로 Ω^t 를 곡률 행렬로 정의하는 문헌도 많다. 주의를 요한다.

이 곡률 행렬로부터 곡률은 다음과 같이 계산된다.

$$\begin{aligned} K &= K(e_1, e_2) \\ &= \Omega_2^1(e_1, e_2) \\ &= -\Delta\sigma e^{-2\sigma}\left(\theta^1(e_1)\theta^2(e_2) - \theta^1(e_2)\theta^2(e_1)\right) \\ &= -\Delta\sigma e^{-2\sigma}\left(1 \times 1 - 0 \times 0\right) \\ &= -e^{-2\sigma}\Delta\sigma. \end{aligned}$$

여기서 Ω_i^j는 Ω의 i행 j열 원소며 e_1, e_2는 θ^1, θ^2의 쌍대기저다.

예 2.1.1. *(상반평면모델을 이용한 쌍곡 평면의 곡률 계산)*

$$\theta^1 := \frac{1}{y}dx, \quad \theta^2 := \frac{1}{y}dy$$

라고 하면 둘은 단위직교하는 쌍대 일-형식이다. 이제 접속 *1*-형식을 계산하자. 즉 반-대칭성 $\omega_i^j = -\omega_j^i$과 제 *1* 구조방정식

$$d\begin{pmatrix}\theta^1 & \theta^2\end{pmatrix} = \begin{pmatrix}\theta^1 & \theta^2\end{pmatrix} \wedge \begin{pmatrix}\omega_1^1 & \omega_1^2 \\ \omega_2^1 & \omega_2^2\end{pmatrix}$$

를 만족시키는 ω_i^j를 찾아보자. 일단 반-대칭성에 의해

$$\omega_1^1 = \omega_2^2 = 0, \quad \omega_2^1 = -\omega_1^2 = adx + bdy$$

라 할 수 있는데 이제 제 *1* 구조방정식으로부터 쉽게 $a = 0$, $b = -\frac{1}{y}$임을 알 수 있다. 즉 $\omega_2^1 = -\theta^1$. 따라서 접속 행렬은 다음과 같다.

$$\omega := \begin{pmatrix}\omega_1^1 & \omega_1^2 \\ \omega_2^1 & \omega_2^2\end{pmatrix} = \begin{pmatrix}0 & \theta^1 \\ -\theta^1 & 0\end{pmatrix}.$$

따라서 곡률 행렬은 다음과 같다.

$$\Omega := d\omega - \omega \wedge \omega = \begin{pmatrix}0 & \frac{dx\wedge dy}{y^2} \\ -\frac{dx\wedge dy}{y^2} & 0\end{pmatrix}.$$

이 곡률 행렬로부터 곡률은 다음과 같이 계산된다.

$$
\begin{aligned}
K &= \Omega^1_2(e_1, e_2) \\
&= -\frac{dx \wedge dy}{y^2}(y\partial_x, y\partial_y) \\
&= -dx \wedge dy(\partial_x, \partial_y) \\
&= -(dx(\partial_x)dy(\partial_y) - dx(\partial_y)dy(\partial_x)) \\
&= -(1 \times 1 - 0 \times 0) \\
&= -1.
\end{aligned}
$$

여기서 e_1, e_2는 θ^1, θ^2의 쌍대기저다.

2.2 극좌표와 1-형식 틀장을 이용한 계산

앞에서 제시한 움직이는 단위 직교 1-형식 틀장 방법은 매우 강력한 방법이나 통상적인 미적분과는 달라보인다. 이번에는 극좌표계에 대하여 움직이는 틀장을 적용하여 곡률을 계산해 본다.

2.2.1 유클리드 평면의 곡률

계량기는 다음과 같다.

$$ds^2 = dx^2 + dy^2 = dr^2 + r^2 d\theta^2.$$

이제

$$\theta^1 := dr, \quad \theta^2 := rdr$$

이라고 하자. 그러면

$$d\theta^1 = 0, \quad d\theta^2 = dr \wedge d\theta = \frac{1}{r}\theta^1 \wedge \theta^2.$$

이제 반-대칭성 $\omega^j_i = -\omega^i_j$를 만족시키면서

$$d\begin{pmatrix}\theta^1 & \theta^2\end{pmatrix} = \begin{pmatrix}\theta^1 & \theta^2\end{pmatrix} \wedge \begin{pmatrix}\omega^1_1 & \omega^2_1 \\ \omega^1_2 & \omega^2_2\end{pmatrix}$$

를 만족시키는 1-형식 ω_i^j 를 찾아보자. 일단 반-대칭성에 의해

$$\omega_1^1 = \omega_2^2 = 0, \quad \omega_2^1 = -\omega_1^2 = a\theta^1 + b\theta^2$$

라 할 수 있는데 위 식으로부터 쉽게 $a = 0$, $b = -\frac{1}{r}$ 임을 알 수 있다. 즉

$$\omega_2^1 = -\frac{1}{r}\theta^2.$$

이제

$$\omega := \begin{pmatrix} \omega_1^1 & \omega_1^2 \\ \omega_2^1 & \omega_2^2 \end{pmatrix}$$

라 하면 곡률 행렬은 다음과 같다.

$$\Omega := d\omega - \omega \wedge \omega = \begin{pmatrix} 0 & 0 \\ 0 & 0 \end{pmatrix}.$$

이 곡률 행렬로부터 곡률은 다음과 같이 계산된다.

$$K = K(e_1, e_2) = \Omega_2^1(e_1, e_2) = 0.$$

여기서 e_1, e_2 는 θ^1, θ^2 의 쌍대기저다.

2.2.2 구면의 곡률

계량기는 다음과 같다.

$$ds^2 = dr^2 + \sin r^2 d\theta^2.$$

이제

$$\theta^1 := dr, \quad \theta^2 := \sin r dr$$

이라고 하자. 그러면

$$d\theta^1 = 0, \quad d\theta^2 = \cos r dr \wedge d\theta = \cot r\theta^1 \wedge \theta^2.$$

이제 $\omega_i^j = -\omega_j^i$ 를 만족시키면서

$$d\begin{pmatrix} \theta^1 & \theta^2 \end{pmatrix} = \begin{pmatrix} \theta^1 & \theta^2 \end{pmatrix} \wedge \begin{pmatrix} \omega_1^1 & \omega_1^2 \\ \omega_2^1 & \omega_2^2 \end{pmatrix}$$

를 만족시키는 1-형식 ω_i^j 를 찾아보자. 일단 반-대칭성에 의해

$$\omega_1^1 = \omega_2^2 = 0, \quad \omega_2^1 = -\omega_1^2 = a\theta^1 + b\theta^2$$

라 할 수 있는데 제 1 구조방정식으로부터 쉽게 $a = -\cot r$, $b = 0$ 임을 알 수 있다. 즉

$$\omega_2^1 = -\cot r\theta^2.$$

이제

$$\omega := \begin{pmatrix} \omega_1^1 & \omega_1^2 \\ \omega_2^1 & \omega_2^2 \end{pmatrix}$$

라 하면 곡률 행렬은 다음과 같다.

$$\Omega := d\omega - \omega \wedge \omega = \begin{pmatrix} 0 & -\theta^1 \wedge \theta^2 \\ \theta^1 \wedge \theta^2 & 0 \end{pmatrix}.$$

이 곡률 행렬로부터 곡률은 다음과 같이 계산된다.

$$\begin{aligned} K &= K(e_1, e_2) = \Omega_2^1(e_1, e_2) \\ &= \theta^1 \wedge \theta^2(e_1, e_2) \\ &= \theta^1(e_1)\theta^2(e_2) - \theta^1(e_2)\theta^2(e_1) \\ &= 1 \times 1 - 0 \times 0 \\ &= 1. \end{aligned}$$

여기서 여기서 e_1, e_2 는 θ^1, θ^2 의 쌍대기저다.

2.2.3 쌍곡 평면의 곡률

계량기는 다음과 같다.

$$ds^2 = dr^2 + \sinh r^2 d\theta^2.$$

이제

$$\theta^1 := dr, \quad \theta^2 := \sinh r dr$$

이라고 하자. 그러면

$$d\theta^1 = 0, \quad d\theta^2 = \cosh r dr \wedge d\theta = \coth r\theta^1 \wedge \theta^2.$$

이제 $\omega_i^j = -\omega_j^i$ 를 만족시키면서

$$d\begin{pmatrix}\theta^1 & \theta^2\end{pmatrix} = \begin{pmatrix}\theta^1 & \theta^2\end{pmatrix} \wedge \begin{pmatrix}\omega_1^1 & \omega_1^2 \\ \omega_2^1 & \omega_2^2\end{pmatrix}$$

를 만족시키는 1-형식 ω_i^j 를 찾아보자. 일단 반-대칭성에 의해

$$\omega_1^1 = \omega_2^2 = 0, \quad \omega_2^1 = -\omega_1^2 = a\theta^1 + b\theta^2$$

라 할 수 있는데 제 1 구조방정식으로부터 쉽게 $a = 0$, $b = \coth r$ 임을 알 수 있다. 즉

$$\omega_2^1 = \coth r\theta^2.$$

이제

$$\omega := \begin{pmatrix}\omega_1^1 & \omega_1^2 \\ \omega_2^1 & \omega_2^2\end{pmatrix}$$

라 하면 곡률 행렬은 다음과 같다.

$$\Omega := d\omega - \omega \wedge \omega = \begin{pmatrix}0 & \theta^1 \wedge \theta^2 \\ -\theta^1 \wedge \theta^2 & 0\end{pmatrix}.$$

이 곡률 행렬로부터 곡률은 다음과 같이 계산된다.

$$\begin{aligned} K = K(e_1, e_2) &= \Omega_2^1(e_1, e_2) \\ &= -\theta^1 \wedge \theta^2(e_1, e_2) \\ &= -(1 \times 1 - 0 \times 0) \\ &= -1. \end{aligned}$$

여기서 e_1, e_2 는 θ^1, θ^2 의 쌍대기저다.

2.3 곧은선 극좌표계를 이용한 곡률 계산

계량기가

$$ds^2 := dr^2 + f(r, \theta)^2 d\theta^2$$

으로 주어졌다고 하자. 사실 모든 2차원 리만 계량기는 이렇게 나타내어진다. 김강태의 [1, §3.2.1]을 참조하라. 이러면

$$\theta^1 := dr, \quad \theta^2 := f d\theta$$

는 단위 직교 1-형식 틀장이 되고

$$e_1 := \partial_r, \quad e_2 := f^{-1}\partial_\theta$$

는 단위 직교 벡터 틀장이 되며 둘은 서로 쌍대다.

2.3.1 레비-치비타 접속을 이용한 계산

이제

$$[e_1, e_2] = \partial_r(f^{-1}\partial_\theta) - f^{-1}\partial_\theta\partial_r = -f^{-2}f_r\partial_\theta = -f^{-1}f_r e_2.$$

이 식과 코줄 공식 (4.3)을 이용하면 다음을 얻는다.

$$\nabla_{e_1}e_1 = 0, \qquad \nabla_{e_1}e_2 = 0,$$
$$\nabla_{e_2}e_1 = f^{-1}f_r e_2, \qquad \nabla_{e_2}e_2 = -f^{-1}f_r e_1.$$

따라서

$$\begin{aligned} R(e_1, e_2)e_1 &= \nabla_{e_1}\nabla_{e_2}e_1 - \nabla_{e_2}\nabla_{e_1}e_1 - \nabla_{[e_1,e_2]}e_1 \\ &= \nabla_{e_1}(f^{-1}f_r e_2) - \nabla_{e_2}0 - \nabla_{-f^{-1}f_r e_2}e_1 \\ &= e_1(f^{-1}f_r)e_2 + f^{-1}f_r\nabla_{e_1}e_2 + f^{-1}f_r\nabla_{e_2}e_1 \\ &= e_1(f^{-1}f_r)e_2 + (f^{-1}f_r)^2 e_2 \\ &= (\partial_r(f^{-1}f_r) + (f^{-1}f_r)^2)e_2 \\ &= f^{-1}f_{rr}e_2. \end{aligned}$$

따라서

$$K = \frac{-\langle R(e_1, e_2)e_1, e_2\rangle}{\langle e_1, e_1\rangle\langle e_2, e_2\rangle - \langle e_1, e_2\rangle^2} = -f^{-1}(r,\theta)f_{rr}(r,\theta).$$

만약 $f(r,\theta) = r$이면 $K = 0$, $f(r,\theta) = \sin r$이면 $K = 1$, $f(r,\theta) = \sinh r$이면 $K = -1$인데 이는 각각 유클리드 평면, 단위 구면, 쌍곡평면을 나타낸다.

2.3.2 1-형식 틀장을 이용한 계산

접속 1-형식을 구하자.

$$
\begin{aligned}
d\theta^1 &= 0,\\
d\theta^2 &= d(fd\theta) = df \wedge d\theta = (f_r dr + f_\theta d_\theta) \wedge d\theta\\
&= f_r dr \wedge d\theta = f^{-1} f_r \theta^1 \wedge \theta^2.
\end{aligned}
$$

한편 $\omega_1^2 = a\theta^1 + b\theta^2$ 라 하면

$$
\begin{aligned}
\theta^j \wedge \omega_j^1 &= \theta^2 \wedge \omega_2^1 = \theta^2 \wedge (-a\theta^1 - b\theta^2) = a\theta^1 \wedge \theta^2,\\
\theta^j \wedge \omega_j^2 &= \theta^1 \wedge \omega_1^2 = \theta^2 \wedge (a\theta^1 + b\theta^2) = b\theta^1 \wedge \theta^2.
\end{aligned}
$$

그러면 반-대칭성과 제 1 구조방정식 $d\theta^i = \theta^j \wedge \omega_j^i$ 로부터 $a = 0$, $b = f^{-1} f_r$ 을 얻는다. 즉 $\omega_1^2 = f^{-1} f_r \theta^2$. 따라서 접속 행렬은 다음과 같다.

$$
\omega = \begin{pmatrix} 0 & f^{-1} f_r \theta^2 \\ -f^{-1} f_r \theta^2 & 0 \end{pmatrix}.
$$

이제 곡률 행렬을 계산하자. 먼저 다음을 살피자.

$$
\begin{aligned}
d\omega_1^2 &= d(f^{-1} f_r) \wedge \theta^2 + f^{-1} f_r \wedge d\theta^2\\
&= \partial_r (f^{-1} f_r) dr \wedge \theta^2 + \partial_\theta (f^{-1} f_r) d\theta \wedge \theta^2 + (f^{-1} f_r)^2 \theta^1 \wedge \theta^2\\
&= f^{-1} f_{rr} \theta^1 \wedge \theta^2.
\end{aligned}
$$

따라서 곡률 행렬은 다음과 같다.

$$
\Omega := d\omega - \omega \wedge \omega = \begin{pmatrix} 0 & 1 \\ -1 & 0 \end{pmatrix} (f^{-1} f_{rr}) \theta^1 \wedge \theta^2.
$$

따라서

$$
K = \Omega_2^1 (e_1, e_2) = -f^{-1} f_{rr} \theta^1 \wedge \theta^2 (e_1, e_2) = -f^{-1} f_{rr}.
$$

2.4 움직이는 벡터 틀장을 이용한 접속 1-형식 계산

레비-치비타 접속을 이용한 방법과 1-형식 틀장을 이용한 방법이 같은 결과는 주는 것은 우연이 아니다. 레비-치비타 접속을 이용한

방법은 벡터장의 미분을 이용하는데 반하여 1-형식 틀장을 이용한 방법은 형식의 외미분을 이용하고 있다. 그 두 방법이 같은 결과를 준다는 것은 이 둘이 연결된다는 건데 어떻게 연결되는 것일까? 사실 대부분의 기하학 서적에서는 접속 1-형식을 1-형식 틀장의 외미분을 이용하여 정의하지 않고 벡터 틀장의 공변미분으로부터 정의한다. 그런데 그 둘이 사실은 서로 같다.

θ^i가 단위 직교 1-형식 틀장이고 e_j가 그에 대응하는 단위 직교 벡터 틀장이라고 하자. 그라고 ω_i^j는 단위 직교 1-형식 틀장으로 계산한 접속 1-형식이라고 하자. 그러면 다음 관계가 성립한다. (§5.4 참조.)

$$\text{모든 } X \text{에 대하여 } \nabla_X e_j = \omega_j^k(X) e_k.$$

이로부터 다음을 얻을 수 있다.

$$\omega_j^k = \langle \nabla_{e_i} e_j, e_k \rangle \theta^i.$$

예를 들어 공형 곡면 $ds^2 = e^{2\sigma}(du^2 + dv^2)$에 대하여 위 식으로 ω_j^k를 구해보자. 사실 ω_2^1만 보면 된다. 소정리 2.1.1의 결과를 이용하면

$$\begin{aligned} \langle \nabla_{e_i} e_2, e_1 \rangle \, \theta^i &= \langle \nabla_{e_1} e_2, e_1 \rangle \, \theta^1 + \langle \nabla_{e_2} e_2, e_1 \rangle \, \theta^2 \\ &= e^{-\sigma}(\sigma_2 \theta^1 - \sigma_1 \theta^2) \end{aligned}$$

임을 알 수 있는데 이는 (2.2)의 ω_2^1과 같음을 알 수 있다. 이게 일반적으로 성립한다는 것은 4장에서 보인다.

참고 2.4.1. 유클리드 공간에서 계산할 때 de_i 등의 표현을 보게 된다. 이는 벡터장의 외미분으로 보이는데 이는 ∇e_i로 보는 것, 즉 $de_i(X)$는 $\nabla_X e_i$로 해석되는 것이 타당하다.

2.4.1 일반적 계량기의 경우

계량기가

$$ds^2 = E(u,v)du^2 + 2F(u,v)dudv + G(u,v)dv^2$$

으로 주어진 경우 단위 직교 1-형식 틀장과 단위 직교 벡터 틀장을 다음과 같이 택할 수 있다. 먼저 위 계량기는 다음과 같이 쓸 수 있음을 살피자.

$$ds^2 = \left(\sqrt{E}du + \frac{F}{\sqrt{E}}dv\right)^2 + \left(\frac{\sqrt{EG-F^2}}{\sqrt{E}}dv\right)^2.$$

이제

$$\theta^1 := \sqrt{E}du + \frac{F}{\sqrt{E}}dv, \qquad \theta^2 := \frac{\sqrt{EG-F^2}}{\sqrt{E}}dv$$

는 단위 직교 1-형식 틀장이 된다. 이제

$$e_1 := a\partial_u + b\partial_v, \qquad e_2 := c\partial_u + d\partial_v$$

가 θ^1, θ^2의 쌍대벡터장이라 하자. 그러면 쌍대관계식 $\theta^i(e_j) = \delta_i^j$는 다음과 같다.

$$\begin{pmatrix} a & b \\ c & d \end{pmatrix} \begin{pmatrix} \sqrt{E} & 0 \\ \frac{F}{\sqrt{E}} & \frac{\sqrt{EG-F^2}}{\sqrt{E}} \end{pmatrix} = \begin{pmatrix} 1 & 0 \\ 0 & 1 \end{pmatrix}.$$

이로부터 a, b, c, d를 구할 수 있으며 결국 다음

$$e_1 := \frac{1}{\sqrt{E}}\partial_u, \qquad e_2 := \frac{1}{\sqrt{EG-F^2}}\left(-\frac{F}{\sqrt{E}}\partial_u + \sqrt{E}\partial_v\right)$$

가 θ^1, θ^2의 쌍대인 단위 직교 벡터장이 된다는 것을 알 수 있다.

질문 2.4.1. 쌍곡 평면의 곡률을 원반모델과 움직이는 틀장 방법을 사용하여 구해 보아라.

질문 2.4.2. *2*차원 구면의 곡률을 입체사영지도와 움직이는 틀장 방법을 사용하여 구해 보아라.

질문 2.4.3. *(*$F = X_u \cdot X_v = 0$ 인*)* 직교좌표계에서 움직이는 틀장 방법을 사용하여 곡률을 계산해 보아라. *(*답은 양성덕의 미분기하 강의 *1*편*[5] 4*장 *4*절에 나와 있다.*)*

제 3 장

공간의 곡률

3.1 들어가며

이 절에서는 처음으로 공간의 곡률을 계산해 본다. 2가지 계산법을 소개하는데 둘 다 이미 앞 장에서 곡면의 곡률을 계산할 때 사용한 방법 그대로다. 앞 장과 마찬가지로 이 장에 소개된 방법에 대한 이론은 4장에 제시되어 있다.

3.2 3차원 유클리드 공간의 곡률

이는 계산할 필요도 없이 0이다. 그런데 직교 좌표로 계산하면 당연하게 나올 이 결론을 우리는 이 장에서 원기둥 좌표와 구면 좌표 각각에 대하여 두 가지 방법으로 계산해 보고자 한다.

3.2.1 원기둥 좌표계와 레비-치비타 접속을 이용한 계산

원기둥 좌표계

$$x = r\cos\theta, \quad y = r\sin\theta, \quad z = z$$

를 이용하면 유클리드 공간의 계량기는

$$ds^2 = dx^2 + dy^2 + dz^2 = dr^2 + r^2 d\theta^2 + dz^2$$

으로 주어진다. 이제

$$\theta^1 := dr, \qquad \theta^2 := r d\theta, \qquad \theta^3 := dz \tag{3.1}$$

는 단위 직교 1-형식 틀장이 되고

$$e_1 := \partial_r, \qquad e_2 := r^{-1}\partial_\theta, \qquad e_3 := \partial_z$$

는 움직이는 단위 직교 벡터 틀장이 된다. 이제 이 단위 직교 벡터 틀장에 대한 리 괄호 $[e_i, e_j]$를 계산하면 다음을 얻는다.

$$[e_1, e_2] = -[e_2, e_1] = -r^{-1}e_2,$$
$$[e_1, e_3] = -[e_3, e_1] = [e_2, e_3] = -[e_2, e_3] = 0.$$

따라서 단위직교기저에 대한 코줄 공식 (4.4)를 이용하여 다음을 얻는다.

$$\nabla_{e_2} e_1 = r^{-1} e_2, \quad \nabla_{e_2} e_2 = -r^{-1} e_1, \quad \text{나머지 } \nabla_{e_i} e_j = 0.$$

이러면 모든 $i, j, k \in \{1, 2, 3\}$ 에 대하여 리만 곡률 텐서는 다음과 같다.

$$R(e_i, e_j)e_k = \nabla_{e_i} \nabla_{e_j} e_k - \nabla_{e_j} \nabla_{e_i} e_k - \nabla_{[e_i, e_j]} e_k = 0.$$

첫 번째 등호의 의미에 대해선 식 (4.2)를 보라. 이제 서로 독립인 임의의 두 벡터 $v = a^i e_i$, $w = b^j e_j$ 에 대하여 다음을 얻는다.

$$\begin{aligned} K(v, w) &:= \frac{-\langle R(v, w)v, w\rangle}{\langle v, v\rangle\langle w, w\rangle - \langle v, w\rangle^2} \\ &= \frac{-\langle R(a^i e_i, b^j e_j)a^k e_k, b^\ell e_\ell\rangle}{\langle v, v\rangle\langle w, w\rangle - \langle v, w\rangle^2} \\ &= \frac{-a^i b^j a^k b^\ell \langle R(e_i, e_j)e_k, e_\ell\rangle}{\langle v, v\rangle\langle w, w\rangle - \langle v, w\rangle^2} \\ &= 0. \end{aligned}$$

공간 M 의 한 점 p에서의 접공간을 $T_p(M)$ 이라 하자. 이의 2차원 부분평면 Π_p 에 대하여 기저 v_p, w_p 를 여러 가지로 택할 수 있는데 이에 대하여 다음을 알 수 있다.

(1) 두 벡터 v_p, w_p 를 확장하여 벡터장 v, w 로 만들었을 때 $K(v, w)$ 의 값은 v, w 가 어떻게 확장되었든지간에 상관없이 일정하다.

(2) 그리고 Π_p 의 기저를 다르게 택해도 그 값은 변하지 않는다.

이에 의거하여 다음을 정의한다.

정의 3.2.1. 리만 다양체 M의 접공간 T_pM의 2차원 부분평면 Π_p의 한 기저를 v_p, w_p라 할 때 $K(\Pi_p)$를 $K(v_p, w_p)$로 정의한다. $K(\Pi_p)$를 Π_p에 대한 단면 곡률이라 한다.

이 정의와 위 계산에 의하면 유클리드 공간은 어떤 $\Pi_p \subset T_p\mathbb{E}^3$에 대해서도

$$K(\Pi_p) = 0.$$

3.2.2 원기둥 좌표계와 1-형식 틀장 이용

이제 (3.1)에 주어진 θ^j에 대한 접속 1-형식을 구해보자. 먼저 다음은 당연하다.

$$d\theta^1 = 0, \qquad d\theta^2 = dr \wedge d\theta = r^{-1}\theta^1 \wedge \theta^2, \qquad d\theta^3 = 0.$$

이제 반-대칭성

$$\omega_i^j = -\omega_j^i$$

에 의하여 $\omega_i^i = 0$. 따라서 다음이 성립한다.

$$\begin{aligned} \theta^j \wedge \omega_j^1 &= \theta^2 \wedge \omega_2^1 + \theta^3 \wedge \omega_3^1, \\ \theta^j \wedge \omega_j^2 &= \theta^1 \wedge \omega_1^2 + \theta^3 \wedge \omega_3^2, \\ \theta^j \wedge \omega_j^3 &= \theta^1 \wedge \omega_1^3 + \theta^2 \wedge \omega_2^3. \end{aligned}$$

이제 $1 \leq i, j, k \leq 3$에 대하여 h_{ik}^j를 다음 식

$$\omega_i^j = h_{ik}^j \theta^k$$

을 이용하여 정의하자. 그러면

$$i \leq j\text{에 대하여} \quad h_{ik}^j = -h_{jk}^i.$$

특히 $h^i_{ik} = 0$. 따라서

$$\begin{aligned}
\theta^j \wedge \omega^1_j &= \theta^2 \wedge (h^1_{21}\theta^1 + h^1_{23}\theta^3) + \theta^3 \wedge (h^1_{31}\theta^1 + h^1_{32}\theta^2) \\
&= h^2_{11}\theta^1 \wedge \theta^2 + h^3_{11}\theta^1 \wedge \theta^3 + (h^3_{12} - h^2_{13})\theta^2 \wedge \theta^3, \\
\theta^j \wedge \omega^2_j &= \theta^1 \wedge (h^2_{12}\theta^2 + h^2_{13}\theta^3) + \theta^3 \wedge (h^2_{31}\theta^1 + h^2_{32}\theta^2) \\
&= h^2_{12}\theta^1 \wedge \theta^2 + (h^2_{13} + h^3_{21})\theta^1 \wedge \theta^3 + h^3_{22}\theta^2 \wedge \theta^3, \\
\theta^j \wedge \omega^3_j &= \theta^1 \wedge (h^3_{12}\theta^2 + h^3_{13}\theta^3) + \theta^2 \wedge (h^3_{21}\theta^1 + h^3_{23}\theta^3) \\
&= (h^3_{12} - h^3_{21})\theta^1 \wedge \theta^2 + h^3_{13}\theta^1 \wedge \theta^3 + h^3_{23}\theta^2 \wedge \theta^3.
\end{aligned}$$

이제 제 1 구조방정식

$$d\theta^i - \theta^j \wedge \omega^i_j = 0$$

를 이용하여 h^j_{ik} 들을 구하면[1)] $h^2_{12} = -h^1_{22} = r^{-1}$ 이고 나머지 모든 h^j_{ik} 는 0 임을 볼 수 있다. 따라서 다음을 얻는다.

$$\omega = \begin{pmatrix} 0 & r^{-1}\theta^2 & 0 \\ -r^{-1}\theta^2 & 0 & 0 \\ 0 & 0 & 0 \end{pmatrix}. \tag{3.2}$$

이러면 $d\omega = 0$, $\omega \wedge \omega = 0$ 이어

$$\Omega := d\omega - \omega \wedge \omega = 0$$

임을 알 수 있다. 따라서 모든 i, j, k 에 대하여

$$R(e_i, e_j)e_k = \Omega^\ell_k(e_i, e_j)e_\ell = 0$$

이고 앞 절에서 계산했던 바와 같이 임의의 접평면 Π_p 에 대하여

$$K(\Pi_p) = 0.$$

3.2.3 구면 좌표계와 레비-치비타 접속 이용

구면 좌표계

$$x = r\sin\phi\cos\theta, \quad y = r\sin\phi\sin\theta, \quad z = r\cos\phi$$

---

1) 총 27개의 변수에 $(3+2+1)\times 3 + 3\times 3 = 27$ 개의 방정식이 있다.

를 이용하면 유클리드 공간의 계량기는 다음과 같다.

$$ds^2 = dx^2 + dy^2 + dz^2 = dr^2 + r^2 d\phi^2 + r^2 \sin^2 \phi d\theta^2. \tag{3.3}$$

이제

$$\theta^1 := dr, \qquad \theta^2 := r d\phi, \qquad \theta^3 := r \sin\phi d\theta \tag{3.4}$$

은 움직이는 단위 직교 1-형식 틀장이 되고

$$e_1 := \partial_r, \qquad e_2 := r^{-1}\partial_\phi, \qquad e_3 := r^{-1}\csc\phi\partial_\theta$$

은 움직이는 단위 직교 벡터 틀장이 된다.

이 벡터 틀장에 대한 리 괄호 $[e_i, e_j]$를 구하면 다음과 같다.

$$\begin{aligned}
[e_1, e_2] &= -[e_2, e_1] = -r^{-1}e_2, \\
[e_1, e_3] &= -[e_3, e_1] = -r^{-1}e_3, \\
[e_2, e_3] &= -[e_2, e_3] = -r^{-1}\cot\phi e_3.
\end{aligned}$$

이제 단위직교기저에 대한 코줄 공식 (4.4)를 이용하여 $\nabla_{e_i}e_j$를 구하면

$$\begin{aligned}
&\nabla_{e_2}e_1 = r^{-1}e_2, && \nabla_{e_2}e_2 = -r^{-1}e_1, \\
&\nabla_{e_3}e_1 = r^{-1}e_3, && \nabla_{e_3}e_2 = r^{-1}\cot\phi e_3, \\
&\nabla_{e_3}e_3 = -r^{-1}e_1 - r^{-1}\cot\phi e_2,
\end{aligned}$$

나머지 모든 $\nabla_{e_i}e_j$는 0이다. 이를 이용하면 임의의 i, j, k에 대하여

$$R(e_i, e_j)e_k = 0$$

이고 따라서 원기둥 좌표계로 계산했던 바와 같이 임의의 접평면 Π_p에 대하여

$$K(\Pi_p) = 0.$$

3.2.4 구면 좌표계와 1-형식 틀장 이용

(3.4)로 주어진 1-형식 θ^j의 외미분을 계산하면 다음과 같다.

$$d\theta^1 = 0, \quad d\theta^2 = r^{-1}\theta^1 \wedge \theta^2, \quad d\theta^3 = r^{-1}\theta^1 \wedge \theta^3 + r^{-1}\cot\phi\theta^2 \wedge \theta^3.$$

이제 $\omega_i^j = h_{ik}^j \theta^k$ 라 놓고 §3.2.2에서와 같이 반-대칭성과 제 1 구조 방정식으로부터 h_{ik}^j 를 구하여 ω_i^j 를 구하면 다음이 얻어진다.

$$\omega = \begin{pmatrix} 0 & r^{-1}\theta^2 & r^{-1}\theta^3 \\ -r^{-1}\theta^2 & 0 & r^{-1}\cot\phi\theta^3 \\ -r^{-1}\theta^3 & -r^{-1}\cot\phi\theta^3 & 0 \end{pmatrix}$$

이제 곡률 행렬 $\Omega := d\omega - \omega \wedge \omega$ 를 계산해 보면 0이다. 따라서 앞에서 했던 논증을 따라 하면 임의의 접평면 Π_p 에 대하여

$$K(\Pi_p) = 0.$$

3.3 3차원 구의 단면 곡률

유클리드 공간이 아닌 공간으로 가장 먼저 자연스럽게 생각해 낼 수 있는 공간은 아마 3차원 구 공간일 것이다. 3차원 구의 단면 곡률을 계산할 때 가정 먼저 부딪히는 어려움은 구를 어떻게 표현하나 하는 것이다. 사실 구를 표현하는 방법은 여러 가지가 있는데 그 중 어떤 표현을 사용하는가에 따라 계산의 난도가 달라진다. 그 중 세 가지 표현만 선택하여 단면 곡률을 계산한 결과를 적어본다.

3.3.1 계산법 1

여기서는 3차원 구를 4차원 유클리드 공간에 있는, 원점으로부터 거리가 1인 점들의 집합으로 생각한다. 그러면 3차원 구면은 다음과 같이 매개될 수 있다.

$$X(\phi,\theta,r) = (\cos r\cos\phi, \cos r\sin\phi, \sin r\cos\theta, \sin r\sin\theta).$$

이로써 3차원 구면의 계량기를 구하면

$$ds^2 = dx^2 + dy^2 + dz^2 + dw^2 = \cos^2 r d\phi^2 + \sin^2 r d\theta^2 + dr^2.$$

따라서

$$\theta^1 := \cos r d\phi, \qquad \theta^2 := \sin r d\theta, \qquad \theta^3 := dr$$

은 단위 직교 1-형식 틀장이 되고

$$e_1 := \sec r \partial_\phi, \qquad e_2 := \csc r \partial_\theta, \qquad e_3 := \partial_r$$

은 단위 직교 벡터 틀장이 된다.

3.3.1.1 레비-치비타 접속을 이용한 계산

e_i의 표현으로부터 리 괄호 $[e_i, e_j]$는 쉽게 구할 수 있다. 예를 들어

$$\begin{aligned}[e_1, e_3] &= e_1(e_3) - e_3(e_1) \\ &= \sec r \partial_\phi(\partial_r) - \partial_r(\sec r \partial_\phi) \\ &= -(\partial_r \sec r)\partial_\phi \\ &= -\tan r \sec r \partial_\phi \\ &= -\tan r e_1.\end{aligned}$$

일단 리 괄호 $[e_i, e_j]$를 구하고 나면 단위직교기저에 대한 코줄 공식 (4.4)를 이용하여 $\nabla_{e_i} e_j$를 얻을 수 있다.

$[X, Y]$

$X \backslash Y$	e_1	e_2	e_3
e_1	0	0	$-\tan r e_1$
e_2	0	0	$\cot r e_2$
e_3	$\tan r e_1$	$-\cot r e_2$	0

$\nabla_X Y$

$X \backslash Y$	e_1	e_2	e_3
e_1	$\tan r e_3$	0	$-\tan r e_1$
e_2	0	$-\cot r e_3$	$\cot r e_2$
e_3	0	0	0

이로부터 다음을 알 수 있다.

$R(X,Y)Z$

(X,Y) \ Z	e_1	e_2	e_3
(e_2,e_3)	0	$-e_3$	e_2
(e_3,e_1)	e_3	0	$-e_1$
(e_1,e_2)	$-e_2$	e_1	0

이로부터 임의의 X,Y,Z에 대하여

$$R(X,Y)Z = \langle Y,Z\rangle X - \langle X,Z\rangle Y$$

임을 알 수 있다. 따라서 임의의 X,Y에 대해

$$K(X,Y) = 1$$

임을 알 수 있다. 즉 임의의 접평면 Π_p에 대하여

$$K(\Pi_p) = 1$$

임을 알 수 있다.

3.3.1.2 1-형식 틀장을 이용한 계산

간단한 계산에 의하여 다음을 알 수 있다.

$$d\theta = \begin{pmatrix} d\theta^1 & d\theta^2 & d\theta^3 \end{pmatrix} = \begin{pmatrix} \tan r\theta^1 \wedge \theta^3 & -\cot r\theta^2 \wedge \theta^3 & 0 \end{pmatrix}.$$

이제 §3.2.2에서와 같이 접속 1-형식 ω의 반-대칭성과 제 1 구조방정식을 이용하면 접속 1-형식은 다음과 같음을 알 수 있다.

$$\omega = \begin{pmatrix} 0 & 0 & \tan r\theta^1 \\ 0 & 0 & -\cot r\theta^2 \\ -\tan r\theta^1 & \cot r\theta^2 & 0 \end{pmatrix}. \tag{3.5}$$

이제 곡률 2-형식 $\Omega := d\omega - \omega\wedge\omega$를 계산하면 다음과 같다.

$$\Omega = \begin{pmatrix} 0 & -\theta^1\wedge\theta^2 & -\theta^1\wedge\theta^3 \\ \theta^1\wedge\theta^2 & 0 & -\theta^2\wedge\theta^3 \\ \theta^1\wedge\theta^3 & \theta^2\wedge\theta^3 & 0 \end{pmatrix}. \tag{3.6}$$

이로부터 다음을 얻는다.

$$\Omega_1^2(e_1, e_2) = \Omega_1^3(e_1, e_3) = \Omega_2^3(e_2, e_3) = -1.$$

이것으로부터 $\Omega_k^\ell(e_i, e_j)$의 대칭성을 이용해 일어날 수 있는 모든 것의 값을 알 수 있고, 또한 나머지는 0임을 알 수 있다. (조심할 점. 아래에서 Ω_i^j는 Ω의 i행 j열 원소다.)

이제 $X := a^i e_i$, $Y := b^j e_j$, $Z := c^k e_k$라고 하자. 그러면

$$\begin{aligned} R(X, Y)Z &= a^i b^j c^k R(e_i, e_j) e_k \\ &= c^k (a^i b^j \Omega_k^\ell(e_i, e_j)) e_\ell \\ &= \sum_\ell \left(\sum_k c^k \sum_{i,j} a^i b^j \Omega_k^\ell(e_i, e_j) \right) e_\ell. \end{aligned}$$

여기서 위 결과에 의하여

$$\sum_{i,j} a^i b^j \Omega_k^\ell(e_i, e_j) = a^k b^\ell \Omega_k^\ell(e_k, e_\ell) + a^\ell b^k \Omega_k^\ell(e_\ell, e_k) = -a^k b^\ell + a^\ell b^k.$$

따라서

$$\begin{aligned} R(X, Y)Z &= \sum_\ell \sum_k c^k(-a^k b^\ell + a^\ell b^k) e_\ell \\ &= -\sum_k c^k a^k \sum_\ell b^\ell e_\ell + \sum_k b^k c^k \sum_\ell a^\ell e_\ell \\ &= -\langle X, Z\rangle Y + \langle Y, Z\rangle X. \end{aligned}$$

따라서

$$K(X, Y) = \frac{-\langle R(X, Y)X, Y\rangle}{\langle X, X\rangle\langle Y, Y\rangle - \langle X, Y\rangle^2} = 1.$$

따라서 임의의 접평면 Π_p에 대하여

$$K(\Pi_p) = 1.$$

3.3.2 계산법 2

$x_1^2 + x_2^2 + x_3^2 + x_4^2 = 1$ 인 x_1, x_2, x_3, x_4 에 대하여

$$M := \begin{pmatrix} -x_3 & -x_4 & x_1 & x_2 \\ -x_4 & x_3 & -x_2 & x_1 \\ -x_2 & x_1 & x_4 & -x_3 \\ x_1 & x_2 & x_3 & x_4 \end{pmatrix}$$

이라 하면 M 은 직교행렬이 된다. 즉 $M^T M = I_4$. 이러면 M 의 행 4개는 모두 단위직교하며 $\mathbb{E}^4$ 의 단위직교기저가 된다. 즉

$$\begin{pmatrix} e_1 \\ e_2 \\ e_3 \\ e_4 \end{pmatrix} := M \begin{pmatrix} \partial_1 \\ \partial_2 \\ \partial_3 \\ \partial_4 \end{pmatrix}$$

으로 주어진 e_1, e_2, e_3, e_4 는 $\mathbb{E}^4$ 의 단위직교기저다. 이 때 e_4 가 3차원 구 $\mathbb{S}^3(1)$ 의 한 점이 되는데 이 때 e_1, e_2, e_3 은 $T_{e_4}\mathbb{S}^3(1)$ 의 단위직교기저가 되고

$$\begin{pmatrix} \theta^1 & \theta^2 & \theta^3 & \theta^4 \end{pmatrix} := \begin{pmatrix} dx^1 & dx^2 & dx^3 & dx^4 \end{pmatrix} M^T$$

로 주어진 $\theta^1, \theta^2, \theta^3$ 는 e_1, e_2, e_3 의 쌍대 1-형식 기저가 된다.[2)]

3.3.2.1 레비-치비타 접속을 이용한 계산

e_i 의 표현으로부터 리 괄호 $[e_i, e_j]$ 는 쉽게 구할 수 있다. 예를 들어

$$\begin{aligned} &[e_1, e_2] = e_1 e_2 - e_2 e_1 \\ &= (-x_3\partial_1 - x_4\partial_2 + x_1\partial_3 + x_2\partial_4)(-x_4\partial_1 + x_3\partial_2 - x_2\partial_3 + x_1\partial_4) \\ &\ - (-x_4\partial_1 + x_3\partial_2 - x_2\partial_3 + x_1\partial_4)(-x_3\partial_1 - x_4\partial_2 + x_1\partial_3 + x_2\partial_4) \\ &= 2(-x_2\partial_1 + x_1\partial_2 + x_4\partial_3 - x_3\partial_4) \\ &= 2e_3. \end{aligned}$$

---

2) 이 아이디어는 6장, 7장의 아이디어와 상관이 있다. 소위 말하는 맞춰진 틀장 (adapted frame fields)을 사용하고 있다.

일단 리 괄호 $[e_i, e_j]$를 구하고 나면 단위직교기저에 대한 코줄 공식 (4.4)를 이용하여 $\nabla_{e_i} e_j$를 얻을 수 있다.

$[X, Y]$

$X \backslash Y$	e_1	e_2	e_3
e_1	0	$2e_3$	$-2e_2$
e_2	$-2e_3$	0	$2e_1$
e_3	$2e_2$	$-2e_1$	0

$\nabla_X Y$

$X \backslash Y$	e_1	e_2	e_3
e_1	0	e_3	$-e_2$
e_2	$-e_3$	0	e_1
e_3	e_2	$-e_1$	0

이로부터 다음을 알 수 있다.

$R(X, Y)Z$

$(X, Y) \backslash Z$	e_1	e_2	e_3
(e_2, e_3)	0	$-e_3$	e_2
(e_3, e_1)	e_3	0	$-e_1$
(e_1, e_2)	$-e_2$	e_1	0

이로부터 임의의 X, Y, Z에 대하여

$$R(X, Y)Z = \langle Y, Z\rangle X - \langle X, Z\rangle Y$$

임을 알 수 있다. 따라서 임의의 X, Y에 대해

$$K(X, Y) = 1$$

임을 알 수 있다. 즉 임의의 접평면 Π_p에 대하여

$$K(\Pi_p) = 1$$

임을 알 수 있다.

3.3.2.2 1-형식 틀장을 이용한 계산

간단한 계산에 의하여 다음이 성립함을 알 수 있다.

$$d\theta^1 = -2(\theta^1 \wedge \theta^4 + \theta^2 \wedge \theta^3).$$

그런데 접공간 $T_{e_3}\mathbb{S}^3(1)$의 모든 벡터 v에 대하여 $\theta^4(v) = 0$이다. 따라서 쌍대 접공간 $T^\star_{e_3}\mathbb{S}^3(1)$의 원소로서

$$d\theta^1 = -2\theta^2 \wedge \theta^3.$$

똑같이 생각하여 다음을 얻을 수 있다.

$$\begin{pmatrix} d\theta^1 & d\theta^2 & d\theta^3 \end{pmatrix} = \begin{pmatrix} -2\theta^2 \wedge \theta^3 & -2\theta^3 \wedge \theta^1 & -2\theta^1 \wedge \theta^2. \end{pmatrix}$$

이제 §3.2.2에서와 같이 반-대칭성과 제 1 구조방정식

$$\omega + \omega^T = 0, \qquad d\theta - \theta \wedge \omega = 0$$

을 만족시키는 접속 1-형식 ω를 구하면 다음과 같다.

$$\omega = \begin{pmatrix} 0 & \theta^3 & -\theta^2 \\ -\theta^3 & 0 & \theta^1 \\ \theta^2 & -\theta^1 & 0 \end{pmatrix}.$$

곡률 2-형식 $\Omega := d\omega - \omega \wedge \omega$는 다음과 같다.

$$\Omega = \begin{pmatrix} 0 & -\theta^1 \wedge \theta^2 & -\theta^1 \wedge \theta^3 \\ \theta^1 \wedge \theta^2 & 0 & -\theta^2 \wedge \theta^3 \\ \theta^1 \wedge \theta^3 & \theta^2 \wedge \theta^3 & 0 \end{pmatrix}.$$

이는 (3.6)와 동일한 식임에 주목하라. 그러면 (3.6) 뒤에 전개되는 모든 논리가 그대로 적용되며 이로부터 임의의 접평면 Π_p에 대하여

$$K(\Pi_p) = 1$$

임을 얻는다.

3.3.3 계산법 3

구면의 특수성을 이용하여 계산해 보자. 입체사영을 통해서 $\mathbb{S}^3(1) \subset \mathbb{E}^4$를 $(\mathbb{R}^3, ds^2 = \frac{4(du^2+dv^2+dw^2)}{(1+u^2+v^2+w^2)^2})$로 볼 수 있다. 이 때 uvw-공간에 다음과 같이 구면좌표를 도입하자.

$$(u, v, w) = \rho(\sin\phi\cos\theta, \sin\phi\sin\theta, \cos\phi).$$

이 좌표계를 이용해서 3차원 구면의 계량기는 다음과 같이 나타낼 수 있다.

$$\begin{aligned} ds^2 &= \frac{4(du^2+dv^2+dw^2)}{(1+u^2+v^2+w^2)^2} \\ &= \frac{4}{(1+\rho^2)^2}(d\rho^2+\rho^2 d\phi^2+\rho^2\sin^2\phi d\theta^2). \end{aligned}$$

이러면

$$\theta^1 := \frac{2\rho}{1+\rho^2}d\phi, \qquad \theta^2 := \frac{2\rho\sin\phi}{1+\rho^2}d\theta, \qquad \theta^3 := \frac{2}{1+\rho^2}d\rho$$

는 단위 직교 1-형식 틀장이 되고

$$e_1 := \frac{1+\rho^2}{2\rho}\partial_\phi, \qquad e_2 := \frac{1+\rho^2}{2\rho\sin\phi}\partial_\theta, \qquad e_3 := \frac{1+\rho^2}{2}\partial_\rho$$

는 단위 직교 벡터 틀장이 된다.

3.3.3.1 레비-치비타 접속을 이용한 계산

먼저 리 괄호는 다음과 같음을 볼 수 있다.

$[X, Y]$

$X \backslash Y$	e_1	e_2	e_3
e_1	0	$-\frac{\rho^2+1}{2\rho}\cot\phi e_2$	$-\frac{\rho^2-1}{2\rho}e_1$
e_2	$\frac{\rho^2+1}{2\rho}\cot\phi e_2$	0	$-\frac{\rho^2-1}{2\rho}e_2$
e_3	$\frac{\rho^2-1}{2\rho}e_1$	$\frac{\rho^2-1}{2\rho}e_2$	0

이것과 단위 직교 벡터 틀장에 대한 코줄 공식 (4.4)를 이용하여 $\nabla_{e_i}e_j$를 얻을 수 있다.

$\nabla_X Y$

$X \backslash Y$	e_1	e_2	e_3
e_1	$\frac{\rho^2-1}{2\rho}e_3$	0	$-\frac{\rho^2-1}{2\rho}e_1$
e_2	$\frac{\rho^2+1}{2\rho}\cot\phi\, e_2$	$-\frac{\rho^2+1}{2\rho}\cot\phi\, e_1 + \frac{\rho^2-1}{2\rho}e_3$	$-\frac{\rho^2-1}{2\rho}e_2$
e_3	0	0	0

이로부터 다음을 알 수 있다.

$R(X,Y)Z$

(X,Y) \ Z	e_1	e_2	e_3
(e_2,e_3)	0	$-e_3$	e_2
(e_3,e_1)	e_3	0	$-e_1$
(e_1,e_2)	$-e_2$	e_1	0

이로부터 임의의 X,Y,Z에 대하여

$$R(X,Y)Z = \langle Y,Z\rangle X - \langle X,Z\rangle Y$$

임을 알 수 있다. 따라서 임의의 X,Y에 대해

$$K(X,Y) = 1$$

임을 알 수 있다. 즉 임의의 접평면 Π_p에 대하여

$$K(\Pi_p) = 1$$

임을 알 수 있다.

3.3.3.2 1-형식 틀장을 이용한 계산

간단한 계산에 의하여 다음을 알 수 있다.

$$\begin{aligned}
d\theta^1 &= -\frac{1-\rho^2}{2\rho}\theta^1 \wedge \theta^3, \\
d\theta^2 &= \frac{1+\rho^2}{2\rho}\cot\phi\theta^1 \wedge \theta^2 - \frac{1-\rho^2}{2\rho}\theta^2 \wedge \theta^3, \\
d\theta^3 &= 0.
\end{aligned}$$

이로부터 반-대칭성과 제 1 구조식을 이용하여 ω_i^j를 계산하면 다음과 같다.

$$\omega = \begin{pmatrix} 0 & \frac{1+\rho^2}{2\rho}\cot\phi\,\theta^2 & \frac{\rho^2-1}{2\rho}\,\theta^1 \\ -\frac{1+\rho^2}{2\rho}\cot\phi\,\theta^2 & 0 & \frac{\rho^2-1}{2\rho}\,\theta^2 \\ -\frac{\rho^2-1}{2\rho}\,\theta^1 & -\frac{\rho^2-1}{2\rho}\,\theta^2 & 0 \end{pmatrix}. \tag{3.7}$$

이로부터 곡률 2-형식 $\Omega := d\omega - \omega \wedge \omega$을 계산하면 다음과 같다.

$$\Omega = \begin{pmatrix} 0 & -\theta^1 \wedge \theta^2 & -\theta^1 \wedge \theta^3 \\ \theta^1 \wedge \theta^2 & 0 & -\theta^2 \wedge \theta^3 \\ \theta^1 \wedge \theta^3 & \theta^2 \wedge \theta^3 & 0 \end{pmatrix}.$$

이는 (3.6)과 동일한 식임에 주목하라. 그러면 (3.6) 뒤에 전개되는 모든 논리가 그대로 적용되며 이로부터 임의의 접평면 Π_p에 대하여

$$K(\Pi_p) = 1$$

임을 얻는다.

참고로 위 계산에서

$$\begin{aligned} d\omega_1^2 &= -\frac{(1+\rho^2)^2}{4\rho^2}\theta^1 \wedge \theta^2, \\ d\omega_1^3 &= -\theta^1 \wedge \theta^3, \\ d\omega_2^3 &= \frac{\rho^4 - 1}{4\rho^2} \cot\phi\, \theta^1 \wedge \theta^2 - \theta^2 \wedge \theta^3, \\ (\omega \wedge \omega)_1^2 &= -\frac{\left(\rho^2 - 1\right)^2}{4\rho^2}\theta^1 \wedge \theta^2, \\ (\omega \wedge \omega)_1^3 &= 0, \\ (\omega \wedge \omega)_2^3 &= -\frac{\rho^4 - 1}{4\rho^2} \cot\phi\, \theta^1 \wedge \theta^2. \end{aligned}$$

3.4 3차원 쌍곡 공간의 단면 곡률

계량기가 다음과 같이 주어진 3차원 공간 $\mathbb{R} \times \mathbb{R} \times \mathbb{R}^+$을 생각하라.

$$ds^2 := \frac{dx^2 + dy^2 + dz^2}{z^2}, \qquad (x, y, z) \in \mathbb{R} \times \mathbb{R} \times \mathbb{R}^+. \tag{3.8}$$

이렇게 매개될 수 있는 공간을 쌍곡 공간이라 한다. 이 공간의 단면 곡률을 계산해 보자. 다음을 정의하자.

$$\begin{aligned} \theta^1 &:= \frac{dx}{z}, \quad \theta^2 := \frac{dy}{z}, \quad \theta^3 := \frac{dz}{z}, \\ e_1 &:= z\partial_x, \quad e_2 := z\partial_y, \quad e_3 := z\partial_z. \end{aligned} \tag{3.9}$$

그러면 θ는 움직이는 단위 직교 1-형식 틀장이 되고 e는 움직이는 단위 직교 벡터 틀장이 된다.

3.4.1 레비-치비타 접속을 이용한 계산

먼저 리 괄호를 계산하자. $1 \le i < j \le 2$에 대하여

$$\begin{aligned} [e_i, e_j] &= z\partial_i(z\partial_j) - z\partial_j(z\partial_i) = 0, \\ [e_i, e_3] &= z\partial_i(z\partial_z) - z\partial_z(z\partial_i) = -z\partial_i = -e_i. \end{aligned}$$

이제 리 괄호의 반-대칭성을 이용하여 다음 리 괄호 표를 채울 수 있다. 그러고 나서 단위직교틀장에 대한 코줄 공식 (4.4)를 이용하여 접속을 구할 수 있다.

$[X, Y]$

$X \backslash Y$	e_1	e_2	e_3
e_1	0	0	$-e_1$
e_2	0	0	$-e_2$
e_3	e_1	e_2	0

$\nabla_X Y$

$X \backslash Y$	e_1	e_2	e_3
e_1	e_3	0	$-e_1$
e_2	0	e_3	$-e_2$
e_3	0	0	0

이로부터 다음을 알 수 있다.

$R(X, Y)Z$

$(X, Y) \backslash Z$	e_1	e_2	e_3
(e_2, e_3)	0	e_3	$-e_2$
(e_3, e_1)	$-e_3$	0	e_1
(e_1, e_2)	e_2	$-e_1$	0

이로부터 임의의 X, Y, Z에 대하여

$$R(X,Y)Z = -\langle Y, Z\rangle X + \langle X, Z\rangle Y$$

임을 알 수 있다. 따라서 단면 곡률은 항상 -1이다.

3.4.2 1-형식 틀장을 이용한 계산

식 (3.9)에 주어진 θ에 대한 접속 1-형식 ω_i^j를 구하자. 먼저 다음을 보자.

$$d\theta^i = \theta^i \wedge \theta^3.$$

이제 3.2.2절에서와 똑같은 방법으로 접속 1-형식을 구하면 다음을 얻는다.

$$\omega = \begin{pmatrix} 0 & 0 & \theta^1 \\ 0 & 0 & \theta^2 \\ -\theta^1 & -\theta^2 & 0 \end{pmatrix}.$$

따라서

$$\Omega := d\omega - \omega \wedge \omega = \begin{pmatrix} 0 & \theta^1 \wedge \theta^2 & \theta^1 \wedge \theta^3 \\ -\theta^1 \wedge \theta^2 & 0 & \theta^2 \wedge \theta^3 \\ -\theta^1 \wedge \theta^3 & -\theta^2 \wedge \theta^3 & 0 \end{pmatrix}.$$

이로부터 다음을 얻는다.

$$\Omega_1^2(e_1, e_2) = \Omega_1^3(e_1, e_3) = \Omega_2^3(e_2, e_3) = 1.$$

이것으로부터 $\Omega_k^\ell(e_i, e_j)$의 대칭성을 이용해 일어날 수 있는 모든 것의 값을 알 수 있고, 또한 나머지는 0임을 알 수 있다.

이는 (3.6)와 부호만 반대이며 완전히 같다. 따라서 결국 모든 단면 곡률은 -1이 됨을 알 수 있는데 자세한 과정을 살펴보자.

이제 $X := a^i e_i$, $Y := b^j e_j$, $Z := c^k e_k$ 라고 하자. 그러면

$$\begin{aligned} R(X,Y)Z &= a^i b^j c^k R(e_i, e_j) e_k \\ &= c^k (a^i b^j \Omega^\ell_k(e_i, e_j)) e_\ell \\ &= \sum_\ell \left(\sum_k c^k \sum_{i,j} a^i b^j \Omega^\ell_k(e_i, e_j) \right) e_\ell. \end{aligned}$$

여기서 위 결과에 의하여

$$\begin{aligned} \sum_{i,j} a^i b^j \Omega^\ell_k(e_i, e_j) &= a^k b^\ell \Omega^\ell_k(e_k, e_\ell) + a^\ell b^k \Omega^\ell_k(e_\ell, e_k) \\ &= a^k b^\ell - a^\ell b^k. \end{aligned}$$

따라서

$$\begin{aligned} R(X,Y)Z &= \sum_\ell \sum_k c^k (a^k b^\ell - a^\ell b^k) e_\ell \\ &= \sum_k c^k a^k \sum_\ell b^\ell e_\ell - \sum_k b^k c^k \sum_\ell a^\ell e_\ell \\ &= \langle X, Z \rangle Y - \langle Y, Z \rangle X. \end{aligned}$$

따라서

$$K(X,Y) = \frac{-\langle R(X,Y)X, Y \rangle}{\langle X, X \rangle \langle Y, Y \rangle - \langle X, Y \rangle^2} = -1.$$

따라서 따라서 임의의 접평면 Π_p 에 대하여

$$K(\Pi_p) = -1.$$

3.5 3차원 공형 공간의 곡률

계량기가

$$ds^2 = e^{2\sigma(u,v,w)}(du^2 + dv^2 + dw^2)$$

으로 주어진 공간을 생각하라. $e^{\sigma(u,v,w)} = 2(1 + (u^2 + v^2 + w^2))^{-1}$ 이면 위 계량기는 입체사영을 통하여 얻어진 3차원 구의 계량기를

나타내며 $e^{\sigma(u,v,w)} = 2(1-(u^2+v^2+w^2))^{-1}$ 이면 위 계량기는 입체사영을 통하여 얻어진 3차원 쌍곡 공간의 계량기를 나타낸다. 양성덕의 미분기하강의 1편에 2차원 구와 2차원 쌍곡 평면이 위와 같이 나타내어지는 사상이 설명되어 있는데 그걸 3차원으로 일반화하면 위와 같이 3차원 구와 3차원 쌍곡 공간이 나타내어지는 이유를 볼 수 있다. 이러면 $\sigma = \sigma(u,v,w)$ 라 할 때

$$\theta^i := e^{\sigma} du^i, \qquad e_j := e^{-\sigma}\partial_j \tag{3.10}$$

는 각각 단위 직교 1-형식 틀장과 단위직교벡터기저가 된다.

3.5.1 1-형식 틀장을 이용한 계산

여기서는 움직이는 틀장을 이용한 계산을 먼저 제시한다. (3.10)로 주어진 θ를 생각하라. §3.2.2에서와 똑같은 방법으로 반-대칭성과 제 1 구조방정식을 이용하여 이에 대한 접속 1-형식을 구하면

$$\omega = \begin{pmatrix} 0 & -\sigma_2 du^1 + \sigma_1 du^2 & -\sigma_3 du^1 + \sigma_1 du^3 \\ \sigma_2 du^1 - \sigma_1 du^2 & 0 & -\sigma_3 du^2 + \sigma_2 du^3 \\ \sigma_3 du^1 - \sigma_1 du^3 & \sigma_3 du^2 - \sigma_2 du^3 & 0 \end{pmatrix}.$$

이제 곡률 행렬 $\Omega := d\omega - \omega \wedge \omega$를 구해보면

$$\begin{aligned}
\Omega_1^2 &= (\sigma_{11} + \sigma_{22} + \sigma_3^2) du^1 \wedge du^2 \\
&\quad + (\sigma_{23} - \sigma_2\sigma_3) du^1 \wedge du^3 + (-\sigma_{13} + \sigma_1\sigma_3) du^2 \wedge du^3, \\
\Omega_1^3 &= (\sigma_{32} - \sigma_3\sigma_2) du^1 \wedge du^2 \\
&\quad + (\sigma_{11} + \sigma_{33} + \sigma_2^2) du^1 \wedge du^3 + (\sigma_{12} - \sigma_1\sigma_2) du^2 \wedge du^3, \\
\Omega_2^3 &= (-\sigma_{31} + \sigma_1\sigma_3) du^1 \wedge du^2 \\
&\quad + (\sigma_{21} - \sigma_2\sigma_1) du^1 \wedge du^3 + (\sigma_{22} + \sigma_{33} + \sigma_1^2) du^2 \wedge du^3.
\end{aligned} \tag{3.11}$$

이게 제대로 된 결과인지 몇 가지 경우에 대하여 적용시켜 검토해 보자.

$e^{2\sigma(u,v,w)} = w^{-2}$라 하면 위 계량기는 쌍곡 공간의 계량기가 된다. 이 경우 (3.11)로부터

$$\Omega_1^2 = \theta^1 \wedge \theta^2, \quad \Omega_1^3 = \theta^1 \wedge \theta^3, \quad \Omega_2^3 = \theta^2 \wedge \theta^3$$

임을 볼 수 있다. 이러면 모든 단면 곡률이 -1임을 알 수 있다.

$e^{\sigma(u,v,w)} = 2(1 - u^2 - v^2 - w^2)^{-1}$라 하면 위 계량기는 쌍곡 공간의 계량기가 된다. 이 경우 (3.11)로부터

$$\Omega_1^2 = \theta^1 \wedge \theta^2, \quad \Omega_1^3 = \theta^1 \wedge \theta^3, \quad \Omega_2^3 = \theta^2 \wedge \theta^3$$

임을 볼 수 있다. 이러면 모든 단면 곡률이 -1임을 알 수 있다.

$e^{\sigma(u,v,w)} = 2(1+u^2+v^2+w^2)^{-1}$라 하면 위 계량기는 구 공간의 계량기가 되고

$$\Omega_1^2 = -\theta^1 \wedge \theta^2, \quad \Omega_1^3 = -\theta^1 \wedge \theta^3, \quad \Omega_2^3 = -\theta^2 \wedge \theta^3$$

임을 볼 수 있다. 이러면 모든 단면 곡률이 1임을 알 수 있다.

3.5.2 레비-치비타 접속을 이용한 계산

(3.10)로 주어진 e에 대하여 리 괄호를 구해 보자. $f := e^{-\sigma}$일 때 정의에 의하여

$$\begin{aligned}
[e_i, e_j] &:= e_i(e_j) - e_j(e_i) \\
&= e^{-\sigma}\partial_i(e^{-\sigma}\partial_j) - e^{-\sigma}\partial_i(e^{-\sigma}\partial_i) \\
&= e^{-\sigma}((\partial_i e^{-\sigma})\partial_j + e^{-\sigma}\partial_i\partial_j) - e^{-\sigma}((\partial_j e^{-\sigma})\partial_i + e^{-\sigma}\partial_j\partial_i) \\
&= (\partial_i e^{-\sigma})e_j - (\partial_j e^{-\sigma})e_i.
\end{aligned}$$

따라서

$$\begin{aligned}
&[e_1, e_1] = [e_2, e_2] = [e_3, e_3] = 0, \\
&[e_1, e_2] = -[e_2, e_1] = e^{-\sigma}\sigma_2 e_1 - e^{-\sigma}\sigma_1 e_2 = f^{-1}(e_1(f)e_2 - e_2(f)e_1), \\
&[e_2, e_3] = -[e_3, e_2] = e^{-\sigma}\sigma_3 e_2 - e^{-\sigma}\sigma_2 e_3 = f^{-1}(e_2(f)e_3 - e_3(f)e_2), \\
&[e_1, e_3] = -[e_3, e_1] = e^{-\sigma}\sigma_3 e_1 - e^{-\sigma}\sigma_1 e_3 = f^{-1}(e_1(f)e_3 - e_3(f)e_1).
\end{aligned}$$

이제 앞에서와 같이 단위직교틀장에 대한 코줄 공식 (4.4)를 이용하여 다음을 얻을 수 있다.

$$\nabla_{e_i} e_j = \begin{cases} e^{-\sigma}\sigma_j e_i = -f^{-1}e_j(f)e_i & i \neq j, \\ \sum_{k\in\{1,2,3\},k\neq i} f^{-1}e_k(f)e_k & i = j. \end{cases}$$

이러면 리만 곡률 텐서의 특정한 값 $R(e_1, e_2)e_1$ 은 다음과 같이 계산된다.

$$\begin{aligned} R(e_1, e_2)e_1 &= \nabla_{e_1}\nabla_{e_2}e_1 - \nabla_{e_2}\nabla_{e_1}e_1 - \nabla_{[e_1,e_2]}e_1 \\ &= -\sum_{i=1}^{2} e_i(f^{-1}e_i(f)) + \sum_{k=1}^{3}(f^{-1}e_k(f))^2. \end{aligned}$$

따라서 $K(e_1, e_2)$는 다음과 같다.

$$\begin{aligned} K(e_1, e_2) &= \frac{-\langle R(e_1, e_2)e_1, e_2\rangle}{\langle e_1, e_1\rangle\langle e_2, e_2\rangle - \langle e_1, e_2\rangle^2} \\ &= -\langle R(e_1, e_2)e_1, e_2\rangle \\ &= \sum_{i=1}^{2} e_i(f^{-1}e_i(f)) - \sum_{k=1}^{3}(f^{-1}e_k(f))^2. \end{aligned}$$

비슷한 방법으로 다음을 얻는다.

$$K(e_1, e_3) = e_1(f^{-1}e_1(f)) + e_3(f^{-1}e_3(f)) - \sum_{k=1}^{3}(f^{-1}e_k(f))^2,$$

$$K(e_2, e_3) = e_2(f^{-1}e_2(f)) + e_3(f^{-1}e_3(f)) - \sum_{k=1}^{3}(f^{-1}e_k(f))^2.$$

질문 3.5.1. $e^{2\sigma} = \frac{4}{(1+(u^2+v^2+w^2))^2}$ 이면 위 계량기는 입체사영을 통하여 얻어진 *3*차원 구의 계량기를 나타낸다. 모든 단면 곡률은 *1*인데 위 계산이 실제로 *1*을 줌을 확인하여 보라.

질문 3.5.2. $e^{2\sigma} = \frac{4}{(1-(u^2+v^2+w^2))^2}$ 이면 위 계량기는 입체사영을 통하여 얻어진 *3*차원 쌍곡 공간의 계량기를 나타낸다. 모든 단면 곡률은 -1 인데 위 계산이 실제로 -1을 줌을 확인하여 보라.

이제 일반적인 경우를 계산해야 하는데, 음, 식 (5.5)를 이용하면 이미 앞에서 계산한 곡률 2-형식으로부터 리만 곡률 텐서를 알 수 있다. 즉,

$$\begin{aligned} R(e_i, e_j)e_k &= \Omega_k^\ell(e_i, e_j)e_\ell \\ &= \Omega_k^1(e_i, e_j)e_1 + \Omega_k^2(e_i, e_j)e_2 + \Omega_k^3(e_i, e_j)e_3. \end{aligned}$$

이 식은, 곡률 2-형식이 리만 곡률 텐서의 성분이라는 것을 말하고 있다.

여기서 $\Omega_k^\ell(e_i, e_j)$는 (3.11)을 이용하면 알 수 있다.

$$\begin{aligned} &\Omega_1^2(e_1, e_2) = e^{-2\sigma}(\sigma_{11} + \sigma_{22} + \sigma_3^2), && \Omega_1^2(e_1, e_3) = e^{-2\sigma}(\sigma_{23} - \sigma_2\sigma_3), \\ &\Omega_1^2(e_2, e_3) = e^{-2\sigma}(-\sigma_{13} + \sigma_1\sigma_3), && \Omega_1^3(e_1, e_2) = e^{-2\sigma}(\sigma_{32} - \sigma_3\sigma_2), \\ &\Omega_1^3(e_1, e_3) = e^{-2\sigma}(\sigma_{11} + \sigma_{33} + \sigma_2^2), && \Omega_1^3(e_2, e_3) = e^{-2\sigma}(\sigma_{12} - \sigma_1\sigma_2), \\ &\Omega_2^3(e_1, e_2) = e^{-2\sigma}(-\sigma_{31} + \sigma_1\sigma_3), && \Omega_2^3(e_1, e_3) = e^{-2\sigma}(\sigma_{21} - \sigma_2\sigma_1), \\ &\Omega_2^3(e_2, e_3) = e^{-2\sigma}(\sigma_{22} + \sigma_{33} + \sigma_1^2). \end{aligned}$$

나머지 $\Omega_k^\ell(e_i, e_j)$는 대칭성으로부터 알 수 있다.

제 4 장

다양체의 곡률

4.1 들어가며

곡률은 기본적으로 국소적으로 정의되므로 다양체를 완벽하게 이해하지 못했다고 해서 다양체의 곡률에 대한 공부를 미뤄야 할 필요는 없다. 역사적으로도 오늘날 우리가 알고 있는 다양체의 개념이 확립되기 이전에 이미 다양체의 곡률에 대한 개념이 만들어졌다. 부록 A를 보라. 하지만 다양체 곡률의 현대적 정의를 이해하기 위해선 결국 다양체에 존재하는 여러 대상들, 그리고 그 대상들 사이의 관계에 대해서 어느 정도는 알고 있어야 한다. 이미 유클리드 평면이나 공간의 곡선, 곡면에 대한 정의를 내리기 위해서도 많은 개념들을 알아야 했는데 다양체의 경우 당연히 더 많은 준비를 해야 하는 건 당연하다.

곡률은 국소적 개념이므로 다양체의 곡률을 이해하고자 할 때 $\mathbb{R}^n$의 단순연결된 열린집합 $\mathcal{U}$에서 이론을 전개하는 것도 나쁘지는 않을 것이다. 여기서 $\mathcal{U}$는 우리가 다양체의 한 부분을 바라볼 수 있게 해 주는 지도라고 생각하면 된다. 그런데 한 영역을 바라보는 지도는 하나만 있지 않다. 예를 들어 쌍곡 평면을 나타내는 지도에는 최소한 원반 지도와 반평면 지도 두 가지가 있다. 따라서 비록 $\mathcal{U} \subset \mathbb{R}^n$에서 이론을 전개하더라도 다루는 대상이나 연산이 다른 지도에서는 어떻게 표현될 것인가를 염두에 두고 생각하는 것이 필요하다. 양성덕의 미분기하강의 1편에서는 반평면 모델을 통하여 쌍곡 평면을 살펴보았는데 똑같은 이론을 원반 모델에서 다루었을 때는 어떻게 될 것인가를 알 수 있어야 하는 것이다. 그럴려면 어떤 정의를 내리더라도 좌표에 상관없이 서술될 수 있도록 정의를 내려야 하며 부득이하게 한 지도에서 뭔가를 표현하게 되면 그것이 다른 지도에서는 어떻게 표현되는 가를 고려해야 한다.

4.2 다양체에 있는 것들

중고교 수학을 잘 살펴보면 직선의 방정식의 정의는 제시하는데 정작 직선의 정의는 제시하지 않고 그냥 쓴다. 미안하지만 이 글에서도 다양체가 무엇인지 그 정의를 제시하지 않고 그냥 사용할 것인데 그래도 공간의 곡률을 계산하는데 있어 필요불가결한 몇 가지 개념들을 여기 정리하여 둔다.

가장 필요한 개념 중의 하나는 접벡터 다발(tangent bundle)이다. 이는 다양체 M의 각 점 p마다 매달려 있는 접벡터공간 T_pM을 다 합쳐놓은 것에 적당한 구조를 준 것이다.

M에서 $\mathbb{R}$로 가는 함수를 보통 알파벳 소문자 중 $f, g, h, \cdots$ 등으로 나타낸다. M의 모든 함수들의 집합을 $\mathfrak{F}(M)$으로 나타낸다.

벡터장은 M의 각 점 p마다 T_pM의 벡터가 주어지는 사상인데 이를 보통 알파벳 대문자 중 $X, Y, Z, \cdots$ 등으로 나타낸다. 국소좌표계에서 벡터장은

$$a^i \frac{\partial}{\partial u^i}, \qquad \text{또는 간단하게} \qquad a^i \partial_i$$

등으로 나타낸다. 벡터장 $a^i\partial_i$의 한 점 p에서의 값 $a^i(p)\partial_i|_p$는 T_pM의 원소인 벡터다. 여기서 a^i는 함수다. M의 모든 벡터장들의 집합을 $\mathfrak{X}(M)$이라 한다.

국소좌표계로 $dx^j|_p$는 접벡터공간 T_pM에 작용하는 선형함수며 $\partial_i|_p$에 작용하여 δ_i^j를 준다. 즉

$$dx^j|_p(\partial_i|_p) = \delta_i^j := \begin{cases} 0 & \text{단} \quad i \neq j, \\ 1 & \text{단} \quad i = j. \end{cases}$$

1-형식장 $b_j dx^j$는 M의 매 점 $p \in M$마다 T_pM의 1-형식 $b_j(p)dx^j|_p$를 주는 사상이다. 여기서 b_j는 함수다. M의 모든 1-형식장들의

집합을 $\mathfrak{X}^*(M)$이라 한다.

함수와 벡터장 그리고 1-형식장은 다양체의 곡률을 이해하는 데에 가장 기본적으로 알아야 할 대상이다.

벡터 X는 함수 f에 작용하여 함수 $X(f)$를 생산하는데 점 p에서의 $X(f)$의 값 $X(f)(p)$는 국소좌표로는 다음과 같이 주어진다.

$$\text{국소좌표로 } X = a^i(p)\partial_i|_p \text{ 일 때 } X(f)(p) := a^i(p)\partial_i|_p f.$$

외미분 연산자라는 것이 있는데 보통 d로 표현되며 함수 f에 작용해서는 1-형식장 df를, 1-형식장 θ에 작용해서는 2-형식장 $d\theta$를 생산한다. 국소좌표계로는

$$df(a^i\partial_i) := a^i\partial_i(f), \qquad d(b_j dx^j) := (db_j) \wedge dx^j.$$

여기서 두 1-형식 θ, ϕ의 쐐기곱 $\theta \wedge \phi$는 한 쌍의 벡터장 X, Y에 대하여 다음과 같이 함수를 생산한다.

$$\theta \wedge \phi(X, Y) := \theta(X)\phi(Y) - \theta(Y)\phi(X).$$

질문 4.2.1. 쌍곡 반평면에서 함수, 벡터, *1*-형식을 나타내 보아라. 그리고 그것이 쌍곡 원반에서는 어떻게 표현이 되는지 써 보아라. 그 *1*-형식의 외미분을 구하여라.

두 벡터장 X, Y로부터 새 벡터장 $[X, Y]$를 얻어내는 연산자가 있다. 벡터장은 결국 임의의 함수에 어떻게 작용하는가로 결정되는데 X와 Y의 리 괄호 $[X, Y]$의 함수에 대한 작용은 다음과 같이 정의된다.

$$[X, Y](f) := X(Y(f)) - Y(X(f)). \tag{4.1}$$

국소좌표로 $X = a^i\partial_i$, $Y = b^j\partial_j$ 라고 할 때

$$\begin{aligned}[X,Y] &= XY - YX \\ &= a^i\partial_i(b^j\partial_j) - b^j\partial_j(a^i\partial_i) \\ &= (a^i b^j_{,i}\partial_j + a^i b^j\partial_i\partial_j) - (b^j a^i_{,j}\partial_i + b^j a^i\partial_j\partial_i) \\ &= a^i b^j_{,i}\partial_j - b^j a^i_{,j}\partial_i \\ &= (a^i b^k_{,i} - b^j a^k_{,j})\partial_k.\end{aligned}$$

여기서 $b^k_{,i}$ 는 $\frac{\partial b^k}{\partial u^i}$ 다.

$X(f)$, $[X,Y]$ 등을 좌표에 상관없이 정의하려면 여러 사전준비를 해야 한다. 특히 리 미분 $\mathscr{L}$ 을 미리 정의하여 두면

$$X(f) = \mathscr{L}_X f, \qquad [X,Y] = \mathscr{L}_X Y$$

가 성립한다.

이제 텐서와 텐서장에 대하여 알아보자. 접벡터공간 T_pM 에 작용하는 모든 선형함수들의 집합을 $T_p^\star M$ 이라 하자. 그럼 $T_p^\star M$ 은 벡터공간이 되므로 이 공간에 작용하는 모든 선형함수들의 집합 $(T_p^\star M)^\star$ 을 생각할 수 있는데 이는 결국 T_pM 과 같음이 알려져 있다. 접벡터는 1-형식에 다음과 같이 작용한다.

$$a^i(p)\partial_i|_p(b_j(p)dx^j|_p) = a^i(p)b_j(p)\partial_i|_p(dx^j|_p) = a^i(p)b_j(p)\delta_i^j.$$

이제 r 과 s 가 0또는 자연수라 하자. $T_p^\star M$ r 개와 T_pM s 개의 곱 $(T_p^\star M)^r \times (T_pM)^s$ 에서 $\mathbb{R}$ 로 가는 $\mathbb{R}$-다중선형사상을 (r,s)-텐서라 한다. 그리고

$$T : (\mathfrak{X}^\star(M))^r \times (\mathfrak{X}(M))^s \to \mathfrak{F}(M)$$

가 $\mathfrak{F}$-다중선형사상이면 이 T 를 (r,s)-텐서장이라 한다.

T 가 (r,s)-텐서장이면 r 개의 1-형식장 $\theta^1, \cdots, \theta^r$, s 개의 벡터장 $X_1, \cdots, X_s$, 그리고 $r+s$ 개의 함수 $b_1, \cdots, b_r, a^1, \cdots, a^s$ 에 대하

여

$$
\begin{aligned}
&T(b_1\theta^1, \cdots, b_r\theta^r, a^1X_1, \cdots, a^sX_s) \\
&\qquad = b_1 \cdots b_r a^1 \cdots a^s T(\theta^1, \cdots, \theta^r, X_1, \cdots, X_s)
\end{aligned}
$$

며 이는 M 의 함수다.

예 4.2.1. 계량기 $g(X, Y) := \langle X, Y\rangle$ 는 텐서장이다.

텐서장은 중요하다. 텐서장은 지도를 바꿨을 때 자연스럽게 변환된다. M 의 모든 (r, s)-텐서장들의 집합을 $\mathfrak{T}^r_s(M)$ 라고 한다.

4.3 접속

이제 벡터장을 미분하는 법에 대하여 생각해 본다. 벡터장의 미분을 생각하는 이유는 여러 가지가 있는데 무엇보다도 곡률 텐서의 정의 자체를 벡터장의 미분을 통하여 얻어낼 수가 있다는 것이 가장 큰 이유다.

이를 위해서 접속(connection)이라는 것을 도입한다.

정의 4.3.1. *C^∞ 다양체 M 에서 (코줄) 접속이라 함은 임의의 함수 f, 임의의 벡터장 X, X_1, X_2, Y, Y_1, Y_2 에 대하여 다음 네 가지 성질*

(1) $\nabla_{X_1+X_2}Y = \nabla_{X_1}Y + \nabla_{X_2}Y,$

(2) $\nabla_X(Y_1 + Y_2) = \nabla_X Y_1 + \nabla_X Y_2,$

(3) $\nabla_{fX}Y = f\nabla_X Y,$

(4) $\nabla_X(fY) = f\nabla_X Y + X(f)Y$

를 만족시키면서 두 벡터장 X, Y 에 대하여 새로운 벡터장 $\nabla_X Y$ 를 대응시키는 연산자를 말한다.

∇ 을 '델'이라고 읽는다.

여기서 M 은 리만 다양체가 아닐 수도 있다. 즉 접속은 리만 계량기와는 별개의 개념이다. 한 다양체에는 많은 접속이 있다. 부록의 정의 (??)를 보라.

예 4.3.1. $T(X, Y, Z) := \langle \nabla_X Y, Z \rangle$ 는 텐서장이 아니다. 왜냐하면

$$\begin{aligned} T(X, fY, Z) &= \langle \nabla_X fY, Z \rangle \\ &= \langle X(f)Y + f\nabla_X Y, Z \rangle \\ &= \langle X(f)Y, Z \rangle + \langle f\nabla_X Y, Z \rangle \\ &= X(f)\langle Y, Z \rangle + f\langle \nabla_X Y, Z \rangle \\ &\neq fT(X, Y, Z) \end{aligned}$$

기 때문이다.

접속이 주어졌다고 하자. 그러면 어떤 함수들 Γ_{ij}^k 에 대하여 $\nabla_{\partial_i}\partial_j = \Gamma_{ij}^k \partial_k$ 인데 이 Γ_{ij}^k 만 알면 임의의 벡터장 X, Y 에 대하여 $\nabla_X Y$ 를 알 수 있다. 왜냐 하면 다음이 성립하기 때문이다.

$$\begin{aligned} \nabla_{a^i\partial_i} b^j \partial_j &= a^i \nabla_{\partial_i} b^j \partial_j \\ &= a^i((\partial_i b^j)\partial_j + b^j \nabla_{\partial_i}\partial_j) \\ &= a^i(\partial_i b^k + b^j \Gamma_{ij}^k)\partial_k. \end{aligned}$$

사실 위와 같은 접속의 정의가 제시되기 전에는 어떤 변환조건을 만족시키는 Γ_{ij}^k 들의 집합을 접속으로 정의하였었다. 부록의 정의 A.4.2를 보라.

4.4 리만 곡률 텐서의 유도

가우스의 놀라운 정리에서 가우스 곡률의 내재적 표현식을 유도하는 과정을 잘 살펴보면 곡면함수 $X : \mathcal{U} \subset \mathbb{R}^2 \to \mathbb{E}^3$에 대하여 미분의 순서를 바꿔 계산하는 다음 식

$$X_{112} - X_{121} = \partial_2\partial_1\partial_1 X - \partial_1\partial_2\partial_1 X.$$

을 집중분석하고 있음을 알 수 있다. 양성덕의 미분기하강의 1편의 5장을 참조하라. 이를 $\mathcal{U}$에서의 계산으로 보자면 다음과 같을 것이다.

$$\nabla_{\partial_2}\nabla_{\partial_1}\partial_1 - \nabla_{\partial_1}\nabla_{\partial_2}\partial_1.$$

여기서 $\partial_i X$가 내재적으로는 ∂_i로 간주되고 있는데 이는 공간에 있는 곡면의 접벡터를 X의 정의역인 $\mathcal{U}$로 당겨오는 일반적인 방법에 따른 것이다.

이로부터 다음을 잘 들여다 보는 것이 곡률의 정의에 가까이 다가가는 것임을 짐작할 수 있다.

$$\tilde{R}(X, Y, Z) := \nabla_X\nabla_Y Z - \nabla_Y\nabla_X Z.$$

그런데 이건 텐서가 아니다. 왜냐하면 다음 계산 때문이다.

$$\begin{aligned}\nabla_{fX}\nabla_Y Z - \nabla_Y\nabla_{fX} Z &= f\nabla_X\nabla_Y Z - \nabla_Y(f\nabla_X Z)\\ &= f\nabla_X\nabla_Y Z - Y(f)\nabla_X Z - f\nabla_Y\nabla_X Z\\ &= f(\nabla_X\nabla_Y Z - \nabla_Y\nabla_X Z) - Y(f)\nabla_X Z.\end{aligned}$$

즉

$$\tilde{R}(fX, Y, Z) \neq f\tilde{R}(X, Y, Z)$$

이어서 $\tilde{R}$는 $\mathfrak{F}$-다중선형이지 않다. 그런데 이게 선형이 되지 않게 하는 항을 잘 분석하면 선형인 사상을 찾아낼 수 있다. 계산을 좀더

자세히 살펴보자.

$$
\begin{aligned}
\nabla_{fX}\nabla_{gY}Z - \nabla_{gY}\nabla_{fX}Z &= f\nabla_X(g\nabla_Y Z) - g\nabla_Y(f\nabla_X Z) \\
&= f(X(g)\nabla_Y Z + g\nabla_X\nabla_Y Z) - g(Y(f)\nabla_X Z + f(\nabla_Y\nabla_X Z)) \\
&= fg(\nabla_X\nabla_Y Z - \nabla_Y\nabla_X Z) + fX(g)\nabla_Y Z - gY(f)\nabla_X Z \\
&= fg(\nabla_X\nabla_Y Z - \nabla_Y\nabla_X Z) + \nabla_{fX(g)Y - gY(f)X}Z.
\end{aligned}
$$

이 때 다음을 살펴보자.

$$
\begin{aligned}
[fX,gY](h) &= f(X(gY(h))) - g(Y(fX(h))) \\
&= f(X(g)Y(h) + gX(Y(h))) - g(Y(f)X(h) + fY(X(h))) \\
&= fX(g)Y(h) + fgX(Yh) - gY(f)X(h) - gfY(X(h)) \\
&= fX(g)Y(h) - gY(f)X(h) + fg[X,Y](h).
\end{aligned}
$$

즉

$$[fX, gY] = fX(g)Y - gY(f)X + fg[X,Y].$$

따라서

$$
\begin{aligned}
&\nabla_{fX}\nabla_{gY}Z - \nabla_{gY}\nabla_{fX}Z \\
&\quad = fg(\nabla_X\nabla_Y Z - \nabla_Y\nabla_X Z) + \nabla_{[fX,gY]-fg[X,Y]}Z \\
&\quad = fg(\nabla_X\nabla_Y Z - \nabla_Y\nabla_X Z) - fg\nabla_{[X,Y]}Z + \nabla_{[fX,gY]}Z.
\end{aligned}
$$

그러므로

$$
\begin{aligned}
&\nabla_{fX}\nabla_{gY}Z - \nabla_{gY}\nabla_{fX}Z - \nabla_{[fX,gY]}Z \\
&\qquad = fg(\nabla_X\nabla_Y Z - \nabla_Y\nabla_X Z - \nabla_{[X,Y]}Z).
\end{aligned}
$$

이로부터

$$R(X,Y)Z := \nabla_X\nabla_Y Z - \nabla_Y\nabla_X Z - \nabla_{[X,Y]}Z \tag{4.2}$$

은 X와 Y에 대하여 선형임을 알 수 있는데 다음에서 살펴볼 수 있는 바와 같이 사실 Z에 대해서도 선형이다.

$$\begin{aligned} R(X,Y)hZ &= \nabla_X\nabla_Y hZ - \nabla_Y\nabla_X hZ - \nabla_{[X,Y]}hZ \\ &= \nabla_X(Y(h)Z + h\nabla_Y Z) - \nabla_Y(X(h)Z + h\nabla_X Z) \\ &\qquad - [X,Y](h)Z - h\nabla_{[X,Y]}Z \\ &= X(Y(h))Z + Y(h)\nabla_X Z + X(h)\nabla_Y Z + h\nabla_X\nabla_Y Z \\ &\quad - (Y(X(h))Z + X(h)\nabla_Y Z + Y(h)\nabla_X Z + h\nabla_Y\nabla_X Z) \\ &\quad - [X,Y](h)Z - h\nabla_{[X,Y]}Z \\ &= hR(X,Y)Z. \end{aligned}$$

따라서 이 사상

$$(X,Y,Z) \mapsto R(X,Y)Z$$

은 텐서다. 이를 리만 곡률 텐서라 한다.

4.5 리만 계량기와 레비-치비타 접속

M이 리만 계량기 g를 가지고 있다면 g와 궁합이 맞는 접속을 생각할 수가 있는데 사실은 다음과 같은 성질이 성립한다.

소정리 4.5.1 (리만 기하의 기본 정리). 리만 다양체 $(M, \langle , \rangle)$에는 다음 성질을 만족시키는 접속 ∇이 하나 그리고 단 하나 있다:

(5) ∇은 대칭이다. 즉 임의의 두 벡터장 X, Y에 대하여

$$T(X,Y) := \nabla_X Y - \nabla_Y X - [X,Y] = 0.$$

이 T를 비틀림 텐서라 한다.

(6) ∇은 $\langle , \rangle$과 궁합이 맞다. 즉 임의의 세 벡터장 X, Y, Z에 대하여

$$Z(\langle X,Y\rangle) = \langle \nabla_Z X, Y\rangle + \langle X, \nabla_Z Y\rangle.$$

증명은 대부분의 기본적 리만 기하학 책에 나와 있다. 예를 들어 [25, 2권, 239쪽]을 보라.

리만 다양체의 여러 접속 중에서 위와 같이 유일하게 결정되는 접속을 **레비-치비타 접속**이라 한다.

소정리 4.5.2. *(코줄 공식)*

$$\begin{aligned}2\langle \nabla_X Y, Z\rangle &= X(\langle Y, Z\rangle) + Y(\langle Z, X\rangle) - Z(\langle X, Y\rangle)\\ &\quad + \langle [X,Y], Z\rangle - \langle [Y,Z], X\rangle + \langle [Z,X], Y\rangle. \end{aligned} \tag{4.3}$$

증명 접속의 성질로부터 다음이 나온다.

$$\begin{aligned}X(\langle Y, Z\rangle) &= \langle \nabla_X Y, Z\rangle + \langle Y, \nabla_X Z\rangle,\\ Y(\langle Z, X\rangle) &= \langle \nabla_Y Z, X\rangle + \langle Z, \nabla_Y X\rangle,\\ Z(\langle X, Y\rangle) &= \langle \nabla_Z X, Y\rangle + \langle X, \nabla_Z Y\rangle.\end{aligned}$$

첫 번째 식과 두 번째 식은 더하고 세 번째 식은 뺀 식에서 비틀림 텐서가 0임을 사용하면 결과가 나온다. ■

따름정리 4.5.1. 만약 e_i가 단위 직교 벡터 틀장이면

$$\langle \nabla_{e_i} e_j, e_k\rangle = \frac{1}{2}\left(\langle [e_i, e_j], e_k\rangle - \langle [e_j, e_k], e_i\rangle + \langle [e_k, e_i], e_j\rangle\right). \tag{4.4}$$

이제 $\nabla_{\partial_i}\partial_j = \Gamma_{ij}^k \partial_k$라 할 때 Γ_{ij}^k는 다음과 같이 계량기 $g = g_{ij} du^i du^j$로 계산될 수 있다.

소정리 4.5.3. 만약 (M, g)가 리만 다양체고 Γ_{ij}^k가 레비-치비타 접속이면

$$\Gamma_{ij}^k = \frac{1}{2} g^{k\ell}\left(\frac{\partial g_{i\ell}}{\partial x^j} + \frac{\partial g_{\ell j}}{\partial x^i} - \frac{\partial g_{ij}}{\partial x^\ell}\right). \tag{4.5}$$

증명 '양성덕의 미분기하강의 1편'에 나오는 것처럼 하면 된다. ■

4.6 단면 곡률의 정의

이제 가우스의 놀라운 정리에서 가우스 곡률의 내재적 표현식을 유도하는 과정을 더 자세히 살펴보면 $X_{112} - X_{121}$의 X_2 성분을 살펴보고 있음을 알 수 있다. 양성덕의 미분기하강의 1편 5장 4절을 참조하라. 이는 $X_{112} - X_{121}$과 X_2의 내적을 계산함으로써 이루어진다. 이제 리만 곡률 텐서로 이를 수행하자면

$$\langle R(\partial_1, \partial_2)\partial_1, \partial_2\rangle$$

을 살피는 것으로 일반화 될 것이다. 실제로 가우스의 놀라운 정리는 곡면의 곡률 K가 다음과 같은 식으로 주어진다고 말하고 있다.

$$K = \frac{-\langle R(\partial_1, \partial_2)\partial_1, \partial_2\rangle}{\langle \partial_1, \partial_1\rangle\langle \partial_2, \partial_2\rangle - \langle \partial_1, \partial_2\rangle^2}.$$

이것은 좌표가 $1, 2$ 두 성분만 있을 경우인데 n차원 다양체의 경우는 n개의 좌표성분이 있으므로 $1 \le i, j \le n$에 대하여

$$K(\partial_i, \partial_j) = \frac{-\langle R(\partial_i, \partial_j)\partial_i, \partial_j\rangle}{\langle \partial_i, \partial_i\rangle\langle \partial_j, \partial_j\rangle - \langle \partial_i, \partial_j\rangle^2}$$

를 생각할 수 있다. 그런데 이는 특정한 벡터의 쌍만 보는 것이며 일반적으로는 서로 독립인 임의의 두 벡터 X_p, Y_p에 대해서 다음을 생각한다.

$$K(X_p, Y_p) := \frac{-\langle R(X_p, Y_p)X_p, Y_p\rangle}{\langle X_p, X_p\rangle\langle Y_p, Y_p\rangle - \langle X_p, Y_p\rangle^2}.$$

만약 $X_p := a^i e_i,\ Y_p = b^j e_j$ 면 다음을 얻을 수 있다.

$$K(X_p, Y_p) := \frac{-\sum_{i,j,k,\ell=1}^{n} a^i b^j a^k b^\ell \langle R(e_i, e_j)e_k, e_\ell\rangle}{\sum_{i=1}^{n}(a^i)^2 \sum_{j=1}^{n}(b^j)^2 - \sum_{k=1}^{n} a^k b^k}.$$

소정리 4.6.1. X_p, Y_p과 X_p', Y_p'가 같은 접평면의 기저라 하자. 그러면

$$K(X_p, Y_p) = K(X_p', Y_p').$$

증명은 생략하는데 어렵지 않으며 대부분의 리만 기하학 책에 나와 있다. 이 결과로 인해 사실 단면 곡률은 벡터의 쌍에 대해 정의하는 게 아니라 2차원 접평면에 대해 정의한다.

정의 4.6.1. 다양체 M의 한 점 p에서의 접공간을 M_p라 하자. $\Pi_p \subset M_p$가 M_p의 2차원 접평면일 때 단면 곡률은 다음과 같다.

$$K(\Pi_p) = K(X_p, Y_p).$$

단 X_p, Y_p는 Π_p의 기저다.

4.7 단면 곡률의 의미

리만 공간의 임의의 점 p에 대하여 다음을 만족시키는 양수 $\epsilon(p)$가 있다는 것이 알려져 있다: $0 < |X_p| < \epsilon(p)$인 모든 X_p에 대하여 p를 지나며 X_p 방향으로 뻗어나가는 곧은선 조각

$$\gamma : (-2, 2) \to M, \quad \gamma(0) = p, \quad \gamma'(0) = X_p$$

가 유일하게 존재한다.[1] 이를 이용하여 다음 함수를 정의한다.

$$exp_p : B_\epsilon(0) \subset M_p \to M, \qquad exp_p(X_p) = \gamma(1).$$

단 $B_{\epsilon(p)}(0_p) := \{X_p \in M_p : |X_p| < \epsilon(p)\}$이고 $exp_p(0_p) = p$. 이제 M_p의 2차원 부분평면 Π_p를 생각하라. 그러면

$$S := exp_p[\Pi_p \cap B_\epsilon(0)]$$

는 M의 계량기를 물려받아 2차원 리만 다양체가 된다. 이 때 이 곡면 S의 가우스 곡률이 단면 곡률 $K(\Pi)$다.

1) 윤갑진, 미분기하학, 개정판 (2007) 정리 8.7.4 참조.

4.8 리치 텐서장과 스칼라 곡률 함수

리만 곡률 텐서와 단면 곡률은 너무 강력하여 그보다는 조금 약화된 다음을 생각한다.

정의 4.8.1. $\{e_i\}$가 단위 직교 벡터 틀장일 때 두 접벡터 X와 Y에 대한 리치 텐서장 Ric은 다음을 뜻한다.

$$Ric(X,Y) := -\sum_{i=1}^{n} \langle R(X,e_i)Y, e_i\rangle.$$

스칼라 곡률 함수는 다음을 뜻한다. 리만 다양체의 점 p에 대하여

$$S(p) := \sum_{j=1}^{n} Ric(e_j(p), e_j(p)).$$

이 책에서 리치 텐서장과 스칼라 곡률 함수를 들여다 보는 것은 11장에서 일반 상대론의 아인쉬타인 방정식을 이해하고자 할 때 뿐이다.

제 5 장

움직이는 틀장을 이용한 곡률 계산법

5.1 들어가며

이 장은 리만 다양체의 단면 곡률을 계산하는 방법으로 카르탕의 '움직이는 틀장 방법 (method of moving frames)'을 소개한다.

카르탕의 움직이는 틀장 방법은 유클리드 평면이나 공간에서 곡선의 곡률을 생각할 때 사용한 프레네 틀을 일반화한 것으로 볼 수 있다. 그리고 사실은 유클리드 공간에 있는 곡면의 곡률을 구할 때에도 이미 사용되었다고 할 수 있다.

이 장의 이론은 일반적 n 차원 리만 다양체에 적용된다. 2장의 계산 방법을 잘 이해할 수 있다면 이 장의 이론을 따라가는 데에 별 무리가 없을 것이라고 믿는다.

끝으로, 이 장의 이론은 계산 방법을 전수하기 위한 가장 기본적인 이론만 제시한 것임을 밝혀둔다.

5.2 1-형식장의 외미분

곡률 2-형식은 접속 1-형식의 외미분으로부터 얻어지므로 1-형식의 외미분에 대한 사실을 하나 정리해 두자.

소정리 5.2.1. ω가 *1*-형식이고 Y, Z가 벡터장일 때

$$(d\omega)(Y, Z) = Y(\omega(Z)) - Z(\omega(Y)) - \omega([Y, Z]). \tag{5.1}$$

증명 좌표를 이용하자.

$$\omega := f_k d^k, \qquad Y := g^\ell \partial_\ell, \qquad Z := h^m \partial_m$$

라고 하자. 이러면

$$d\omega = f_{k,n} d^n \wedge d^k.$$

따라서

$$\begin{aligned}(d\omega)(Y,Z) &= f_{k,n}d^n \wedge d^k(g^\ell \partial_\ell, h^m \partial_m)\\ &= f_{k,n}g^\ell h^m d^n \wedge d^k(\partial_\ell, \partial_m)\\ &= f_{k,n}g^\ell h^m (d^n(\partial_\ell)d^k(\partial_m) - d^n(\partial_m)d^k(\partial_\ell))\\ &= f_{k,n}(g^n h^k - g^k h^n).\end{aligned}$$

한편

$$\begin{aligned}Y(\omega(Z)) - Z(\omega(Y)) &= g^\ell \partial_\ell(f_k h^k) - h^m \partial_m(f_k g^k)\\ &= g^\ell(f_{k,\ell}h^k + f_k h^k_{,\ell}) - h^m(f_{k,\ell}g^k + f_k g^k_{,\ell})\\ &= f_{k,\ell}(g^\ell h^k - h^m g^k) + g^\ell f_k h^k_{,\ell} - h^m f_k g^k_{,\ell},\\ [Y,Z] &= Y(Z) - Z(Y)\\ &= g^\ell \partial_\ell(h^m \partial_m) - h^m \partial_m(g^\ell \partial_\ell)\\ &= (g^\ell h^k_{,\ell} - h^\ell g^k_{,\ell})\partial_k.\end{aligned}$$

이를 다 결합하면 결론이 얻어진다. ■

5.3 단면 곡률 계산의 알고리즘

1단계 주어진 리만 계량 ds^2을

$$ds^2 = (\theta^1)^2 + (\theta^2)^2 + \cdots (\theta^n)^2$$

으로 나타낸다.

2단계 θ^i의 외미분 $d\theta^i$를 구한다.

3단계 반-대칭성과 제 1 구조방정식

$$\omega + \omega^T = 0, \qquad d\theta - \theta \wedge \omega = 0$$

을 만족시키는 접속 1-형식 ω를 구한다. (주의: 이 책에서 θ는 행백터 꼴이다.)

4단계 곡률 2-형식

$$\Omega := d\omega - \omega \wedge \omega$$

를 구한다.

5단계 단면 곡률은 다음과 같다.

$$K(a^i e_i, b^j e_j) = \frac{-a^i b^j a^k b^\ell \Omega_k^m(e_i, e_j)\delta_{m\ell}}{\left(\sum (a^i)^2\right)\left(\sum (b^j)^2\right) - \left(\sum a^i b^i\right)^2}.$$

단 여기서 e_i는 θ^j의 쌍대 기저며 ds^2에 대하여 단위직교벡터기저가 된다.

5.4 레비-치비타 접속을 이용한 방법과의 비교

곡률을 구할 때 두 가지 방법을 사용하였다. 여기서는 그 두 방법이 왜 같은 결과를 주는지 알아보자.

$e_1, e_2, \cdots, e_n$이 단위 직교 벡터 틀장이고 $\theta^1, \theta^2, \cdots, \theta^n$이 그와 쌍대인 단위 직교 1-형식 틀장이라고 하자. 그러면 식 (5.1)에 의하여

$$d\theta^i(e_j, e_k) = e_j(\theta^i(e_k)) - e_k(\theta^i(e_j)) - \theta^i([e_j, e_k]).$$

여기서 $\theta^i(e_k)$ 등은 1 아니면 0이기 때문에 $e_j(\theta^i(e_k)) = 0$이다. 그리고 $\theta^i([e_j, e_k]) = \langle [e_j, e_k], e_i \rangle$임은 쉽게 알 수 있다. 따라서

$$d\theta^i(e_j, e_k) = -\langle [e_j, e_k], e_i \rangle. \tag{5.2}$$

이를 분석하기 위하여 다음을 미리 정의해 두자.

정의 5.4.1. 다음 식으로 ω_i^j를 정의하자.

$$\nabla_X e_i = \omega_i^j(X) e_j. \tag{5.3}$$

이 ω_i^j를 접속 *1-형식*이라 하고 ω_i^j를 i행 j열 원소로 갖는 행렬 ω를 접속 행렬이라 한다.

이러면 $\omega_i^j(X) = \langle \nabla_X e_i, e_j \rangle$ 다. 이러면 ∇ 과 계량기의 성질에 의하여

$$\begin{aligned}\omega_i^j(fX + gY) &= \langle \nabla_{fX+gY} e_i, e_j \rangle \\ &= f\langle \nabla_X e_i, e_j \rangle + g\langle \nabla_Y e_i, e_j \rangle \\ &= f\omega_i^j(X) + g\omega_i^j(Y)\end{aligned}$$

이므로 ω_i^j 는 정말로 1형식이다.

소정리 5.4.1. *(접속과 계량기의 어울림 조건으로부터)* 다음이 성립한다.

$$\omega_i^j = -\omega_j^i.$$

증명 정의로부터 다음을 얻을 수 있다.

$$\omega_j^i(X) = \langle \nabla_X e_j, e_i \rangle, \qquad \omega_i^j(X) = \langle \nabla_X e_i, e_j \rangle.$$

이 둘을 더하면

$$\omega_j^i(X) + \omega_i^j(X) = \langle \nabla_X e_j, e_i \rangle + \langle \nabla_X e_i, e_j \rangle.$$

그런데 접속과 계량기의 어울림 조건에 의하여

$$\langle \nabla_X e_j, e_i \rangle + \langle \nabla_X e_i, e_j \rangle = X(\langle e_j, e_i \rangle)$$

인데 $\langle e_j, e_i \rangle$ 는 그 값이 0 아니면 1인 항등함수이므로 $X(\langle e_j, e_i \rangle) = 0$. 따라서 $\omega_i^j(X) + \omega_j^i(X) = 0$. ■

이제 비틀림 없음 조건은 다음을 의미함을 알 수 있다. 이것이 제 1 구조방정식이다.

소정리 5.4.2. *(비틀림 없음 조건으로부터)*

$$d\theta^\ell - \theta^k \wedge \omega_k^\ell = 0, \qquad \text{즉 } d\theta - \theta \wedge \omega = 0.$$

증명 비틀림 없음 조건 $0 = \nabla_X Y - \nabla_Y X - [X, Y]$로부터

$$0 = \nabla_{e_i} e_j - \nabla_{e_j} e_i - [e_i, e_j].$$

이걸 e_ℓ과 내적하면

$$0 = \langle \nabla_{e_i} e_j, e_\ell \rangle - \langle \nabla_{e_j} e_i, e_\ell \rangle - \langle [e_i, e_j], e_\ell \rangle.$$

식 (5.2), (5.3)에 의하면 이는 다음과 같다.

$$0 = d\theta^\ell(e_i, e_j) - \omega_i^\ell(e_j) + \omega_j^\ell(e_i).$$

그런데 이는 다음과 같이 전개된다.[1)]

$$\begin{aligned} 0 &= d\theta^\ell(e_i, e_j) - \omega_i^\ell(e_j) + \omega_j^\ell(e_i) \\ &= d\theta^\ell(e_i, e_j) - \theta^k(e_i)\omega_k^\ell(e_j) + \theta^k(e_j)\omega_k^\ell(e_i) \\ &= d\theta^\ell(e_i, e_j) - \theta^k \wedge \omega_k^\ell(e_i, e_j). \end{aligned}$$

선형성에 의하여

$$0 = d\theta^\ell(a^i e_i, b^j e_j) - \theta^k \wedge \omega_k^\ell(a^i e_i, b^j e_j).$$

따라서 결론이 성립한다. ■

정의 5.4.2.

$$T := (d\theta^\ell - \theta^k \wedge \omega_k^\ell)_{\ell=1}^n$$

를 비틀림 2-형식[2)]이라고 한다.

즉, 제 1 구조 방정식은 비틀림 2-형식이 0이라는 것을 말한다.

이제 리만 곡률 텐서를 보자. 식 (5.3)을 e_i에 대하여 미분하면

$$\begin{aligned} \nabla_{e_i} \nabla_{e_j} e_k &= \nabla_{e_i}(\omega_k^m(e_j) e_m) \\ &= e_i(\omega_k^m(e_j)) e_m + \omega_k^m(e_j) \nabla_{e_i} e_m \\ &= e_i(\omega_k^m(e_j)) e_m + \omega_k^m(e_j) \omega_m^n(e_i) e_n. \end{aligned}$$

---

1) 여기 쐐기곱에서는 2로 나누지 않는다.

2) 이를 $d\theta + \omega \wedge \theta$라고 쓰면 안 된다.

마지막 등호를 얻을 때는 (5.3)을 다시 이용하였다. i와 j를 교환하면

$$\nabla_{e_j}\nabla_{e_i}e_k = e_j(\omega_k^m(e_i))e_m + \omega_k^m(e_i)\omega_m^n(e_j)e_n.$$

위 식에서 아래 식을 빼면

$$\begin{aligned}\nabla_{e_i}\nabla_{e_j}e_k - \nabla_{e_j}\nabla_{e_i}e_k &= (e_i(\omega_k^m(e_j)) - e_j(\omega_k^m(e_i)))e_m \\ &\quad + \omega_k^m(e_j)\omega_m^n(e_i)e_n - \omega_k^m(e_i)\omega_m^n(e_j)e_n.\end{aligned}$$

이제 (5.1), (5.3)을 이용하면

$$\begin{aligned}&(e_i(\omega_k^m(e_j)) - e_j(\omega_k^m(e_i)))e_m \\ &\qquad = d\omega_k^m(e_i, e_j)e_m + \omega_k^m([e_i, e_j])e_m \\ &\qquad = d\omega_k^m(e_i, e_j)e_m + \nabla_{[e_i, e_j]}e_k.\end{aligned}$$

따라서

$$\begin{aligned}R(e_i, e_j)e_k &= \nabla_{e_i}\nabla_{e_j}e_k - \nabla_{e_j}\nabla_{e_i}e_k - \nabla_{[e_i, e_j]}e_k \\ &= (d\omega_k^m)(e_i, e_j)e_m - \omega_k^m \wedge \omega_m^n(e_i, e_j)e_n \\ &= (d\omega_k^\ell - \omega_k^m \wedge \omega_m^\ell)(e_i, e_j)e_\ell.\end{aligned}$$

정의 5.4.3. 2-형식 Ω_k^ℓ을 다음과 같이 정의하자.

$$\Omega_k^\ell := d\omega_k^\ell - \omega_k^m \wedge \omega_m^\ell. \tag{5.4}$$

이 Ω_k^ℓ을 곡률 2-형식이라 하고 Ω_k^ℓ를 k행 ℓ열 원소로 갖는 행렬 Ω을 곡률 행렬이라 한다.

그러면 위 계산은 다음을 뜻한다.

$$R(e_i, e_j)e_k = \Omega_k^\ell(e_i, e_j)e_\ell. \tag{5.5}$$

이 식은 리만 곡률 텐서를 곡률 2-형식으로 알 수 있음을 보여준다. 따라서

$$\begin{aligned}\langle R(e_i, e_j)e_k, e_\ell\rangle &= \langle \Omega_k^m(e_i, e_j)e_m, e_\ell\rangle = \Omega_k^m(e_i, e_j)\langle e_m, e_\ell\rangle \\ &= \Omega_k^m(e_i, e_j)\delta_{m\ell}.\end{aligned} \tag{5.6}$$

소정리 5.4.3. 만약 $\langle e_i, e_j\rangle = \delta_{ij}$ 면

$$K(a^i e_i, b^j e_j) = \frac{-a^i b^j a^k b^\ell \Omega_k^m(e_i, e_j)\delta_{m\ell}}{\left(\sum(a^i)^2\right)\left(\sum(b^j)^2\right) - \left(\sum a^i b^i\right)^2}.$$

.

증명

$$\begin{aligned} K(a^i e_i, b^j e_j) &= \frac{-\langle R(a^i e_i, b^j e_j)a^k e_k, b^\ell e_\ell\rangle}{\langle a^i e_i, a^k e_k\rangle\langle b^j e_j, b^\ell e_\ell\rangle - \langle a^i e_i, b^j e_j\rangle^2} \\ &= \frac{-a^i b^j a^k b^\ell \langle R(e_i, e_j)e_k, e_\ell\rangle}{a^i a^k\langle e_i, e_k\rangle b^j b^\ell\langle e_j, e_\ell\rangle - a^i b^j\langle e_i, e_j\rangle^2} \end{aligned}$$

과 (5.6)으로부터 따라 나온다. ■

참고 5.4.1. 식 (5.4)는 $\Omega = d\omega - \omega\wedge\omega$로 표현된다. 단 Ω_k^ℓ은 Ω의 k행 ℓ열이다. 어떤 문헌에서는 $\Omega = d\omega + \omega\wedge\omega$라는 표현을 사용하는데 이는 위 식의 전치를 생각하면 된다. $(\omega\wedge\lambda)^t = -\lambda^t\wedge\omega^t$이기 때문이다.

다음은 접속 1-형식을 찾을 때 굳이 ∇을 쓰지 않아도 1-형식 수준에서 찾을 수 있다는 내용이다. 곧 우리가 이제까지 접속 1-형식을 구할 때 썼던 방법들이다.

소정리 5.4.4. *만약 1-형식 $\bar{\omega}_i^j$ 들이 반-대칭이고 (즉, $\bar{\omega}_i^j = -\bar{\omega}_j^i$) 제 1 구조방정식*

$$d\theta - \theta\wedge\bar{\omega} = 0$$

을 만족시키면

$$\bar{\omega}_k^i = \omega_k^i.$$

증명 제 1 구조방정식으로부터 다음이 성립함을 알 수 있다.

$$\begin{aligned} 0 &= d\theta^k(e_i, e_j) - \theta^\ell\wedge\bar{\omega}_\ell^k(e_i, e_j) \\ &= -\langle[e_i, e_j], e_k\rangle - \theta^\ell(e_i)\bar{\omega}_\ell^k(e_j) + \theta^\ell(e_j)\bar{\omega}_\ell^k(e_i) \\ &= -\langle[e_i, e_j], e_k\rangle - \bar{\omega}_i^k(e_j) + \bar{\omega}_j^k(e_i). \end{aligned}$$

따라서

$$\bar{\omega}^i_j(e_k) - \bar{\omega}^i_k(e_j) = -\langle [e_j, e_k], e_i \rangle.$$

i, j, k를 순환시켜 다음을 얻는다.

$$\bar{\omega}^j_k(e_i) - \bar{\omega}^j_i(e_k) = -\langle [e_k, e_i], e_j \rangle,$$
$$\bar{\omega}^k_i(e_j) - \bar{\omega}^k_j(e_i) = -\langle [e_i, e_j], e_k \rangle.$$

첫 번째 식과 세 번째 식을 더하고 두 번째 식을 빼면 다음을 얻는다.

$$\begin{aligned} 2\bar{\omega}^k_i(e_j) &= -\left(\langle [e_j, e_k], e_i \rangle - \langle [e_k, e_i], e_j \rangle + \langle [e_i, e_j], e_k \rangle \right) \\ &= -2\langle \nabla_{e_j} e_k, e_i \rangle. \end{aligned}$$

반-대칭성을 적용시키면 $\bar{\omega}^i_k(e_j) = \langle \nabla_{e_j} e_k, e_i \rangle = \omega^i_k(e_j)$임이 얻어진다. 이제 1-형식과 접속의 $\mathfrak{F}$-선형성을 이용하면 결론이 얻어진다. ■

위 소정리는 반-대칭성과 제 1 구조방정식을 만족시키는 ω^j_i의 존재성과 유일성 등에 대해선 아무런 이야기도 하고 있지 않으며 '만약 이런저런 성질을 만족시키는 뭔가가 존재한다면'이라는 가정 하에서 결론을 이야기하고 있다. 사실 유일성은 이 소정리의 결과 중의 하나다. 존재성은 카르탕의 보조정리[37]라는 사실로 보장된다. 계산적으로는 굳이 ∇를 구하지 않고 제 1 구조방정식과 반-대칭성을 이용하여 접속 1-형식을 구해도 된다. 실제로 이것이 우리가 앞에서 취한, 그리고 뒤에서 취할 방법이다.

5.5 리 괄호와 외미분 사이의 관계

리 괄호 $[e_i, e_j]$와 외미분 $d\theta^k$ 사이에는 다음과 같은 관계가 성립한다.

소정리 5.5.1. $1 \le i < j \le 3$와 $1 \le k \le 3$에 대하여 a_{ij}^k와 b_{ij}^k를 다음 식으로 정의하자.

$$d\theta^k = \sum_{1 \le i < j \le 3} a_{ij}^k \, \theta^i \wedge \theta^j, \qquad [e_i, e_j] = b_{ij}^k e_k.$$

그러면

$$a_{ij}^k = -b_{ij}^k.$$

증명 식 (5.1)을 $\omega = \theta^k, Y = e_i, Z = e_j$에 대하여 적용시키면

$$\begin{aligned} d\theta^k(e_i, e_j) &= e_i(\theta^k(e_j)) - e_j(\theta^k(e_i)) - \theta^k([e_i, e_j]) \\ &= -\theta^k([e_i, e_j]). \end{aligned}$$

두 번째 등호는 $\theta^k(e_j)$는 0 아니면 1인 상수이기 때문에 성립한다. 이제

$$d\theta^k(e_i, e_j) = a_{ij}^k, \qquad \theta^k([e_i, e_j]) = b_{ij}^k$$

이므로 이로부터 결론이 따라 나온다. ■

이로부터 앞에서 계산했던 것들 중에서 리 괄호와 외미분 사이의 관계를 볼 수 있다.

5.6 요약

단위 직교 벡터 틀장 e_i와 1-형식 θ^j가 서로 쌍대의 관계에 있을 때 리 괄호와 외미분, 접속과 접속 1-형식, 리만 곡률 텐서와 곡률 2-형식 사이에는 어떤 관계가 있다.

먼저 외미분, 접속 1-형식, 곡률 2-형식을 알면 다음 식으로 리 괄호, 레비-치비타 접속, 리만 곡률 텐서를 구할 수 있다.

$$\begin{aligned} [e_i, e_j] &= -d\theta^k(e_i, e_j) e_k, \\ \nabla_{e_i} e_j &= \omega_j^k(e_i) e_k, \\ R(e_i, e_j) e_k &= \Omega_k^\ell(e_i, e_j) e_\ell. \end{aligned}$$

거꾸로 리 괄호, 레비-치비타 접속, 리만 곡률 텐서를 알면 다음 식으로 외미분, 접속 1-형식, 곡률 2-형식을 구할 수 있다.

$$\begin{aligned} d\theta^k &= -\sum_{1\leq i<j\leq 3} \theta^k([e_i, e_j])\theta^i \wedge \theta^j, \\ \omega_j^k &= \langle \nabla_{e_i} e_j, e_m \rangle \delta^{mk} \theta^i, \\ \Omega_k^\ell &= \langle R(e_i, e_j)e_k, e_m \rangle \delta^{m\ell} \theta^i \wedge \theta^j. \end{aligned}$$

여기서 유념해야 할 점은 이 관계식들은 e_i가 **단위직교**할 때 유도되었다는 점이다. 또한 이는 리만 계량에 대한 식이며 나중에 다루게 될 로렌쯔 계량의 단위직교틀장에 대해서는 식이 달라진다는 것이다.

질문 5.6.1. *2*장과 *3*장에서 수행한 계산에 대하여 위 관계를 확인하여 보아라.

제 6 장

곡선의 곡률

6.1 당겨온 접속

양성덕의 미분기하강의 1편은 곡선의 곡률로 시작하는데 이 강의록은 곡면의 곡률로 시작한다. 왜 곡선의 곡률로 시작하지 않았을까? 그것은, 곡선의 곡률을 정확히 정의하기가 생각보다 쉽지 않기 때문이다. 예를 들어 보자. 유클리드 평면이나 공간에 있는 곡선 γ의 가속도를 보통 $\ddot{\gamma}$으로 나타내는데 리만다양체에 있는 곡선 γ의 가속도는 많은 책에서 $\nabla_{\dot{\gamma}}\dot{\gamma}$으로 나타낸다. 그런데 이 표현은 간과하기 쉬운 한 가지 문제점을 내포하고 있다. $\dot{\gamma}$이 다양체 전체에 정의되지 않았다는 것이다. 우리가 앞에서 살펴본 ∇는 곡면 전체에 정의된 벡터장에 대하여 정의된 것이므로 이는 $\nabla_{\dot{\gamma}}\dot{\gamma}$의 해석에 문제를 야기한다.

사실 이 문제는 암묵적으로 이미 앞에서 다루었던 여러 예에서 존재하였다. 예를 들어 §2.2.2에서 다룬 구면의 벡터 틀장 및 모든 표현은 있는 그대로만 보자면 구 전체가 아닌 구에서 한 점을 뺀 나머지 부분에서만 유효한 것이다. 즉 공간 전체에 정의되지 않는 표현을 가지고 계산을 해 왔던 것이다. 이래도 되는 이유는 뭘까? 이는 근본적으로 곡률계산은 국소적으로 수행할 수 있는 것이기 때문인데, 어쨌거나 이와 같이 정의와 실제 활용에 일치하지 않는 점이 있다는 것은 사실 용납해선 안 되는 일이며 이에 대한 엄밀한 논법은 국소화(localization)라는 개념을 사용하여 이미 잘 확립되어 있다. 단지 이 강의록의 성격상 슬그머니 넘어갔을 뿐이다.

---

1) 김강태[1] 교수님은 끌려 온 공변미분 또는 당겨온 공변미분이라 한다. 여기서는 요즘 유행하는 밀당(밀고 당김)에 착안한 고성은 교수님의 아이디어를 따라 당겨온 접속으로 한다.

6.1.1 당겨온 접속의 정의

$\nabla_{\dot\gamma}\dot\gamma$를 제대로 정의하는 미분기하의 방법 중 하나는 당겨온 접속 (induced connection)[1)]이라는 개념을 도입하는 것이다. 이는 사실 부분다양체에 대하여 정의되는 개념인데 독자의 편의를 위하여 여기서는 일단 곡선에 대해서만 논의를 전개한다. 일반적인 경우에 대해선 김강태[1, § 2.2.1] 또는 오닐[19]을 보라.

실구간 $I = (a, b) \subset \mathbb{R}$로부터 리만다양체 N으로 가는 매립

$$\gamma : I \to N$$

를 생각하자. 이 때 I에 정의되는 γ-벡터장이라는 것은 $p \in I$에 대하여 $V_p \in T_{\gamma(p)}N$를 할당하는 사상 V를 말한다.

$$V : I \to TN, \quad p \mapsto V_p \in T_{\gamma(p)}N.$$

이런 V들의 모임을 $\bar{\mathfrak{X}}(I)$라 정의하자.

이제 아래 주어진 다섯 성질을 만족시키는 다음과 같은 사상을 생각하라.

$$\bar\nabla : \mathfrak{X}(I) \times \bar{\mathfrak{X}}(I) \to \bar{\mathfrak{X}}(I).$$

(1) $\bar\nabla_V X$는 V에 대하여 $\mathfrak{F}$-선형이다.

(2) $\bar\nabla_V X$는 X에 대하여 $\mathbb{R}$-선형이다.

(3) $\bar\nabla_V(fX) = V(f \circ \gamma)\, X + f\, \bar\nabla_V X \quad$ (단 $f \in \mathfrak{F}(I)$.)

(4) $\bar\nabla_V \gamma_\star(W) - \bar\nabla_W \gamma_\star(V) - [\gamma_\star(V), \gamma_\star(W)] = 0,$

(5) $X\langle Y, Z\rangle = \langle \bar\nabla_X Y, Z\rangle + \langle Y, \bar\nabla_X Z\rangle.$

이런 $\bar\nabla$를 '∇를 I로 당겨온 접속'이라 한다.

6.1.2 당겨온 접속의 존재성

그렇다면 저런 접속이 존재한다는 것을 어떻게 알 수 있는가? 있다면 유일한가?

위와 같은 성질을 가진 $\bar{\nabla}$를 생각하는 데는 크게 두 가지 방법이 있다. 하나는 N의 레비-치비타 접속 ∇를 이용하는 것이다. $V \in \mathfrak{X}(I)$와 $W \in \bar{\mathfrak{X}}(I)$에 대하여 $\gamma_\star(V)$를 열린 영역으로 확장한 국소 벡터장 $X \in \mathfrak{X}(N)$와 W를 확장한 $Y \in \mathfrak{X}(N)$에 대하여

$$(\bar{\nabla}_V W)(p) := (\nabla_X Y)(\gamma(p))$$

라고 정의하는 것이다. 여기서 ∇은 N의 접속이다.

다른 하나는 접속-1-형식을 이용하는 것이다. 점 $s \in I$에 대하여 $\gamma(s)$의 한 열린 근방에 존재하는 단위 직교 벡터 틀장 e_i를 생각하라. 필요하다면 I를 줄여서 $\gamma[I]$ 전체가 이 근방에 포함된다고 하자. 그러면

$$\bar{e}_i := e_i \circ \gamma : I \to T_\gamma N$$

는 $\bar{\mathfrak{X}}(I)$의 기저가 된다. 이 때 $s \in I$와 함수 $a^i : I \in R$에 대하여 다음과 같이 $\bar{\nabla}$를 정의한다.

$$\bar{\nabla}_V(a^i \bar{e}_i)(s) := V(a^i)(s)\, \bar{e}_i(s) + a^i(s)\, \omega_i^j(\gamma_\star(V(s)))\bar{e}_j(s), \quad s \in I.$$

여기서 ω_i^j는 $e_1, \cdots, e_n$의 접속 1-형식이다. 이를 간단히 다음과 같이 나타낸다.

$$\bar{\nabla}_V(a^i \bar{e}_i) := V(a^i)\, \bar{e}_i + a^i\, \omega_i^j(\gamma_\star(V))\bar{e}_j.$$

나중을 위하여 다음을 정의해 둔다.

$$\bar{\omega}_i^j(V)(s) := \omega_i^j(\gamma_\star(V(s))).$$

질문 6.1.1. 위 두 정의는 각각 잘 정의되었음을 보여라. 즉, 처음 정의의 경우에는 어떻게 확장하여도 결과가 같음을 보이고, 나중 정의의 경우에는 다른 단위 직교 벡터 틀장 $f_1, \cdots, f_n$을 택하여도 결과가 같음을 보여라.

질문 6.1.2. 위 두 정의에 의한 접속은 사실 같음을 보여라.

6.1.3 곡선의 속도 벡터장과 가속도 벡터장

곡선 $\gamma : I \to N$를 생각하라. I의 국소 좌표를 t라 하면 ∂_s와 ds는 각각 I의 벡터장과 1-형식장을 나타내며 $ds(\partial_s) = 1$이다. 변수가 하나 뿐이므로 ∂_s를 $\frac{d}{ds}$, d_t 등으로 나타내기도 한다. N의 국소좌표를 x, y, z라 할 때 곡선은 다음과 같이 나타낼 수 있다.

$$\gamma : \quad x = x(s), \quad y = y(s), \quad z = z(s).$$

이러면 다음

$$I \ni t \mapsto \dot{x}(s)\partial_x|_{\gamma(s)} + \dot{y}(s)\partial_y|_{\gamma(s)} + \dot{z}(s)\partial_z|_{\gamma(s)}$$

을 γ의 속도 벡터장이라 하고 γ_s 또는 $\dot{\gamma}$ 등으로 나타낸다. $\dot{\gamma}$은 $\bar{\mathfrak{X}}(I)$의 원소다.

이제 γ의 가속도 벡터장을 $\bar{\nabla}_{\frac{d}{ds}}\dot{\gamma}$으로 정의한다. 이를 편의상 다음과 같이 여러 기호로 나타낸다.

$$\bar{\nabla}_{\frac{d}{ds}}\dot{\gamma} = \bar{\nabla}_{\frac{\partial}{\partial s}}\dot{\gamma} = \bar{\nabla}_{d_s}\dot{\gamma} = \bar{\nabla}_{\partial s}\dot{\gamma} = \nabla_{\partial s}\dot{\gamma} = \nabla_{\dot{\gamma}}\dot{\gamma}.$$

이제 드디어 $\nabla_{\dot{\gamma}}\dot{\gamma}$이 무엇을 뜻하는지 말할 수 있다.

6.2 곡면 곡선의 곡률

M이 2차원 유향 곡면일 때 곡선 $\gamma : (a, b) \to M$를 생각하라. 먼저 γ가 항상 단위속력을 가지고 있는 경우를 생각하자. 이 경우

통상적으로 I의 국소 좌표를 t로 나타내며 부호가 있는 곡률은 유클리드 경우와 비교하여 γ의 가속도의 부호가 있는 크기로 정의하면 될 것으로 생각할 수 있다. 단위속력곡선 $\gamma : I \ni t \mapsto M$에 대하여 속도는 $T(t) := \dot\gamma(t)$, 가속도는 $\bar\nabla_{d_t} T = \nabla_T T$고 둘은 서로 수직이므로 가속도의 부호가 있는 크기는

$$\langle \bar\nabla_{d_t} T, JT \rangle = \langle \nabla_T T, JT \rangle.$$

여기서 J는 벡터를 양의 방향으로 90도 돌리는 연산자다. 이는 곡선의 진행방향으로의 단위벡터가 진행에 따라 진행에 수직인 방향으로 휘는 정도를 나타내고 있다.

이제 임의의 속력을 가진 곡선에 대해선 곡률을 어떻게 생각할 수 있는지 알아보자. 임의의 정칙곡선[2] $\beta : I \ni s \mapsto M$에 대하여 $c \in I$를 하나 고정하자. $t(s) := \int_c^s |\beta'(\bar s)| d\bar s$라고 하면 t는 s의 단조증가함수여서 역함수가 존재한다. 그걸 $s = s(t)$라고 하자. 그러면 $\gamma(t) := \beta(s(t))$는 단위속력을 가지게 된다. 이러면 다음이 성립한다.

소정리 6.2.1. $T := \dot\gamma(t)$라 할 때

$$\langle \bar\nabla_{d_t} T, JT \rangle = \frac{\langle \bar\nabla_{d_s} \dot\beta, J\dot\beta \rangle}{\langle \dot\beta, \dot\beta \rangle^{3/2}}.$$

증명 $JT = |\dot\beta|^{-1} J\dot\beta$ 그리고

$$\begin{aligned}\nabla_T T &= \nabla_{|\dot\beta|^{-1}\dot\beta} T = |\dot\beta|^{-1} \nabla_{\dot\beta} T = |\dot\beta|^{-1} \bar\nabla_{d_s} |\dot\beta|^{-1} \dot\beta \\ &= |\dot\beta|^{-1} \left(d_s(|\dot\beta|^{-1}) \dot\beta + |\dot\beta|^{-1} \bar\nabla_{d_s} \dot\beta \right)\end{aligned}$$

여서 성립한다. ■

2) 모든 s에 대해 $|\beta'(s)| \neq 0$이나 어떤 s에 대해서는 $|\beta'(s)| \neq 1$일 수 있는 곡선

위에 착안하여 다음을 정의한다.

정의 6.2.1. 임의의 정칙곡선 $\beta : I \ni s \mapsto M$의 부호가 있는 곡률 $\kappa 2[\beta](s)$를 다음과 같이 정의한다.

$$\kappa 2[\beta](s) := \frac{\langle \bar{\nabla}_{d_s}\dot{\beta}, J\dot{\beta}\rangle}{\langle \dot{\beta}, \dot{\beta}\rangle^{3/2}}.$$

곡면 M 전체에, 또는 최소한 우리가 관심을 두고 있는 점 p의 열린 근방 $\mathcal{U}$에 단위 직교 벡터 틀장 e_1, e_2가 주어졌다고 하자. γ의 속도벡터 $\dot{\gamma}$은 e_1, e_2의 선형결합으로 나타내어질 수 있는데 그 계수를 x^1, x^2라고 하자. 즉

$$\dot{\gamma}(s) = x^j(s)e_j(\gamma(s)). \tag{6.1}$$

이제 γ의 곡률을 다음과 같이 두 가지 방법으로 계산해 보자.

6.2.1 접속을 사용한 계산

$\nabla_{e_i} e_j = c_{ij}^k e_k$라고 하면 곡선 γ의 가속도 벡터는 다음과 같다.

$$\bar{\nabla}_{d_s}\dot{\gamma} = \bar{\nabla}_{d_s}(x^j e_j) = x_s^j\, e_j + x^j \bar{\nabla}_{d_s} e_j \tag{6.2}$$

$$= x_s^j\, e_j + x^j \nabla_{x^i e_i} e_j = x_s^j\, e_j + x^i x^j \nabla_{e_i} e_j \tag{6.3}$$

$$= (x_s^k + x^i x^j c_{ij}^k) e_k. \tag{6.4}$$

e_1, e_2가 단위직교하므로 $J(a\ e_1 + b\ e_2) = -b\ e_1 + a\ e_2$. 따라서

$$\kappa 2[\gamma](s) = \frac{\langle \bar{\nabla}_{d_s}\dot{\gamma}, J\dot{\gamma}\rangle}{\langle \dot{\gamma}, \dot{\gamma}\rangle^{3/2}} = \frac{-x^2(\dot{x}^1 + x^i x^j c_{ij}^1) + x^1(\dot{x}^2 + x^i x^j c_{ij}^2)}{((x^1)^2 + (x^2)^2)^{3/2}}.$$

예 6.2.1. 유클리드 평면의 직교좌표계 x, y를 생각하라. 그러면

$$e_1 = \partial_x, \qquad e_2 = \partial_y, \qquad \nabla_{e_i} e_j = 0.$$

따라서 위 식에 의하면

$$\kappa 2[\gamma](s) = \frac{\langle \bar{\nabla}_{d_s}\dot{\gamma}, J\dot{\gamma}\rangle}{\langle \dot{\gamma}, \dot{\gamma}\rangle^{3/2}} = \frac{-x^2\dot{x}^1 + x^1\dot{x}^2}{((x^1)^2 + (x^2)^2)^{3/2}} = \frac{-\dot{y}\ddot{x} + \dot{x}\ddot{y}}{(\dot{x}^2 + \dot{y}^2)^{3/2}}.$$

이는 기존 식과 일치한다.

6.2.2 1-형식장을 이용한 계산

위 계산을 잘 보면 (6.2)에서 볼 수 있는 바와 같이 가장 필요한 요소는 $\bar{\nabla}_{d_s} e_i$를 계산하는 것이다. 이 결과는 결국 γ_s를 따라 정의되는 벡터장이므로 어떤 $\bar{\omega}_i^j(\partial_s)$에 대하여

$$\bar{\nabla}_{d_s} e_i = \bar{\omega}_i^j(d_s) e_j$$

다. 그런데 (6.9)에서

$$\begin{aligned}\bar{\nabla}_{d_s} e_i &= \bar{\nabla}_{x^j e_j} e_i = x^j \nabla_{e_j} e_i = x^j \omega_i^k(e_j) e_k \\ &= \omega_i^k(x^j e_j) e_k = \omega_i^k(\dot{\gamma}) e_k.\end{aligned}$$

따라서

$$\bar{\omega}_i^j(d_s) = \omega_i^j(\dot{\gamma}). \tag{6.5}$$

따라서 곡선의 가속도 벡터는 다음과 같다. ((6.2) 참조)

$$\bar{\nabla}_{d_s} \dot{\gamma} = (\dot{x}^j + x^i \omega_i^j(\dot{\gamma})) e_j. \tag{6.6}$$

일반적으로 단위 직교 벡터장 e_i가 주어진 곡면 또는 공간에 곡선 γ가 주어졌다고 하자. 그리고 $\gamma(s)$를 따라 벡터장 $V(s) = a^i(s) e_i(\gamma(s))$가 주어졌다고 하자. 그러면 $\dot{\gamma}$ 방향으로의 $V(s)$의 변화율를 생각할 수 있는데 그건 다음과 같다.

$$\begin{aligned}\bar{\nabla}_{d_s} V(s) &= \dot{a}^i(s) e^i(\gamma(s)) + a^i(s) \bar{\nabla}_{d_s} e_i \\ &= \dot{a}^i(s) e^i(\gamma(s)) + a^i(s) \bar{\omega}_i^j(d_s) e_j.\end{aligned}$$

6.3 극좌표로 본 유클리드 평면 곡선의 곡률

유클리드 평면의 곡선 γ에 대하여 직교좌표계로 잘 정립되어 있는 곡률 이론을 극좌표계로 생각해 보자. 특히 속도벡터와 가속도벡터를 극좌표로는 어떻게 나타내는지 생각해 보자.

6.3.1 기초 미적분의 기법을 사용한 계산

유클리드 평면의 직교좌표와 극좌표 사이의 관계

$$x = r\cos\theta, \quad y = r\sin\theta$$

로부터 다음을 얻는다.

$$\begin{pmatrix} x_r & y_r \\ x_\theta & y_\theta \end{pmatrix} = \begin{pmatrix} \cos\theta & \sin\theta \\ -r\sin\theta & r\cos\theta \end{pmatrix},$$

$$\begin{pmatrix} r_x & \theta_x \\ r_y & \theta_y \end{pmatrix} = \begin{pmatrix} \cos\theta & -\frac{1}{r}\sin\theta \\ \sin\theta & \frac{1}{r}\cos\theta \end{pmatrix}.$$

이러면 곡선 $x = x(r(s), \theta(s)), y = y(r(s), \theta(s))$에 대한 일계미분은 다음과 같이 변환된다.

$$\dot{x} = x_r\dot{r} + x_\theta\dot{\theta}, \quad \dot{y} = y_r\dot{r} + y_\theta\dot{\theta}.$$

이계미분은 다음과 같이 변환된다.

$$\ddot{x} = (\dot{x})^{\cdot} = (x_r\dot{r} + x_\theta\dot{\theta})^{\cdot} = (\cos\theta\dot{r} - r\sin\theta\dot{\theta})^{\cdot},$$

$$\ddot{y} = (\dot{y})^{\cdot} = (y_r\dot{r} + y_\theta\dot{\theta})^{\cdot} = (\sin\theta\dot{r} + r\cos\theta\dot{\theta})^{\cdot}.$$

한편 벡터는 다음과 같이 변환된다.

$$\partial_x = \theta_x\partial_\theta + r_x\partial_r, \qquad \partial_y = \theta_y\partial_\theta + r_y\partial_r.$$

이러면 곡선 γ의 속도벡터와 가속도벡터는 다음과 같이 변환된다.

$$\begin{aligned} \dot{\gamma} &= (\dot{x}, \dot{y}) = \dot{x}\partial_x + \dot{y}\partial_y = \dot{r}\partial_r + \dot{\theta}\partial_\theta, \\ \ddot{\gamma} &= (\ddot{x}, \ddot{y}) = \ddot{x}\partial_x + \ddot{y}\partial_y = (\ddot{r} - r\dot{\theta}^2)\partial_r + \frac{1}{r}(r\ddot{\theta} + 2\dot{r}\dot{\theta})\partial_\theta. \end{aligned} \tag{6.7}$$

6.3.2 접속을 사용한 계산

이제 이것을 단순히 미분법칙이 아닌 접속을 사용해서 알아보자. 극좌표로 유클리드 평면의 계량기는 다음과 같다. §2.2.1을 참조하라.

$$ds^2 = dx^2 + dy^2 = dr^2 + r^2 d\theta^2.$$

곡선 γ의 r 좌표와 θ 좌표를 나타내는 함수를 다시 r과 θ로 나타내자. 즉

$$\gamma: \quad r = r(s), \qquad \theta = \theta(s).$$

이러면 속도벡터는

$$\dot{\gamma} = \dot{r}\partial_r + \dot{\theta}\partial_\theta = \dot{r}e_1 + r\dot{\theta}e_2. \tag{6.8}$$

이제 가속도 벡터는 다음과 같다.

$$\begin{aligned}\bar{\nabla}_{d_s}\dot{\gamma} &= \bar{\nabla}_{d_s}(\dot{r}e_1 + r\dot{\theta}e_2)\\ &= \ddot{r}e_1 + \dot{r}\bar{\nabla}_{d_s}e_1 + (r\dot{\theta})^{\cdot}e_2 + r\dot{\theta}\bar{\nabla}_{d_s}e_2.\end{aligned}$$

그리고

$$\bar{\nabla}_{d_s}e_i = \nabla_{\dot{r}e_1 + r\dot{\theta}e_2}e_i = \dot{r}\nabla_{e_1}e_i + r\dot{\theta}\nabla_{e_2}e_i \tag{6.9}$$

와 §2.2.1의 결과를 이용하면 γ의 가속도는 다음과 같다.

$$\bar{\nabla}_{d_s}\dot{\gamma} = (\ddot{r} - r\dot{\theta}^2)e_1 + (2\dot{r}\dot{\theta} + r\ddot{\theta})e_2. \tag{6.10}$$

이는 (6.7)와 일치한다. 이제 $\dot{\gamma}$을 반시계 방향으로 90도 돌린 벡터 $J\dot{\gamma}$은

$$J\dot{\gamma} = -r\dot{\theta}e_1 + \dot{r}e_2.$$

따라서 곡률은 다음과 같다.

$$\kappa2[\gamma](s) = \frac{\langle\bar{\nabla}_{d_s}\dot{\gamma}, J\dot{\gamma}\rangle}{|\dot{\gamma}|^{3/2}} = \frac{-r\ddot{r} + r^2 + 2\dot{r}^2}{(r^2 + \dot{r}^2)^{3/2}}.$$

6.3.3 1-형식장을 사용한 계산

이제 (6.5), (6.8)과 §2.2.1에서 계산한 ω_i^j를 활용하여 다음을 얻는다.

$$\bar{\omega}_1^1(d_s) = -\bar{\omega}_2^2(d_s) = 0, \qquad \bar{\omega}_1^2(d_s) = -\bar{\omega}_2^1(d_s) = \dot{\theta}.$$

따라서 (6.6)으로 주어진 가속도를 계산할 수 있는데 그 결과는 (6.10)과 일치함을 볼 수 있다. 움직이는 틀장을 이용하여 계산한 속도와 가속도가 접속을 이용한 계산결과와 같으므로 결국 최종적으로 얻어지는 곡률의 표현식도 같다.

6.4 곡선에 맞춰진 틀장과 곡률

곡면에 단위 직교 벡터장 e_1, e_2와 그것의 쌍대로 주어지는 단위 직교 1-형식 틀장 θ^1, θ^2가 주어진 상황을 생각하라. 이 때 한점 p를 지나는 곡선 γ를 생각하라. 이러면 이 때 p의 열린 근방에 잘 정의된 다음을 만족시키는 양의 향을 가지는 단위 직교 벡터 틀장 f_1, f_2가 있다고 하자.

$$f_1(\gamma(s)) = \frac{\dot{\gamma}(s)}{|\dot{\gamma}(s)|}.$$

이런 틀장을 이 곡선에 맞춰진 틀장(adpated frame)이라 한다.

질문 6.4.1. 맞춰진 틀장은 반드시 존재하는가? 있다면 유일한가?

이제 f_1, f_2의 쌍대 1-형식 틀장을 ψ^1, ψ^2, 이 틀장에 대한 접속 1-형식을 $\eta = (\eta_i^j)$라고 하자. 즉 $\nabla_{f_i} f_j = \eta_j^k(f_i) f_k$. 그러면 다음이 성립한다.

$$\eta_1^2 \left(\frac{\dot{\gamma}(s)}{|\dot{\gamma}(s)|} \right) = \langle \nabla_{f_1} f_1, f_2 \rangle = \kappa 2[\gamma](s). \tag{6.11}$$

즉 곡선의 곡률은 곡선에 맞춰진 틀장의 접속 1-형식로부터 계산할 수 있다. 여기서 다시 한번 더 강조하고 싶은 점은 f_i의 정의역이 γ의 상만 아니라 γ의 상을 포함하는 열린영역이라는 점이다.

예 6.4.1. 쌍곡 평면의 반평면 모델 $\frac{dx^2+dy^2}{y^2}$에서 음함수 $F(x,y) = c$로 주어진 곡선의 곡률을 움직이는 틀장을 이용해서 구해보자. 쌍곡 평면의 J 연산자는 유클리드 평면에서와 같이

$$J((V_1, V_2)_{(x,y)}) = J((-V_2, V_1)_{(x,y)})$$

인데 이를 이용하여 단위직교틀장을 다음과 같이 정의할 수 있다.

$$f_2(x,y) := \frac{\nabla F}{|\nabla F|_H}, \qquad f_1(x,y) := -J f_2(x,y).$$

단 여기서 $\nabla F := (F_x, F_y)$,

$$|(V_1, V_2)_{(x,y)}|_H := \frac{|(V_1, V_2)_{(x,y)}|_E}{y} = \frac{\sqrt{V_1^2 + V_2^2}}{y}.$$

여기서 강조하고 싶은 건, 위 벡터장 f_1, f_2는 우리가 관심을 두고 있는 곡선에만 국한되어 있는 것이 아니라 그 곡선 근방에도 정의가 된다는 사실이다. 이는 곡선의 정의에서 c를 변화시켰을 때 원래 곡선이 변화하면서 곡면(의 일부)를 채우는 엽층(*foliation of leaves*)이 되기 때문에 가능하다. 그러면 f_1, f_2의 접속 *1*-형식을 직접 구할 수 있다. 다음과 같이 전개한다. 편의상

$$f_1 = a\,\partial_x + b\,\partial_y, \qquad f_2 = c\,\partial_x + d\,\partial_y$$

라고 하고 이것의 쌍대기저를 ψ^1, ψ^2라고 하자. 즉 $\psi^i(f_j) = \delta^i_j$. 그러면

$$\psi^1 = d\,dx - c\,dy, \qquad \psi^2 = -b\,dx + a\,dy.$$

이제 접속 *1*-형식을 계산하자. $\eta^1_2 = Adx + Bdy$라고 하면

$$d\psi^1 = -(c_x + d_y)dx \wedge dy, \qquad d\psi^2 = +(a_x + b_y)dx \wedge dy,$$
$$\psi^2 \wedge \eta^1_2 = (-bB - aA)dx \wedge dy, \quad \psi^1 \wedge \eta^2_1 = (-Ac - Bd)dx \wedge dy.$$

따라서 제 *1* 구조 방정식은 다음을 의미한다.

$$\begin{pmatrix} A \\ B \end{pmatrix} = \begin{pmatrix} d & -b \\ -c & a \end{pmatrix} \begin{pmatrix} c_x + d_y \\ -a_x - b_y \end{pmatrix}.$$

그러므로

$$\begin{aligned}
\eta^2_1(f_1) &= -(Adx + Bdy)(a\partial_x + b\partial_y) = -(aA + bB) \\
&= -\begin{pmatrix} a & b \end{pmatrix} \begin{pmatrix} A \\ B \end{pmatrix} \\
&= -\begin{pmatrix} a & b \end{pmatrix} \begin{pmatrix} d & -b \\ -c & a \end{pmatrix} \begin{pmatrix} c_x + d_y \\ -a_x - b_y \end{pmatrix} \\
&= -(c_x + d_y).
\end{aligned}$$

여기까지는 유클리드 평면의 계산과 동일하다. 이제 쌍곡 평면의 기하를 고려하여 다음과 같이 진행한다.

$$\begin{aligned}\eta_1^2(f_1) &= -\nabla \cdot \frac{\nabla F}{|\nabla F|_H} \\ &= -\nabla \cdot y\frac{\nabla F}{|\nabla F|_E} \\ &= -\nabla y \cdot \frac{\nabla F}{|\nabla F|_E} - y\nabla \cdot \frac{\nabla F}{|\nabla F|_E} \\ &= -\frac{F_y}{|\nabla F|_E} + y \times \kappa 2_E[F](x,y).\end{aligned}$$

따라서 다음이 성립함을 알 수 있다.

$$\kappa 2_H[F](x,y) = -\frac{F_y(x,y)}{|\nabla F(x,y)|_E} + y \times \kappa 2_E[F](x,y).$$

이 결과를 이용하여 여러 쌍곡 곡선의 곡률을 계산해 보자. 다음 두 함수

$$\begin{aligned}F_1(x,y) &:= (x-a)^2 + (y-b)^2, \\ F_2(x,y) &:= ax + by + c.\end{aligned}$$

에 대하여 $F_1(x,y) = r^2$ 으로 주어진 곡선에 대해선 $\kappa 2_H = \frac{b}{r}$ 이 성립함을 알 수 있다. 특히 $b = 0$ 이면 $\kappa 2_H = 0$ 임을 볼 수 있다. $F_2(x,y) = 0$ 에 대해선 $\kappa 2_H = -\frac{b}{\sqrt{a^2+b^2}}$ 임을 알 수 있다. 이로서 쌍곡 평면의 곧은선, 원, 극한원, 초원의 곡률을 모두 알 수 있다.

질문 6.4.2. 유클리드 평면에 직교좌표로 주어진 표준 단위직교기저를 e_1, e_2 라 하자. $F(x,y) = c$ 로 주어진 등위선에 대하여 다음과 같이 단위직교틀장을 정하자.

$$f_2(x,y) := \frac{\nabla F(x,y)}{|\nabla F(x,y)|}, \qquad f_1(x,y) := -J(f_2(x,y)).$$

맞춰진 틀장론을 이용하여 이 곡선의 곡률을 F 의 식으로 나타내 보아라.

앞에서는 곡선을 포함하는 열린영역에서 곡선에 맞춰진 단위 직교틀장을 찾을 수 있는 경우를 다루었다. 하지만 임의의 곡선, 예를 들어 $x = x(s), y = y(s)$와 같이 매개식으로 주어진 곡선, 에 대하여 위 방법을 이용하여 곡률을 구하기에는 큰 문제가 하나 있다. 일반적으로, 주어진 곡선에 맞춰진 틀장의 식을 구하기가 쉽지 않다는 것이다. 하지만 이는 다음 소정리에 의해 극복된다.

소정리 6.4.1. 접속 *1*-형식이 ω인 단위 직교 벡터 틀장 e_1, e_2가 주어져 있는 곡면에 곡선 γ가 주어져 있다고 하자. 곡선에 맞춰진 단위 직교 벡터 틀장 f_i에 대한 접속 *1*-형식을 η라 하자.

$$f_i = a_i^j e_j$$

라 할 때

$$\eta_1^2(\dot{\gamma}) = \dot{a}_1^i a_2^j \delta_{ij} + a_1^i a_2^j \bar{\omega}_i^k(d_s)\delta_{kj}. \tag{6.12}$$

여기서 $\bar{\omega}$는 ω를 γ로 (a, b)에 당겨온 것이다.

즉 맞춰진 틀장 f에 대한 접속 1-형식의 값을 원래 틀장에 대한 접속 1-형식과 f를 원래 틀장의 선형결합으로 나타날 때의 계수로부터 구할 수 있다는 것이다.

증명 다음 식으로부터 위 명제가 참임을 알 수 있다.

$$\begin{aligned}\eta_1^2(\dot{\gamma}) = \bar{\eta}_1^2(d_s) = \langle \bar{\nabla}_{d_s} f_1, f_2 \rangle &= \langle \bar{\nabla}_{d_s} a_1^i e_i, a_2^j e_j \rangle \\ &= \langle \dot{a}_1^i e_i + a_1^i \bar{\nabla}_{d_s} e_i, a_2^j e_j \rangle \\ &= \langle \dot{a}_1^i e_i + a_1^i \bar{\omega}_i^k(d_s) e_k, a_2^j e_j \rangle.\end{aligned} \tag{6.13}$$

■

예 6.4.2. 쌍곡 평면 $ds^2 = \frac{dx^2+dy^2}{y^2}$에 주어진 자연스러운 단위직교틀장

$$\theta^1 := \frac{dx}{y}, \quad \theta^2 := \frac{dy}{y}, \quad e_1 := y\partial_x, \quad e_2 := y\partial_y$$

을 생각하라. 여기에 곡선

$$\gamma: \quad x = x(s), \quad y = y(s)$$

가 있다고 하자. 그러면 속도벡터 γ_s는 다음과 같다.

$$\dot\gamma = \dot x\partial_x + \dot y\partial_y = x^1 e_1 + x^2 e_2, \qquad x^1 := y^{-1}\dot x,\ x^2 := y^{-1}\dot y.$$

이러면

$$f_1(s) := \frac{\dot\gamma}{|\dot\gamma|} = a_1^i(s)e_i(\gamma(s)), \qquad f_2(s) := Jf_1 = a_2^i(s)e_i(\gamma(s))$$

는 곡선을 따라 정의된 γ-단위 직교 벡터 틀장이 된다. 단

$$a_1^1(s) := \frac{\dot x}{\sqrt{\dot x^2 + \dot y^2}}, \qquad a_1^2(s) := \frac{\dot y}{\sqrt{\dot x^2 + \dot y^2}},$$
$$a_2^1(s) := -a_1^2(s), \qquad a_2^2(s) := a_1^1(s).$$

이제 예 *2.1.1*에서 계산된 접속 *1*-형식을 이용하면

$$\bar\omega_1^2(d_s) = \omega_1^2(\dot\gamma) = \theta^1(x^i e_i) = x^1.$$

따라서 (6.11), (6.12)를 이용하여 곡률

$$\kappa 2[\gamma](s) = \eta_1^2(\dot\gamma)$$

의 식을 얻을 수 있다.

질문 6.4.3. 유클리드 평면에 직교좌표로 주어진 표준 단위직교 기저를 e_1, e_2라 하자. 임의의 정칙곡선 $\gamma : (a,b) \subset \mathbb{R} \to \mathbb{E}^2$에 대하여

$$f_1(s) := \frac{\dot\gamma(s)}{|\dot\gamma(s)|}, \quad f_2(s) := J(f_1(s))$$

라 하자. 맞춰진 틀장론을 이용하여 이 곡선의 곡률을 γ의 식으로 나타내 보아라.

6.5 공간 곡선의 곡률과 비틀림률

단위직교틀장 e_1, e_2, e_3 이 주어진 3차원 유향 리만 다양체 M 을 생각하라. 유클리드 공간의 곡선론에서와 마찬가지로 임의의 단위속력 정칙곡선 $\gamma : (a, b) \to M$ 에 대하여

$$T(s) := \dot{\gamma}(s), \qquad N(s) := \frac{\bar{\nabla}_{d_s} T}{|\bar{\nabla}_{d_s} T|}, \qquad B(s) := T(s) \times N(s)$$

를 정의하라. 여기서 $\times$ 는 3차원 내적공간 $T_{\gamma(s)}M$ 에 정의된 외적이다. 이는 $\mathbb{E}^3$ 에 정의된 그 방법을 그대로 따라 정의된다. N, B 가 잘 정의되는 경우 곡률 κ 와 비틀림률 τ 를 다음과 같이 정의한다.

정의 6.5.1.

$$\kappa[\gamma](s) := |\bar{\nabla}_{d_s} T|, \qquad \tau[\gamma](s) := -\langle \bar{\nabla}_{d_s} B, N \rangle.$$

이러면 유클리드 공간에서의 방법대로 생각하여 다음이 성립함을 알 수 있다.

$$\begin{pmatrix} \bar{\nabla}_{d_s} T & \bar{\nabla}_{d_s} N & \bar{\nabla}_{d_s} B \end{pmatrix} = \begin{pmatrix} T & N & B \end{pmatrix} \begin{pmatrix} 0 & -\kappa & 0 \\ \kappa & 0 & -\tau \\ 0 & \tau & 0 \end{pmatrix}. \tag{6.14}$$

모든 s 에 대하여 $\kappa[\gamma](s) = 0$ 인 단위속력곡선 γ 는 M 의 곧은선이다.[3)]

곡선의 경우와 마찬가지로 당겨온 접속을 이용하여 이 개념을 명확히 할 수 있다. 공간의 국소좌표가 u^1, u^2, u^3 이라고 하고 곡선의 좌표가

$$u^1 = u^1(s), \quad u^2 = u^2(s), \quad u^3 = u^3(s)$$

---

3) 단위속력을 가지지 않은 경우도 고려해야 하기 때문에 곧은선의 정의는 이보다는 좀더 복잡하다.

일 때 위 식을 구해보자. (6.1)에 있는 속도의 식

$$v = x^i e_i,$$

식 (6.2)에 있는 가속도의 식

$$a = \bar{\nabla}_{d_s} x^i e_i = \dot{x}^i e_i + x^i \bar{\nabla}_{d_s} e_i$$

은 모두 유효하다. 이로부터 N과 B의 식을 알아낼 수 있다. 이제 $\bar{\nabla}_{d_s} V$의 식으로부터 나머지를 계산할 수 있다.

이제까지 전개된 이론을 움직이는 틀장으로 생각해 보자. 이 곡선을 둘러싸고 있는 열린공간에서 이 곡선에 맞춰진 움직이는 단위 직교 벡터 틀장 f_1, f_2, f_3을 생각하라. 맞춰졌다 함은 곡선에 접하는 단위벡터는 f_1으로 하고 가속도 방향으로의 단위법벡터를 f_2라 하는 것이다. 그러면 당연히 $f_3 = f_1 \times f_2$다. 즉

$$f_1(\gamma(s)) = T(s), \qquad f_2(\gamma(s)) = N(s), \qquad f_3(\gamma(s)) = B(s).$$

움직이는 틀장을 이용하여 이론을 전개할 때 가장 문제가 되는 부분은 이런 움직이는 틀장이 존재하는가 하는 것이다. 곡선이 주어졌을 때 T, N, B는 딱 이 곡선에만 주어져있는데 움직이는 틀장이론은 틀장의 미분을 요구하며 따라서 γ를 포함하는 열린집합에 틀장이 정의되어 있기를 요구한다. 이런 건 T, N, B를 확장하여 얻어지는데 반드시 확인해야 할 점은 어떻게 확장하더라도 결국은 우리가 찾고자 하는 것이 일관되게 얻어진다는 것을 확인하여야 한다.

이런 틀장이 있다고 하면 정의에 의하여

$$\bar{\nabla}_{d_s} f_j = \nabla_{f_1} f_j = \eta^i_j(f_1) f_i$$

인데 이는 다음과 같다.

$$\begin{pmatrix} \bar{\nabla}_{d_s} f_1 & \bar{\nabla}_{d_s} f_2 & \bar{\nabla}_{d_s} f_3 \end{pmatrix} = \begin{pmatrix} f_1 & f_2 & f_3 \end{pmatrix} \left(\eta^i_j(f_1) \right)_{i,j=1}^{3}.$$

여기서 $\left(\eta^i_j(f_1)\right)^3_{i,j=1}$ 는 i 행 j 열 원소가 $\eta^i_j(f_1)$ 인 3×3 행렬이다. 이를 식 (6.14)와 비교하면 다음을 얻을 수 있다.

$$\kappa[\gamma](s) = \bar{\eta}^2_1(d_s), \qquad \tau[\gamma](s) = \bar{\eta}^3_2(d_s).$$

이렇게 f_i 의 정의역이 곡선을 포함하는 열린영역이면 e_i 에 관한 정보 없이 $\eta^j_i(f_1)$를 구할 수 있다.

이제 f_i 의 식을 곡선을 따라서만 알고 있다고 하자. 즉 γ를 벗어난 곳에서는 f_i 의 식을 모른다고 하자. 이 경우 $\eta^i_j(f_1)$은 다음과 같이 구한다.

$$f_j = a^i_j e_i$$

라 하면

$$\begin{aligned}\eta^i_j(f_1) &= \langle \bar{\nabla}_{f_1} f_j, f_i\rangle = \langle \bar{\nabla}_{f_1}(a^k_j e_k), a^\ell_i e_\ell\rangle \\ &= a^\ell_i \langle \dot{a}^k_j e_k + a^k_j \bar{\nabla}_{f_1} e_k, e_\ell\rangle \\ &= a^\ell_i \dot{a}^k_j \langle e_k, e_\ell\rangle + a^\ell_i a^k_j \langle \bar{\omega}^m_k(f_1) e_m, e_\ell\rangle \\ &= a^\ell_i \dot{a}^k_j \delta_{k\ell} + a^\ell_i a^k_j \bar{\omega}^m_k(f_1)\delta_{m\ell}.\end{aligned} \tag{6.15}$$

이것으로 곡률과 비틀림률을 계산할 수 있다. 물론 f_j 가 열린영역에서 정의되어 η^i_j 를 아는 경우에도 이렇게 구할 수 있다.

질문 6.5.1. γ 가 단위속력을 가지지 않는 정칙곡선인 경우에는 어떻게 곡률과 비틀림률을 정의하면 되는지 논하여라.

6.5.1 유클리드 공간의 나선의 곡률과 비틀림률

$\mathbb{E}^3$ 의 나선의 곡률을 §3.2.1에서 공부했던 원기둥 좌표계를 이용하여 계산해 보자. 즉 계량기가

$$ds^2 = dr^2 + r^2 d\theta^2 + dz^2$$

으로 주어진 공간에 있는 곡선

$$r = r_0, \qquad \theta = as, \qquad z = bs, \qquad \text{단 } r_0, a, b\text{는 상수}$$

의 곡률과 비틀림률을 알아보자. 이 경우

$$\dot{\gamma} = \dot{r}\partial_r + \dot{\theta}\partial_\theta + \dot{z}\partial_z = a\partial_\theta + b\partial_z \tag{6.16}$$

다. 이것의 길이가 1이기를 바라므로 $r^2a^2 + b^2 = 1$이 성립한다고 하자. 이러면

$$\dot{\gamma} = T = a\partial_\theta + b\partial_z = are_2 + be_3.$$

6.5.1.1 당겨온 접속 이용

위 표현으로부터 다음을 알 수 있다.

$$\begin{aligned}\bar{\nabla}_{d_s}\dot{\gamma} &= \bar{\nabla}_{d_s}(a\partial_\theta + b\partial_z) = a\bar{\nabla}_{d_s}\partial_\theta + b\bar{\nabla}_{d_s}\partial_z \\ &= a\nabla_{a\partial_\theta+b\partial_z}\partial_\theta + b\nabla_{a\partial_\theta+b\partial_z}\partial_z \\ &= a^2\nabla_{\partial_\theta}\partial_\theta + ab\nabla_{\partial_\theta}\partial_z + ba\nabla_{\partial_z}\partial_\theta + b^2\nabla_{\partial_z}\partial_z \\ &= a^2\nabla_{re_2}re_2 + ab\nabla_{re_2}e_3 + ba\nabla_{e_3}re_2 + b^2\nabla_{e_3}e_3 \\ &= r^2a^2\nabla_{e_2}e_2 = r^2a^2(-1)r^{-1}e_1 = -ra^2e_1.\end{aligned} \tag{6.17}$$

그러므로 $\bar{\nabla}_{d_s}T = -ra^2e_1$, $|\bar{\nabla}_{d_s}\dot{\gamma}| = ra^2$ 이고

$$N = -e_1,\ B = T \times N = (are_2 + be_3) \times (-e_1) = -be_2 + are_3.$$

이제 위에서와 똑같이 계산하여 다음을 얻는다.

$$\bar{\nabla}_{d_s}N = -ae_2, \qquad \bar{\nabla}_{d_s}B = abe_1.$$

그러므로 다음이 성립하며 따라서 $\kappa = a^2r, \tau = ab$다.

$$\bar{\nabla}_{d_s}T = a^2rN, \qquad \bar{\nabla}_{d_s}N = -a^2rT + abB, \qquad \bar{\nabla}_{d_s}B = -abN.$$

$a = 0$인 경우 곡률은 0인데 이 경우 γ의 상은 직선이다.

6.5.1.2 당겨온 접속 1-형식 이용

위 계산을 움직이는 단위 직교 1-형식 틀장을 이용하여 수행해 보자. 먼저 (6.16)에 주어진 속도벡터에 대하여 당겨온 접속 1-형식은

(3.2)로부터 다음과 같음을 알 수 있다.

$$\bar{\omega}(d_s) = \left(\bar{\omega}_i^j(d_s)\right) = \begin{pmatrix} 0 & a & 0 \\ -a & 0 & 0 \\ 0 & 0 & 0 \end{pmatrix}.$$

여기서 $\bar{\omega}_i^j(d_s)$는 $\bar{\omega}(d_s)$의 i행 j열 원소다. 속도는 이미 계산되어 있고 가속도는 다음과 같다.

$$\left(\dot{x}^j + x^i\bar{\omega}_i^j(d_s)\right) e_j.$$

계산해 보면 이는 (6.17)의 결과와 일치한다. 따라서 위 과정이 그대로 적용되며 같은 결과를 얻는다.

6.5.2 3차원 구의 나선의 곡률과 비틀림률

이번에는 3차원 구에 있는 어떤 곡선의 곡률을 구해 보자. §3.3.1에서처럼 구를 다음과 같이 보자.

$$ds^2 = \cos^2 r d\phi^2 + \sin^2 r d\theta^2 + dr^2.$$

이러면

$$e_1 := \sec r\partial_\phi, \quad e_2 := \csc r\partial_\theta, \quad e_3 := \partial_r$$

은 단위 직교 벡터 틀장이다. 생각하고자 하는 곡선은 다음이다.

$$r = \text{상수} = r_0, \quad \phi = as, \quad \theta = bs.$$

이러면

$$\dot{\gamma} = \phi_s\partial_\phi + \dot{\theta}\partial_\theta + \dot{r}\partial_s = a\partial_\phi + b\partial_\theta = a\cos r e_1 + b\sin r e_2. \tag{6.18}$$

따라서

$$\langle\dot{\gamma}, \dot{\gamma}\rangle = a^2\cos^2 r + b^2\sin^2 r.$$

이것이 1이기를 바라므로 $a^2\cos^2 r + b^2\sin^2 r = 1$이라고 가정한다.

6.5.2.1 당겨온 접속 이용

앞 예에서와 같이 계산하면 가속도 벡터는 다음과 같다.

$$\begin{aligned}\bar{\nabla}_{d_s}\dot{\gamma} &= \bar{\nabla}_{d_s}(a\cos r e_1 + b\sin r e_2)\\ &= a\cos r\bar{\nabla}_{d_s}e_1 + b\sin r\bar{\nabla}_{d_s}e_2\\ &= (a\cos r)^2\nabla_{e_1}e_1 + ab\cos r\sin r\nabla_{e_1}e_2\\ &\qquad + ab\cos r\sin r\nabla_{e_2}e_1 + (b\sin r)^2\nabla_{e_2}e_2\\ &= (a^2-b^2)\cos r\sin r e_3.\end{aligned} \tag{6.19}$$

따라서

$$\begin{aligned} T &= a\cos r e_1 + b\sin r e_2,\\ N &= \frac{\bar{\nabla}_{d_s}\dot{\gamma}}{|\bar{\nabla}_{d_s}\dot{\gamma}|} = e_3,\\ B &= T\times N = b\sin r e_1 - a\cos r e_2.\end{aligned}$$

이제 앞에서와 같이 계산하면 다음을 얻는다.

$$\kappa = (a^2-b^2)\cos r\sin r, \qquad \tau = -ab.$$

즉, 곡률과 비틀림률은 모두 상수다. 특히 $a^2 = b^2$이면 이 곡선은 곧은선이 된다.

이 곡선은 어떻게 생겼을까? 이를 알아보기 위해 먼저 위 계량기 표현이 얻어진 좌표계가 어떻게 얻어졌는지를 보자.

$$(x,y,z,w) = (\cos r\cos\phi, \cos r\sin\phi, \sin r\cos\theta, \sin r\sin\theta).$$

따라서 위 곡선은 4차원 유클리드 공간에서는 다음과 같은 곡선이다.

$$s\mapsto(\cos r_0\cos as, \cos r_0\sin as, \sin r_0\cos bs, \sin r_0\sin bs).$$

이는 한 점 $(\cos r_0, 0, \sin r_0, 0)$을 xy-평면에 대한 회전과 zw-평면에 대한 회전을 동시에 적용시켜 얻어지는 곡선이다. $a = b$면 그 회전의 비율이 같은 건데 그러면 원이 얻어진다.

6.5.2.2 당겨온 접속 1-형식 이용

위 계산을 움직이는 단위 직교 1-형식 틀장을 이용하여 수행해 보자. 먼저 (6.18)에 주어진 속도벡터에 대하여 당겨온 접속 1-형식은 다음과 같다.

$$\bar{\omega}(d_s) = \left(\bar{\omega}_i^j(d_s)\right) = \begin{pmatrix} 0 & 0 & a\sin r \\ 0 & 0 & -b\cos r \\ -a\sin r & b\cos r & 0 \end{pmatrix}. \tag{6.20}$$

여기서 $\bar{\omega}_i^j(d_s)$는 $\bar{\omega}(d_s)$의 i행 j열 원소다. 속도는 이미 계산되어 있고 가속도는 다음과 같다.

$$\left(\dot{x}^j + x^i\bar{\omega}_i^j(d_s)\right) e_j.$$

계산해 보면 이는 (6.19)와 정확히 일치한다. 따라서 위 과정이 그대로 적용되며 같은 결과를 얻는다.

6.5.3 3차원 쌍곡 공간의 나선의 곡률과 비틀림률

이번에는 §3.4에서 다루었던 3차원 쌍곡 공간의 상반공간모델을 이용하여 쌍곡 공간에 있는 나선의 곡률을 구해 보자. 먼저 나선 운동에 대하여 알아보자. 임의의 실수 s에 대하여

$$(u, v, w) = \varphi[s](x, y, z) := e^s(x, y, z)$$

라고 하면 위 계량기의 당김 $(\varphi[s])^\star(ds^2)$는

$$(\varphi[s])^\star(ds^2) = \frac{du^2 + dv^2 + dw^2}{w^2}$$

이어서 $\varphi[s]$는 쌍곡 공간의 등장사상임을 알 수 있다. 사실 이는 z축을 따라가는 평행이동이다. 또한

$$\psi[\theta](x, y, z) := (\cos\theta\, x - \sin\theta\, y, \sin\theta\, x + \cos\theta\, y, z)$$

는 z축에 대한 회전이동이다. 따라서 곡선

$$\gamma : x = e^{as}x_0 \cos bs, \quad y = e^{as}x_0 \sin bs, \quad z = e^{as}z_0 \tag{6.21}$$

(단 z_0는 양의 실수, x_0, a, b는 $0 \neq 0$인 실수) 는

$$\gamma(s) = \psi[s] \circ \varphi[s](x_0, 0, z_0)$$

이며 쌍곡 공간의 나선이다.

6.5.3.1 당겨온 접속 이용

이제 §3.4에 정의된 e_i와 그것에 대한 $\nabla_{e_i}e_j$를 떠올리라. 곡선 γ에 정의된 벡터장 V를 생각하라.

$$\dot{\gamma} = x^i e_i, \qquad V = y^i e_i$$

라 할 때 다음이 성립한다.

$$\begin{aligned}\bar{\nabla}_{d_s}V &= \bar{\nabla}_{d_s}(y^j e_j) = \dot{y}^j e_j + y^j \bar{\nabla}_{ds}e_j = \dot{y}^j e_j + y^j \nabla_{x^i e_i}e_j \\ &= \dot{y}^j e_j + x^i y^j \nabla_{e_i}e_j.\end{aligned}$$

§3.4에서 미리 구해둔 $\nabla_{e_i}e_j$를 이용하면 다음을 얻을 수 있다.

$$\bar{\nabla}_{d_s}V = (\dot{y}^1 - x^1y^3)e_1 + (\dot{y}^2 - x^2y^3)e_2 + (\dot{y}^3 + x^1y^1 + x^2y^2)e_3.$$

이제 (6.21)로 주어진 곡선 γ에 대하여

$$\begin{aligned}x^1 &:= \tfrac{x_0}{z_0}(a\cos bs - b\sin bs), \\ x^2 &:= \tfrac{x_0}{z_0}(a\sin bs + b\cos bs), \\ x^3 &:= a\end{aligned}$$

라고 하면 $\dot{\gamma}(s) = x^i e_i$이고 $\langle\dot{\gamma}, \dot{\gamma}\rangle = \frac{x_0^2(a^2+b^2)+a^2z_0^2}{z_0^2}$. 따라서 γ가 단위속력을 가지게 다음을 가정한다.

$$\frac{x_0^2(a^2+b^2)+a^2z_0^2}{z_0^2} = 1.$$

이제 $T := x^i e_i$ 라 하면 이로부터

$$\bar{\nabla}_{d_s} T = -\frac{x_0\left(a^2+b^2\right)\cos(bs)}{z_0} e_1 - \frac{x_0\left(a^2+b^2\right)\sin(bs)}{z_0} e_2 + (1-a^2)e_3 \quad (6.22)$$

임을 알 수 있고 그러면

$$\langle \bar{\nabla}_{d_s} T, \bar{\nabla}_{d_s} T \rangle = (1-a^2)(1+b^2).$$

따라서 $\kappa = \sqrt{(1-a^2)(1+b^2)}$. 이제

$N = \kappa^{-1}(-bx^2 - x^1x^3)e_1 + \kappa^{-1}(bx^1 - x^2x^3)e_2 + \kappa^{-1}(1-a^2)e_3$

임을 알 수 있다. 이로부터 $B = T \times N$, $\bar{\nabla}_{d_s} B$ 를 구하면 $-\langle \bar{\nabla}_{d_s} B, N \rangle = ab$ 임을 알 수 있다. 즉 $\tau = ab$. 이로서 쌍곡공간의 나선에 대한 곡률과 비틀림률이 모두 상수임을 알아 보았다.

6.5.3.2 당겨온 접속 1-형식 이용

위 계산을 움직이는 단위 직교 1-형식 틀장을 이용하여 수행해 보자. 먼저 속도벡터가 $\dot{\gamma}(s) = x^i(s)e_i(\gamma(s))$ 이면 당겨온 접속 1-형식은 다음과 같다.

$$\bar{\omega}(d_s) = \left(\bar{\omega}_i^j(d_s)\right) = \begin{pmatrix} 0 & 0 & x^1(s) \\ 0 & 0 & x^2(s) \\ -x^1(s) & -x^2(s) & 0 \end{pmatrix}.$$

여기서 $\bar{\omega}_i^j(d_s)$ 는 $\bar{\omega}(d_s)$ 의 i 행 j 열 원소다. 속도는 이미 계산되어 있고 가속도는 다음과 같다.

$$\left(\dot{x}^j + x^i\bar{\omega}_i^j(d_s)\right) e_j.$$

계산해 보면 이는 (6.22)와 정확히 일치한다. 따라서 (6.22) 뒤에 전개된 이론이 여기에도 그대로 적용되며 같은 결과를 얻는다.

제 7 장

곡면의 가우스 곡률과 평균 곡률

7.1 들어가며

이 장에서는 3차원 리만 다양체에 있는 곡면의 곡률의 정의와 계산법을 알아본다. 이 장의 내용은 근본적으로 유클리드 공간에 있는 곡면의 곡률의 정의와 계산법을 3차원 다양체에 있는 곡면의 곡률로 확장시키고자 하는 것이다.

7.2 3차원 리만 다양체에 있는 곡면의 곡률

7.2.1 접속을 이용한 모양연산자와 곡률

곡선의 곡률을 생각할 때처럼 곡면의 곡률을 생각할 때에도 유도된 접속(induced connection)을 생각하는 게 좋다. 곡면 S^2의 공간 M^3으로의 매립 $i : S^2 \to M^3$를 생각하라. 그러면 §6.1.1의 성질 (1)~(5)를 만족시키는

$$\bar{\nabla} : \mathfrak{X}(S^2) \times \bar{\mathfrak{X}}(S^2) \to \bar{\mathfrak{X}}(S^2)$$

가 유일하게 존재하는데 결과적으로 $\bar{\nabla}_{v_p} W$는 M의 접속 ∇로 $i_\star(v_p)$를 확장한 벡터장 $\widetilde{i_\star(v_p)}$에 대하여 W를 확장한 벡터장 $\widetilde{W}$을 미분한 것과 같다. 즉

$$\bar{\nabla}_{v_p} W = \nabla_{\widetilde{i_\star(v_p)}} \widetilde{W}.$$

그래서 이를 간단히

$$\nabla_{v_p} W$$

로 나타내기도 한다.

이제 곡면의 모양 연산자를 정의하자. U가 곡면의 단위수직벡터라 할 때

$$S(v_p) := -\bar{\nabla}_{v_p} U, \qquad v_p \in T_p S^2$$

라 하면 S는 S^2의 각 접평면 T_pS^2의 선형연산자가 된다. 이를 곡면의 모양연산자라 한다. 이제 다음을 정의한다.

$$K_{ext} := \det S, \qquad H := \tfrac{1}{2}\operatorname{tr} S.$$

K_{ext}는 외재적 가우스 곡률, H는 평균곡률이라 한다. 앞에서 계량기만으로 정의한 곡면의 곡률 K를 이와 비교하기 위하여 내재적 곡률이라 부르고 K_{int}라 쓰자.

7.2.2 접속 1-형식을 이용한 모양연산자와 곡률

3차원 리만 다양체 M^3의 곡면 S^2에 대하여 S^2를 포함한 열린 공간[1)]에 정의되었으며 S^2에 맞춰진 매끄러운 단위 직교 벡터 틀장 f_1, f_2, f_3을 생각하자. 단 f_3은 곡면에 수직이라고 하자. 즉 $\mathcal{B} := \{f_1, f_2, f_3\}$은 곡면에 맞춰진 단위 직교 벡터 틀장이다. 이러면 $U = f_3$이므로 모양연산자는 다음과 같다.

$$S(v) = -\nabla_v f_3.$$

이제 이 연산자의 $\mathcal{B}$에 대한 행렬 $[S]_{\mathcal{B}}$는 다음과 같다. M이 유클리드 공간인 경우 증명은 [5, 보조정리 3.4.12]를 참조하라.

$$[S]_{\mathcal{B}} = g_{\mathcal{B}}^{-1} A_{\mathcal{B}},$$

$$g_{\mathcal{B}} := \begin{pmatrix} f_1 \\ f_2 \end{pmatrix} \cdot \begin{pmatrix} f_1 & f_2 \end{pmatrix}, \quad A_{\mathcal{B}} := \begin{pmatrix} f_1 \\ f_2 \end{pmatrix} \cdot \begin{pmatrix} Sf_1 & Sf_2 \end{pmatrix}.$$

$\mathcal{B}$는 단위직교하기 때문에

$$[S]_{\mathcal{B}} = \begin{pmatrix} f_1 \cdot Sf_1 & f_1 \cdot Sf_2 \\ f_2 \cdot Sf_1 & f_2 \cdot Sf_2 \end{pmatrix}.$$

이 때 $\mathcal{B}$의 접속 1-형식 η_i^j는 정의에 의하여 다음을 만족시킨다.

$$\langle f_k, S(v) \rangle = -\langle f_k, \nabla_v f_3 \rangle = -\eta_3^k(v) = \eta_k^3(v).$$

1) 다시 한번 더 강조하지만 S를 포함한 열린공간에 정의되어야 한다. 그래야 모든 방향으로 미분할 수 있다.

따라서 다음이 성립한다.

소정리 7.2.1.

$$[S]_{\mathscr{B}} = \begin{pmatrix} \eta_1^3(f_1) & \eta_1^3(f_2) \\ \eta_2^3(f_1) & \eta_2^3(f_2) \end{pmatrix}. \tag{7.1}$$

따름정리 7.2.1.

$$K_{ext} = \eta_1^3 \wedge \eta_2^3(f_1, f_2), \qquad H = \frac{1}{2}(\eta_1^3(f_1) + \eta_2^3(f_2)).$$

그런데 막상 이 방법을 써서 곡률을 계산하려 하면 대부분 첫 걸음에서 막히게 된다. 그것은 주어진 곡면에 대한 맞춰진 틀장의 식을 찾기가 수월하지 않다는 것이다. 예를 들어 국소좌표가 x, y, z 인 공간에 매개식

$$i:\ x = x(u, v),\ y = y(u, v),\ z = z(u, v)$$

의 상으로 주어지는 곡면을 생각해 보면 곡면의 매 점마다는 맞춰진 단위직교기저를 줄 수 있지만 곡면을 벗어난 점에서는 맞춰진 단위직교기저를 어떻게 주어야 할지 분명하지 않다. 이는 앞 장에서 다룬 곡선의 곡률을 구할 때 이미 맞닥뜨렸던 상황이며 해법도 그 때와 비슷하다. 먼저 다음을 살피자.

소정리 7.2.2. 접속 *1*-형식이 ω 인 단위 직교 벡터 틀장 e_1, e_2, e_3 이 주어져 있는 공간 M^3 에서 곡면 S^2 를 생각하자. 접속 *1*-형식이 η 인 단위 직교 벡터 틀장 f_1, f_2, f_3 이 곡면에 맞춰져 있다고 하자 (단 f_3 이 곡면에 수직). 이제 θ 와 ψ 가 각각 e 와 f 의 쌍대 *1*-형식 틀장이고

$$\begin{pmatrix} f_1 & f_2 & f_3 \end{pmatrix} = \begin{pmatrix} e_1 & e_2 & e_3 \end{pmatrix} A^T,$$
$$\begin{pmatrix} \psi^1 & \psi^2 & \psi^3 \end{pmatrix} = \begin{pmatrix} \theta^1 & \theta^2 & \theta^3 \end{pmatrix} B$$

라 할 때

$$\eta = dA\,A^{-1} + A\omega A^{-1} = -B^{-1}dB + B^{-1}\omega B. \qquad (7.2)$$

즉 맞춰진 틀장 f를 원래 주어진 틀장 e의 선형결합으로 나타냈을 때 그 계수 A와 원래 주어진 접속 1-형식 ω로부터 맞춰진 틀장의 접속 1-형식 η를 구할 수 있다는 것이다.

증명 일단

$$\begin{aligned} I &= \begin{pmatrix}\psi^1 & \psi^2 & \psi^3\end{pmatrix}^T \begin{pmatrix}f_1 & f_2 & f_3\end{pmatrix} \\ &= B^T \begin{pmatrix}\theta^1 & \theta^2 & \theta^3\end{pmatrix}^T \begin{pmatrix}e_1 & e_2 & e_3\end{pmatrix} A^T = B^T A^T \end{aligned}$$

로부터 $AB = I$가 성립함을 알 수 있다. 한편

$$\begin{aligned} \eta_i^j(X) &= \langle \nabla_X f_i, f_j\rangle = \langle \nabla_X (a_i^k e_k), a_j^\ell e_\ell\rangle \\ &= \langle X(a_i^k)e_k + a_i^k \nabla_X e_k, a_j^\ell e_\ell\rangle \\ &= X(a_i^k)a_j^\ell \delta_{k\ell} + a_i^k a_j^\ell \langle \nabla_X e_k, e_\ell\rangle \\ &= da_i^k(X) a_j^\ell \delta_{k\ell} + a_i^k a_j^\ell \omega_k^m(X)\delta_{m\ell}. \end{aligned} \qquad (7.3)$$

따라서

$$\eta_i^j = da_i^k a_j^\ell \delta_{k\ell} + a_i^k \omega_k^m a_j^\ell \delta_{m\ell}.$$

이로부터 결론이 성립한다. 참고로 e_i와 f_j가 단위직교틀장이므로 A는 직교행렬이다. 즉 $A^T = A^{-1}$. ■

자, 이걸 어떻게 활용할 수 있을까? 착안점은, (7.1)에서 살펴볼 수 있는 바와 같이 우리가 정말로 필요로 하는 것은 '곡면에 접하는 벡터에 대한 η_i^3의 값'이라는 것이고 곡면에 접하는 벡터는 매립 X를 통하여 S의 벡터와 일대일대응되므로, 곡선의 경우처럼, 다음과 같이 당겨온 1-형식을 생각하자는 것이다.

$$\eta : TS \to R, \qquad \bar{\eta} := i^\star(\eta).$$

이러면

$$\bar{\eta}(a\partial_u + b\partial_v) = \eta(aX_u + bX_v).$$

이 때 $A = A(u,v)$, $B = B(u,v)$라 하면

$$dA = A_u du + A_v dv$$

이므로

$$i^\star\eta = A_u A^{-1} du + A_v A^{-1} dv + A i^\star \omega A^{-1}.$$

이는 공간 전체가 아닌 곡면에서의 A만 알면 계산할 수 있다.

7.3 1-형식 틀장을 이용한 모양연산자

앞에서 곡면과 공간의 곡률을 계산했던 과정을 돌이켜보면 움직이는 1-형식틀장을 이용하여 계산할 때는 벡터장을 생각할 필요가 전혀 없었다. 물론 그 결과를 해석하기 위해선 둘 사이에 무슨 관계가 있는가를 알아야 했고 그건 5장에서 수행했다. 이 절에서 하려는 것은 곡면의 외재적 가우스 곡률과 평균곡률을 구할 때도 벡터장을 생각할 필요 없이 오직 1-형식장만으로도 그게 가능함을 보이고자 하는 것이다. 그런 목적으로 벡터와 접속으로 정의한 것과 결국은 같은 게 되도록 모양연산자를 1-형식장만으로 정의한다.

3차원 리만 다양체 M^3의 곡면 S^2에 대하여 S^2를 포함한 열린 공간에 정의되었으며 S^2에 맞춰진 매끄러운 단위 직교 벡터 틀장 e_1, e_2, e_3과 그것의 쌍대 틀장 $\theta^1, \theta^2, \theta^3$을 생각하자. 단 e_3이 곡면에 수직이라고 하자. 즉 e_1, e_2, e_3은 곡면에 맞춰진 틀장이다.

이 단위 직교 1-형식 틀장 $\theta^1, \theta^2, \theta^3$에 대한 접속 1-형식을 ω_i^j

라고 하자. 이제 다음과 같이 쌍대 모양연산자를 정의한다.

$$\begin{aligned} S^\star(\theta^1) &:= -\omega_3^1 = \omega_1^3 = h_{11}^3\theta^1 + h_{12}^3\theta^2, \\ S^\star(\theta^2) &:= -\omega_3^2 = \omega_2^3 = h_{21}^3\theta^1 + h_{22}^3\theta^2, \\ S^\star(a_i\theta^i) &:= a_i S^\star(\theta^i). \end{aligned}$$

이제 S와 $S^\star$를 비교해 보자.

소정리 7.3.1. 벡터 기저 $\mathscr{B} := \{e_1, e_2\}$에 대한 S의 행렬과 쌍대 *1*-형식 기저 $\mathscr{B}^\star := \{\theta^1, \theta^2\}$에 대한 행렬 사이에는 다음과 같은 관계가 성립한다.

$$[S]_{\mathscr{B}} = ([S^\star]_{\mathscr{B}^\star})^T.$$

증명 먼저

$$S(e_i) = -\nabla_{e_i} e_3 = \alpha_i^j e_j$$

라 하면

$$S(ae_1 + be_2) = a(\alpha_1^i e_i) + b(\alpha_2^i e_i) = (a\alpha_1^i + b\alpha_2^i)e_i.$$

따라서

$$\begin{pmatrix} a \\ b \end{pmatrix} \mapsto \begin{pmatrix} \alpha_1^1 & \alpha_2^1 \\ \alpha_1^2 & \alpha_2^2 \end{pmatrix} \begin{pmatrix} a \\ b \end{pmatrix}.$$

그러므로

$$[S]_{\mathscr{B}} = \begin{pmatrix} \alpha_1^1 & \alpha_2^1 \\ \alpha_1^2 & \alpha_2^2 \end{pmatrix},$$

그리고

$$\alpha_i^j = -\langle \nabla_{e_i} e_3, e_j \rangle.$$

그런데 식 (5.3)에 의하면 이건 $-\omega_3^j(e_i)$와 같다. 따라서

$$\alpha_i^j = -\omega_3^j(e_i) = \omega_j^3(e_i) = (h_{j1}^3\theta^1 + h_{j2}^3\theta^2)(e_i) = h_{ji}^3.$$

한편

$$S^\star(\theta^i) = \beta^i_j \theta^j$$

라고 하자. 그러면

$$\begin{aligned} S^\star(a\theta^1 + b\theta^2) &= aS^\star(\theta^1) + bS^\star(\theta^2) \\ &= a\beta^1_j\theta^j + b\beta^2_j\theta^j \\ &= (a\beta^1_j + b\beta^2_j)\theta^j. \end{aligned}$$

따라서

$$\begin{pmatrix} a \\ b \end{pmatrix} \mapsto \begin{pmatrix} \beta^1_1 & \beta^2_1 \\ \beta^1_2 & \beta^2_2 \end{pmatrix} \begin{pmatrix} a \\ b \end{pmatrix}.$$

그러므로

$$[S^\star]_{\mathcal{B}^\star} = \begin{pmatrix} \beta^1_1 & \beta^2_1 \\ \beta^1_2 & \beta^2_2 \end{pmatrix}.$$

그리고

$$-\omega^i_3 = \omega^3_i = h^3_{ij}\theta^j = \beta^i_j\theta^j.$$

따라서

$$h^3_{ij} = \beta^i_j.$$

그러므로

$$\begin{pmatrix} h^3_{11} & h^3_{12} \\ h^3_{21} & h^3_{22} \end{pmatrix} = \begin{pmatrix} \beta^1_1 & \beta^1_2 \\ \beta^2_1 & \beta^2_2 \end{pmatrix} = \begin{pmatrix} \alpha^1_1 & \alpha^1_2 \\ \alpha^2_1 & \alpha^2_2 \end{pmatrix}.$$

이로부터 결론을 얻는다. ■

위 증명으로부터 다음이 성립함을 알 수 있다.

따름정리 7.3.1. 임의의 *1*-형식 θ와 임의의 벡터 v에 대하여 다음이 성립한다.

$$S^\star(\theta)(v) = \theta(S(v)). \tag{7.4}$$

증명 좌표로 $\theta = a\theta^1 + b\theta^2$, $v = ce_1 + de_2$ 라고 하자. 그러면

$$S^\star(\theta)(v) = \begin{pmatrix} c & d \end{pmatrix} \begin{pmatrix} \beta_1^1 & \beta_1^2 \\ \beta_2^1 & \beta_2^2 \end{pmatrix} \begin{pmatrix} a \\ b \end{pmatrix},$$

$$\theta(S(v)) = \begin{pmatrix} a & b \end{pmatrix} \begin{pmatrix} \alpha_1^1 & \alpha_2^1 \\ \alpha_1^2 & \alpha_2^2 \end{pmatrix} \begin{pmatrix} c \\ d \end{pmatrix}$$

여서 그렇다. ■

참고 7.3.1. *1*-형식은 벡터 공간에 작용하는 선형함수다. 따라서 *1*-형식이 무엇인지 알고자 하면 임의의 벡터에 대하여 그 *1*-형식이 어떻게 작용하는 지를 이해하면 된다. 위 내용에서 *1*-형식 $S^\star(\theta)$ 가 무엇인지 알고자 하면 임의의 벡터 v에 대하여 $S^\star(\theta)$가 어떻게 작용하는지, 즉 $S^\star(\theta)(v)$가 무엇인지를 알면 되는데 위 따름정리는 이것이 기존에 이미 잘 정의된 모양연산자 S에 대하여 $\theta(S(v))$라는 것이다. 따라서 식 (7.4)는 사실 $S^\star$를 정의하는 식으로 이해해도 된다. 즉 앞에 주어진 $S^\star$의 정의 대신에 (7.4)를 $S^\star$의 정의로 택하고 정의에 나와 있는 것은 (7.4)에서 따라나오는 것으로 이해해도 된다.

따름정리 7.3.2. 다음이 성립한다.

$$\det[S^\star]_{\mathscr{B}^\star} = K_{ext}, \qquad \frac{1}{2}\operatorname{tr}[S^\star]_{\mathscr{B}^\star} = H.$$

이제 S를 이용하여 전개할 수 있는 이론은 $S^\star$를 이용해서도 전개할 수 있다.

7.3.1 곡률식

소정리 7.3.2. 곡면 S^2를 포함한 열린 영역에 곡면에 맞춰진 *1*-형식 기저 ϕ^1, ϕ^2, ϕ^3이 주어졌다고 하자. 단 모든 $v \in TS^2$에 대하여

$\phi^3(v) = 0$이며 ϕ^1과 ϕ^2가 ϕ^3에 수직이라고 하자. 단위직교일 필요는 없다. 그러면

$$S^\star(\phi^1) \wedge S^\star(\phi^2) = K_{ext}\phi^1 \wedge \phi^2,$$
$$S^\star(\phi^1) \wedge \phi^2 + \phi^1 \wedge S^\star(\phi^2) = 2H\phi^1 \wedge \phi^2.$$

증명 일단 θ^j $(i = 1, 2, 3)$이 단위직교할 때,[2]그리고 θ^3가 접평면의 모든 벡터에 대하여 0일 때는 정의에 의하여 성립한다.

이제 곡면에 맞춰진[3]임의의 1-형식기저 ϕ^1, ϕ^2, ϕ^3에 대하여 증명하자. 이제 $\theta^j := b_i^j\phi^i$ (단 $i = 1, 2$)와 $\theta^3 := \phi^3$가 단위직교한다고 하자. 그러면

$$\begin{aligned} S^\star(\theta^1) \wedge S^\star(\theta^2) &= S^\star(b_i^1\phi^i) \wedge S^\star(b_j^2\phi^j) \\ &= b_i^1 b_j^2 S^\star(\phi^i) \wedge S^\star(\phi^j) = (b_1^1 b_2^2 - b_2^1 b_1^2) S^\star(\phi^1) \wedge S^\star(\phi^2). \end{aligned}$$

또한

$$\theta^1 \wedge \theta^2 = b_i^1\phi^i \wedge b_j^2\phi^j = (b_1^1 b_2^2 - b_2^1 b_1^2)\phi^1 \wedge \phi^2.$$

한편

$$\begin{aligned} &S^\star(\theta^1) \wedge \theta^2 + \theta^1 \wedge S^\star(\theta^2) \\ &\qquad = S^\star(b_i^1\phi^i) \wedge b_j^2\phi^j + b_i^1\phi^i \wedge S^\star(b_j^2\phi^j) \\ &\qquad = (b_1^1 b_2^2 - b_2^1 b_1^2)(S^\star(\phi^1) \wedge \phi^2 + \phi^1 \wedge S^\star(\phi^2)). \end{aligned}$$

따라서

$$K_{ext} = \frac{S^\star(\phi^1) \wedge S^\star(\phi^2)}{\phi^1 \wedge \phi^2},$$
$$H = \frac{1}{2}\frac{S^\star(\phi^1) \wedge \phi^2 + \phi^1 \wedge S^\star(\phi^2)}{\phi^1 \wedge \phi^2}.$$

■

2) 이 말의 뜻은 바로 다음 마디에 있다.
3) 이 말의 의미 또한 바로 다음 마디에 있다.

7.3.2 쌍대 1-형식 벡터 공간의 구조

내적 $\langle , \rangle$이 주어진 n차원 벡터 공간 V의 한 단위직교벡터기저 $e_1, \cdots, e_n$을 생각하라. 즉 $\langle e_i, e_j \rangle = \delta_{ij}$. 이제 실수값을 가지는 V의 선형함수들을 모두 모아놓은 것을 $V^\star$라 할 때 $V^\star$는 n차원 선형공간이 된다. 그래서 여러 1-형식들이 서로 독립인지 아닌지를 이야기할 수 있다. $\theta^j(e_i) = \delta_i^j$를 만족시키는 선형함수 $\theta^1, \cdots, \theta^n$을 $e_1, \cdots, e_n$의 쌍대 1-형식 기저라 한다. 이 때

$$\langle a_i\theta^i, b_j\theta^j \rangle := \sum_{k=1}^{n} a_k b_k$$

라 하면 이는 $\theta^1, \cdots, \theta^n$이 단위직교하게 되는 내적을 $V^\star$에 정한 것이다. 이 내적을 이용하여 두 1-형식이 서로 수직이라든지 단위길이를 가진다든지 등의 이야기를 한다.

이제 3차원 리만 공간 N에 있는 2차원 곡면 S^2를 생각하라. 곡면의 점 p에서의 N의 접공간을 T_pN, 점 p에서의 S^2의 접평면을 $T_pS^2 \subset T_pN$이라 하자. 이제 T_pN의 쌍대공간 $T_p^\star N$의 한 원소 θ가 곡면에 접한다는 말은 곡면의 단위법벡터 N_p에 대하여 $\theta(N_p) = 0$임을 말하고 θ가 곡면에 수직이란 말은 모든 접벡터 v_p에 대하여 $\theta(v_p) = 0$임을 말한다. 한 직교1-형식틀장 $\theta^1, \theta^2, \theta^3$이 곡면에 맞추어졌다 함은 그 중 하나, 보통 θ^3이 곡면에 수직임을 뜻한다.

7.4 $\mathbb{E}^3$에 있는 음함수로 주어진 곡면의 곡률

사상 $X : \mathcal{U} \subset \mathbb{R}^2 \to \mathbb{E}^3$의 상으로 곡면이 주어지는 경우 곡률의 정의와 해석, 계산법 등은 이미 많은 문헌에서 다루어지고 있으므로 따로 다루지 않는다. 자세한 내용을 원하는 사람은 예를 들어

양성덕의 미분기하강의 1편[5]을 참조하라. 움직이는 틀장을 이용한 계산법으로는 오닐의 Elementary Differential Geometry[20]를 참조하라.

3차원 유클리드 공간 $\mathbb{E}^3$에 $F(x,y,z) = c$으로 주어진 곡면이 있다고 하자. 이 곡면의 평균곡률과 가우스 곡률을 계산하는 법에 대하여 알아보자.

7.4.1 접속을 이용한 곡률 계산

먼저 미적분으로부터 $\operatorname{grad} F(x,y,z)$는 (x,y,z)에서 곡면에 접하는 법벡터임을 알 수 있다. 따라서

$$e_3 := \frac{\operatorname{grad} F}{|\operatorname{grad} F|}$$

는 곡면에 수직인 단위벡터다. 이제 e_3에 수직인 단위벡터를 아무거나 하나 잡고 e_1이라고 부르고 $e_2 := e_3 \times e_1$이라고 하자. 그러면 e_1, e_2, e_3는 단위 직교 벡터 틀장이 된다. 이제 이 곡면의 평균곡률 H는 다음과 같다.

$$H = \frac{1}{2}\sum_{i=1}^{2}\langle -\nabla_{e_i} e_3, e_i\rangle.$$

이는 평균곡률의 정의를 잘 들여다 보면 알게 되는데 좀더 자세한 내용은 양성덕의 미분기하강의 1편을 참조하라. 이러면 다음이 얻어진다.

$$\begin{aligned}
-2H &= \sum_{i=1}^{2}\langle \nabla_{e_i} e_3, e_i\rangle \overset{(1)}{=} \sum_{i=1}^{3}\langle \nabla_{e_i} e_3, e_i\rangle = \sum_{i=1}^{3}\langle \nabla_{a_i^k \partial_k} e_3, a_i^\ell \partial_\ell\rangle \\
&= \sum_{k,\ell=1}^{3}\langle \nabla_{\partial_k} e_3, \partial_\ell\rangle \sum_{i=1}^{3} a_i^k a_i^\ell \overset{(2)}{=} \sum_{k=1}^{3}\langle \nabla_{\partial_k} \frac{\operatorname{grad} F}{|\operatorname{grad} F|}, \partial_k\rangle \\
&= \operatorname{div} \frac{\operatorname{grad} F}{|\operatorname{grad} F|}.
\end{aligned}$$

여기서 (1)은 $\langle \nabla_{e_3} e_3, e_3 \rangle = \frac{1}{2} e_3 \langle e_3, e_3 \rangle = 0$이어서 성립한다. (2)는, (a_i^j)의 각 행들이 서로 단위수직이므로 이 행렬이 직교행렬이 되며 따라서 각 열들도 단위수직이기 때문이다. 따라서

$$H = -\frac{1}{2} \operatorname{div} \frac{\operatorname{grad} F}{|\operatorname{grad} F|}.$$

이제 가우스 곡률을 살펴보자. 먼저

$$K_{ext} = \langle \nabla_{e_1} e_3 \times \nabla_{e_2} e_3, e_3 \rangle$$

임을 살피자. 이제 v_1, v_2가 e_3에 수직이며 서로 독립인 벡터라고 하자. 그러면 어떤 a_i^j에 대하여 $v_i = a_i^j e_j$라고 할 수 있다. 그러면

$$\begin{aligned}
\langle v_1 \times v_2, \operatorname{grad} F \rangle &= (a_1^1 a_2^2 - a_1^2 a_2^1) |\operatorname{grad} F|, \\
\langle S(v_1) \times S(v_2), \operatorname{grad} F \rangle &= a_1^i a_2^j |\operatorname{grad} F| \, \langle S(e_i) \times S(e_j), e_3 \rangle \\
&= (a_1^1 a_2^2 - a_1^2 a_2^1) |\operatorname{grad} F| \, \langle S(e_1) \times S(e_2), e_3 \rangle \\
&= (a_1^1 a_2^2 - a_1^2 a_2^1) |\operatorname{grad} F| \, K.
\end{aligned}$$

따라서

$$K = \frac{\langle S(v_1) \times S(v_2), \operatorname{grad} F \rangle}{\langle v_1 \times v_2, \operatorname{grad} F \rangle}.$$

여기서

$$\begin{aligned}
S(v_i) &= -\nabla_{v_i} e^3 = -\nabla_{v_i} |\operatorname{grad} F|^{-1} \operatorname{grad} F \\
&= -v_i(|\operatorname{grad} F|^{-1}) \operatorname{grad} F - |\operatorname{grad} F|^{-1} \nabla_{v_i} \operatorname{grad} F.
\end{aligned}$$

따라서

$$K = \frac{\langle \nabla_{v_1} \operatorname{grad} F \times \nabla_{v_2} \operatorname{grad} F, \operatorname{grad} F \rangle}{|\operatorname{grad} F|^2 \langle v_1 \times v_2, \operatorname{grad} F \rangle}.$$

이제

$$v_1 := (-F_3, 0, F_1), \qquad v_2 := (0, -F_3, F_2)$$

라 하면 간단한 계산에 의하여 이는 e_3에 수직인 것과 다음 사실을 알 수 있다.

$$\begin{aligned}
\nabla_{v_1} \operatorname{grad} F &= -F_3 \partial_1 (\operatorname{grad} F) + F_1 \partial_3 (\operatorname{grad} F), \\
\nabla_{v_2} \operatorname{grad} F &= -F_3 \partial_2 (\operatorname{grad} F) + F_2 \partial_3 (\operatorname{grad} F).
\end{aligned}$$

이를 이용하면 $\langle v_1 \times v_2, \operatorname{grad} F\rangle = F_3|\operatorname{grad} F|^2$,

$$\langle \nabla_{v_1} \operatorname{grad} F \times \nabla_{v_2} \operatorname{grad} F, \operatorname{grad} F\rangle = F_3 \begin{vmatrix} F_1 & \partial_1 \operatorname{grad} F \\ F_2 & \partial_2 \operatorname{grad} F \\ F_3 & \partial_3 \operatorname{grad} F \\ 0 & \operatorname{grad} F \end{vmatrix} \tag{7.5}$$

임을 알 수 있다. 따라서

$$K = \frac{\begin{vmatrix} F_1 & F_{11} & F_{21} & F_{31} \\ F_2 & F_{12} & F_{22} & F_{32} \\ F_3 & F_{13} & F_{23} & F_{33} \\ 0 & F_1 & F_2 & F_3 \end{vmatrix}}{|\operatorname{grad} F|^4} = \frac{\begin{vmatrix} \operatorname{grad} F^T & \operatorname{Hess} F \\ 0 & \operatorname{grad} F \end{vmatrix}}{|\operatorname{grad} F|^4}. \tag{7.6}$$

7.4.2 1-형식 틀장을 이용한 곡률 계산

이번에는 등위면의 곡률을 1-형식 틀장을 이용하여 계산하는 법에 대하여 알아보자.

먼저 앞에서 정의된 곡면에 맞춰진 단위 직교 벡터 틀장 e_1, e_2, e_3의 쌍대 1-형식 기저를 $\theta^1, \theta^2, \theta^3$이라 하자. 그리고 θ^j를 dx^i들의 선형결합으로 나타냈을 때 그 계수행렬을 A라 하자. 즉

$$\begin{pmatrix} \theta^1 & \theta^2 & \theta^3 \end{pmatrix} = \begin{pmatrix} dx^1 & dx^2 & dx^3 \end{pmatrix} A.$$

a_i^j를 A의 i행 j열 원소라 하자. 그러면 다음이 성립한다. 소정리 7.2.2를 참조하라.[4)]

$$\omega = -A^{-1} dA.$$

4) 또는 윤갑진[6, 정리 7.3.7] 참조.

따라서

$$\begin{aligned}2H &= S^\star(\theta^i)(e_i) = -\sum_{i=1}^{2}\omega_3^i(e_i) = -\sum_{i=1}^{3}\omega_3^i(e_i)\\ &= \sum_{i=1}^{3}(A^{-1})_3^k(\partial_j A_k^i)dx^j(e_i) = \sum_{i=1}^{3}(A^{-1})_3^k(\partial_j A_k^i)(A^{-1})_i^j.\end{aligned}$$

그런데 $A_k^i(A^{-1})_i^j = \delta_k^j$ 로부터

$$(\partial_j A_k^i)(A^{-1})_i^j = -A_k^i\partial_j(A^{-1})_i^j.$$

따라서

$$2H = -(A^{-1})_3^k A_k^i\partial_j(A^{-1})_i^j = -\partial_j(A^{-1})_3^j = -\operatorname{div}\frac{\operatorname{grad}F}{|\operatorname{grad}F|}.$$

여기서 마지막 등호는 A^{-1}의 3번째 행은 e_3, 즉 곡면에 수직인 단위벡터를 나타내서 성립한다. 이로부터 평균곡률 H의 식을 얻는다.

이제 가우스 곡률의 식을 구해 보자. 먼저 (7.3.2)에 의하여 다음을 알 수 있다. ϕ^1, ϕ^2가 θ^3에 수직이고 서로 독립이라고 하면

$$S^\star(\phi^1)\wedge S^\star(\phi^2)\wedge dF = K\phi^1\wedge\phi^2\wedge dF. \tag{7.7}$$

여기서 $dF = F_1dx^1 + F_2dx^2 + F_3dx^3$. 이제

$$\phi^1 := -F_3dx^1 + F_1dx^3, \quad \phi^2 := -F_3dx^2 + F_2dx^3 \tag{7.8}$$

라고 하면 이는 서로 독립이고 θ^3에 수직이다. 이 때

$$\phi^1\wedge\phi^2\wedge dF = F_3|dF|^2dx^1\wedge dx^2\wedge dx^3 \tag{7.9}$$

임은 쉽게 보일 수 있다. 따름정리 7.3.1로부터 다음을 알 수 있다.

$$\begin{aligned}S^\star(\phi)(a^ie_i) &= \phi(S(a^ie_i)) = \phi(-\nabla_{e_i}e_3)a^i = \phi(-\nabla_{e_i}e_3)\theta^i(a^je_j),\\ S^\star(\phi) &= \phi(-\nabla_{e_i}e_3)\theta^i\\ &= \phi(-a_i^k\nabla_{\partial_k}e_3)b_\ell^idx^\ell = \phi(-\nabla_{\partial_k}e_3)a_i^kb_\ell^idx^\ell\\ &= \phi(-\nabla_{\partial_k}e_3)\delta_\ell^kdx^\ell = \phi(-\nabla_{\partial_k}e_3)dx^k,\\ S^\star(\phi)(\partial_i) &= \phi(S(\partial_i)) = -\phi(\nabla_{\partial_i}e_3).\end{aligned}$$

따라서

$$\begin{aligned} S^{\star}(\phi^k) &= -\phi^k(\nabla_{\partial_i} e_3)dx^i \\ &= -\phi^k(\nabla_{\partial_i}(|\operatorname{grad} F|^{-1}\operatorname{grad} F))dx^i \\ &= -\phi^k(\partial_i(|\operatorname{grad} F|^{-1})\operatorname{grad} F + |\operatorname{grad} F|^{-1}\nabla_{\partial_i}\operatorname{grad} F)dx^i. \end{aligned}$$

그런데

$$\phi^k(\operatorname{grad} F) = 0.$$

따라서

$$S^{\star}(\phi^k) = -|\operatorname{grad} F|^{-1}\phi^k(\nabla_{\partial_i}\operatorname{grad} F)dx^i.$$

이제 ϕ^1, ϕ^2의 식 (7.8)로부터

$$\begin{aligned} \phi^1(\nabla_{\partial_i}\operatorname{grad} F)dx^i &= -F_3F_{i1}dx^i + F_1F_{i3}dx^i, \\ \phi^2(\nabla_{\partial_j}\operatorname{grad} F)dx^j &= -F_3F_{j2}dx^j + F_2F_{j3}dx^j. \end{aligned}$$

따라서, $M := \begin{vmatrix} F_1 & F_{11} & F_{21} & F_{31} \\ F_2 & F_{12} & F_{22} & F_{32} \\ F_3 & F_{13} & F_{23} & F_{33} \\ 0 & F_1 & F_2 & F_3 \end{vmatrix}$ 이라 할 때,

$$\frac{\phi^1(\nabla_{\partial_i}\operatorname{grad} F)dx^i \wedge \phi^2(\nabla_{\partial_j}\operatorname{grad} F)dx^j \wedge dF}{dx^1 \wedge dx^2 \wedge dx^3} = F_3M.$$

그러므로

$$S^{\star}(\phi^1) \wedge S^{\star}(\phi^2) \wedge dF = |dF|^{-2}F_3M\,dx^1 \wedge dx^2 \wedge dx^3$$

이고 (7.7), (7.9)로부터 (7.6)에 있는 K의 표현이 얻어짐을 알 수 있다.

7.5 3차원 구 공간에 있는 몇몇 곡면들의 곡률

이 절과 다음 절에서 다루는 곡면들은 사실 적당히 좋은 좌표에 대하여 한 좌표함수에 대한 등위면이며 곡면을 포함하는 열린 영

역에 곡면에 맞춰진 틀장이 자연스럽게 얻어지는 곡면들이다. 그 틀장에 대한 접속 1-형식을 직접적으로, 즉 다른 단위 직교 틀장을 도입할 필요없이, 계산할 수 있으며 이로부터 자연스럽게 가우스 곡률과 평균곡률을 얻을 수 있다.

7.5.1 구면의 곡률

7.5.1.1 $\mathbb{E}^4$ 의 구조를 이용한 계산

이번에는 3차원 구가 4차원 유클리드 공간에 들어있음을 이용하여 계산을 해 본다. 이 경우 모양연산자의 계산이 쉽다.

예 7.5.1. *4차원 유클리드 공간에 있는 3차원 구 공간 $\mathbb{S}^3(1)$ 의 2 차원 구면*

$$\begin{aligned}\mathbb{S}^2(1) &= \{(x,y,z,w) \in \mathbb{S}^3(1) | x^2+y^2+z^2=1\} \\ &= \{(x,y,z,w) \in \mathbb{S}^3(1) | w=0\}\end{aligned}$$

을 생각하라. 이 곡면의 내재적 가우스 곡률은 1이다. 구면의 곡률이기 때문이다. 그러나 이것의 외재적 가우스 곡률은 0이다. 왜 그런지 살펴보자.

먼저 $\mathbb{S}^2(1)$ 의 단위법벡터 N은 항등이며 $N=(0,0,0,\pm1)$ 이다. 왜 그런지 생각해 보자. 먼저 $\mathbb{S}^2(1)$ 의 임의의 점 p에 대하여 $\langle p, N\rangle = 0$ 이다. 따라서 일단 $N \in T_p\mathbb{S}^3(1)$ 다. 즉 N는 3차원 구의 벡터다. 이제 $\mathbb{S}^2(1)$ 에 들어있으면서 $\gamma(0)=p$ 인 임의의 곡선 γ를 생각하자. 그러면 $\gamma(t)$는 $(x(t), y(t), z(t), 0)$ 꼴이다. 따라서 $\langle\gamma'(0), N\rangle = 0$ 이다. 그러므로 N는 $T_p\mathbb{S}^2(1)$ 에 수직이다. N이 항등벡터장이므로 어떤 $v_p \in T_p\mathbb{S}^2(1)$ 에 대해서도 $\nabla_{v_p}N$는 0 벡터장이다. 따라서 $\det S = \operatorname{tr} S = 0$. 즉 $\mathbb{S}^2(1)$ 의 외재적 가우스 곡률과 평균곡률은 모두 *0*이다.

예 7.5.2. *($\mathbb{S}^3(1)$에 있는 구면의 곡률)* $\mathbb{S}^3(1)$와 공간 $w = \sin r$의 공통부분은 반지름이 $\cos r$인 구가 되는데 이를 $\mathbb{S}^2(\cos r)$로 나타내자. 즉

$$\mathbb{S}^2(\cos r) = \{(x, y, z, w) \in \mathbb{S}^3 | x^2 + y^2 + z^2 = \cos r^2, w = \sin r\}.$$

이는 다음과 같이 매개될 수 있다.

$$X(\phi, \theta) := (\cos r \sin\phi \cos\theta, \cos r \sin\phi \sin\theta, \cos r \cos\phi, \sin r).$$

이러면 이 곡면의 단위법벡터는 다음과 같다.

$$\begin{aligned} N(\phi, \theta) &:= \frac{X(\phi,\theta) \wedge X_\phi(\phi,\theta) \wedge X_\theta(\phi,\theta)}{|X(\phi,\theta) \wedge X_\phi(\phi,\theta) \wedge X_\theta(\phi,\theta)|} \\ &= \sin r\,(\cos\theta \sin\phi, \sin\theta \sin\phi, \cos\phi, -\cot r) \end{aligned}$$

여기서

$$\begin{aligned} &X(\phi,\theta) \wedge X_\phi(\phi,\theta) \wedge X_\theta(\phi,\theta) \\ &= \begin{vmatrix} \mathbf{i} & \mathbf{j} & \mathbf{k} & \mathbf{l} \\ \cos r \sin\phi \cos\theta & \cos r \sin\phi \sin\theta & \cos r \cos\phi & \sin r \\ \cos r \cos\phi \cos\theta & \cos r \cos\phi \sin\theta & -\cos r \sin\phi & 0 \\ -\cos r \sin\phi \sin\theta & \cos r \sin\phi \cos\theta & 0 & 0 \end{vmatrix}. \end{aligned}$$

$\mathbf{i}, \mathbf{j}, \mathbf{k}, \mathbf{l}$은 각각 x, y, z, w-축의 양의 방향을 향하는 단위벡터다. 간단한 계산에 의하여 다음을 알 수 있다.

$$N_\phi = \tan r X_\phi, \quad N_\theta = \tan r X_\theta.$$

따라서

$$cX_\phi + dX_\theta = S(aX_\phi + bX_\theta) = -aN_\phi - bN_\theta$$

라고 하면

$$\begin{pmatrix} c \\ d \end{pmatrix} = \begin{pmatrix} -\tan r & 0 \\ 0 & -\tan r \end{pmatrix} \begin{pmatrix} a \\ b \end{pmatrix}.$$

즉 $\mathcal{B} := \{X_\phi, X_\theta\}$라 할 때

$$[S]_{\mathcal{B}} = \begin{pmatrix} -\tan r & 0 \\ 0 & -\tan r \end{pmatrix}.$$

따라서 $\mathbb{S}^2(\cos r)$에 대하여

$$H = -\tan r, \qquad K_{ext} = \tan^2 r.$$

앞 예에서 다루었던 예는 $r = 0$인 경우다.

7.5.1.2 레비-치비타 접속을 이용한 계산

예 7.5.3. 앞에서 다룬 구면의 곡률을 *§3.3.3*의 설정과 계산결과들을 이용하여 계산하자. 거기서의 좌표를 이용하면 구의 계량기는

$$ds^2 = \frac{4(da^2 + db^2 + dc^2)}{(1 + a^2 + b^2 + c^2)^2} = \frac{4}{(1+\rho^2)^2}(d\rho^2 + \rho^2 d\phi^2 + \rho^2 \sin^2 \phi d\theta^2)$$

이고 앞에서 다루었던 구는 입체사영으로 구 $\rho =$ 상수 $= \cos r/(1-\sin r)$가 된다. *(역으로* $\cos r = 2\rho/(1+\rho^2)$.*)* 이 좌표에 대하여

$$e_1 := \frac{1+\rho^2}{2\rho}\partial_\phi, \qquad e_2 := \frac{1+\rho^2}{2\rho\sin\phi}\partial_\theta, \qquad e_3 := \frac{1+\rho^2}{2}\partial_\rho$$

는 단위 직교 벡터 틀장이 된다. 그런데 우리가 들여다 보고 있는 *(2차원)* 구면의 특성상 e_3은 이 *(2차원)* 구면에 수직인 단위벡터고 e_1, e_2는 이 *(2차원)* 구면에 접하는 단위벡터다. 그런데 *§3.3.3*의 계산에 의하면

$$\nabla_{e_1} e_3 = -\frac{\rho^2 - 1}{2\rho} e_1, \qquad \nabla_{e_2} e_3 = -\frac{\rho^2 - 1}{2\rho} e_2.$$

따라서 $\mathscr{B} := \{e_1, e_2\}$라 할 때

$$[S]_{\mathscr{B}} = \frac{\rho^2 - 1}{2\rho}\begin{pmatrix} 1 & 0 \\ 0 & 1 \end{pmatrix}.$$

그러므로

$$H = \frac{\rho^2 - 1}{2\rho}, \qquad K_{ext} = \left(\frac{\rho^2 - 1}{2\rho}\right)^2.$$

$\rho = \frac{\cos r}{1 - \sin r}$을 이용하면

$$H = -\tan r, \qquad K_{ext} = \tan^2 r.$$

이는 앞에서 얻은 결과와 일치한다.

7.5.1.3 1-형식 틀장을 이용한 계산

예 7.5.4. 이번에는 *3*차원 구에 있는 구면의 곡률을 움직이는 틀장을 이용해서 구해 보자. *§3.3.3*의 식 (3.7)에 나와 있는 접속 *1*-형식을 보면

$$\omega_1^3 = \frac{\rho^2 - 1}{2\rho}\,\theta^1, \quad \omega_2^3 = \frac{\rho^2 - 1}{2\rho}\,\theta^2$$

임을 알 수 있다. 따라서 $\mathscr{B}^\star := \{\theta^1, \theta^2\}$라 할 때

$$[S^\star]_{\mathscr{B}^\star} = \begin{pmatrix} \frac{\rho^2-1}{2\rho} & 0 \\ 0 & \frac{\rho^2-1}{2\rho} \end{pmatrix}.$$

따라서

$$H = \frac{\rho^2 - 1}{2\rho}, \qquad K_{ext} = \left(\frac{\rho^2 - 1}{2\rho}\right)^2.$$

$\rho = \frac{\cos r}{1-\sin r}$을 이용하면

$$H = -\tan r, \qquad K_{ext} = \tan^2 r.$$

7.5.2 클리포드 원환면의 곡률

7.5.2.1 유클리드 공간의 구조를 이용한 계산

예 7.5.5. *(일반적 클리포드 원환면의 곡률)* 상수 $r \in (0, \frac{\pi}{2})$에 대하여 다음을 만족시키는 곡면을 생각하자. *§1.2.1*을 보라.

$$CT(r) := \{(x, y, z, w) \in \mathbb{S}^3(1) : x^2 + y^2 = \cos^2 r, z^2 + w^2 = \sin^2 r\}.$$

이 곡면은 다음과 같은 매개식으로 나타내어질 수 있다.

$$X(\phi, \theta) = (\cos r \cos\phi, \cos r \sin\phi, \sin r \cos\theta, \sin r \sin\theta).$$

이러면 이 곡면의 단위법벡터는 다음과 같다.

$$\begin{aligned} N(\phi, \theta) &:= \frac{X(\phi,\theta) \wedge X_\phi(\phi,\theta) \wedge X_\theta(\phi,\theta)}{X(\phi,\theta) \wedge X_\phi(\phi,\theta) \wedge X_\theta(\phi,\theta)} \\ &= (-\sin r\cos\phi, -\sin r\sin\phi, \cos r\cos\theta, \cos r\sin\theta). \end{aligned}$$

여기서

$$X(\phi,\theta)\wedge X_\phi(\phi,\theta)\wedge X_\theta(\phi,\theta)$$
$$=\begin{vmatrix} \mathbf{i} & \mathbf{j} & \mathbf{k} & \mathbf{l} \\ \cos r\cos\phi & \cos r\sin\phi & \sin r\cos\theta & \sin r\sin\theta \\ -\cos r\sin\phi & \cos r\cos\phi & 0 & 0 \\ 0 & 0 & -\sin r\sin\theta & \sin r\cos\theta \end{vmatrix}.$$

간단한 계산에 의하여 다음을 알 수 있다.

$$N_\phi = -\tan r X_\phi, \quad N_\theta = \cot r X_\theta.$$

따라서

$$cX_\phi + dX_\theta = S(aX_\phi + bX_\theta) = -aN_\phi - bN_\theta$$

라고 하면

$$\begin{pmatrix} c \\ d \end{pmatrix} = \begin{pmatrix} \tan r & 0 \\ 0 & -\cot r \end{pmatrix}\begin{pmatrix} a \\ b \end{pmatrix}.$$

따라서

$$H = \frac{1}{2}(\tan r - \cot r), \qquad K_{ext} = -1.$$

외재적 가우스 곡률은 r에 상관없이 항상 -1이며 평균곡률 또한 상수다. 특히 $r = \frac{\pi}{4}$면 평균곡률은 *0*이 되어 이 곡면은 극소곡면이다.

7.5.2.2 레비-치비타 접속을 이용한 계산

예 7.5.6. 앞에서 다룬 일반적 클리포드 원환면의 곡률을 *§3.3.1*에 있는 좌표와 계산결과을 이용하여 구해 보자. 거기서의 좌표를 이용하면 구의 계량기는

$$ds^2 = \cos^2 r d\phi^2 + \sin^2 r d\theta^2 + dr^2$$

이고 앞에서 다루었던 클리포드 원환면은 $r =$ 상수가 된다. 이 좌표에 대하여

$$e_1 := \frac{1}{\cos r}\partial_\phi, \qquad e_2 := \frac{1}{\sin r}\partial_\theta, \qquad e_3 := \partial_r$$

는 단위직교틀장이 된다. 이제 *§3.3.1*의 계산에 의하면

$$\nabla_{e_1} e_3 = -\tan r\, e_1, \quad \nabla_{e_2} e_3 = \cot r\, e_2.$$

따라서

$$S(e_1) = -\nabla_{e_1} e_3 = \tan r\, e_1, \qquad S(e_2) = -\nabla_{e_2} e_3 = -\cot r\, e_2.$$

따라서 $[S]_{\mathscr{B}} = \begin{pmatrix} \tan r & 0 \\ 0 & -\cot r \end{pmatrix}$ 이고

$$H = \frac{1}{2}(\tan r - \cot r), \qquad K_{ext} = -1.$$

이는 앞에서 얻은 결과와 같다.

7.5.2.3 1-형식 틀장을 이용한 계산

예 7.5.7. 이번에는 *3*차원 구에 있는 일반적 클리포드 원환면의 곡률을 움직이는 틀장을 이용해서 구해 보자. *§3.3.1*의 식 (3.5)에 나와 있는 접속 *1*-형식을 보면

$$\omega_1^3 = \tan r\, \theta^1, \quad \omega_2^3 = -\cot r\, \theta^2$$

임을 알 수 있다. 따라서

$$[S^\star]_{\mathscr{B}^\star} = \begin{pmatrix} \tan r & 0 \\ 0 & -\cot r \end{pmatrix}.$$

따라서 $H = \frac{1}{2}(\tan r - \cot r)$, $K_{ext} = -1$ 임을 알 수 있다.

7.6 3차원 쌍곡 공간에 있는 곡면의 곡률

7.6.1 구, 극한구, 초구의 곡률

(3.8)로 주어진 쌍곡 공간의 반공간 모델에 있는 다음 곡면을 생각하라.

$$S = \{(x, y, z) \in \mathbb{H}^3(-1) : x^2 + y^2 + (z - b)^2 = r^2,\ z > 0\}.$$

단 $r > 0, b > -r$. 유클리드 시각으로 공처럼 생긴 이 곡면은 $b > r > 0$이면 보통 구, $b = r > 0$이면 극한구, $r > 0, r > b > -r$ 이면 초구를 나타낸다.

이 곡면의 외재적 가우스 곡률과 평균곡률을 구해보자. 먼저 이 곡면을 등위면으로 가지는 공간의 매개식은 다음과 같다.

$$X(\phi, \theta, r) := (r \sin\phi \cos\theta, r \sin\phi \sin\theta, r \cos\phi + b).$$

r는 상수면 우리가 보고 있는 곡면이 얻어진다. 이를 이용한 공간의 계량기는 다음과 같다.

$$ds^2 = \frac{dx^2 + dy^2 + dz^2}{z^2} = \frac{r^2 d\phi^2 + r^2 \sin^2\phi d\theta^2 + dr^2}{(b + r\cos\phi)^2}.$$

따라서

$$\theta^1 := \frac{r}{b + r\cos\phi} d\phi, \qquad e_1 := \frac{b + r\cos\phi}{r} \partial_\phi, \tag{7.10}$$

$$\theta^2 := \frac{r\sin\phi}{b + r\cos\phi} d\theta, \qquad e_2 := \frac{b + r\cos\phi}{r\sin\phi} \partial_\theta, \tag{7.11}$$

$$\theta^3 := \frac{1}{b + r\cos\phi} dr \qquad e_3 := (b + r\cos\phi)\partial_r \tag{7.12}$$

은 단위 직교 1-형식 틀장과 쌍대 단위 직교 벡터 틀장이다.

7.6.1.1 레비-치비타 접속을 이용한 계산

이제 리 괄호를 구한다. 간단한 계산에 의하면 $[e_2, e_3] = \frac{b}{r} e_2$,

$$[e_1, e_2] = -\frac{r + b\cos\phi}{r\sin\phi} e_2, \qquad [e_1, e_3] = \frac{b}{r} e_1 - \sin\phi e_3.$$

그러고 나서 단위 직교 벡터 틀장에 대한 코줄의 공식 (4.4)를 이용해서 접속 $\nabla_{e_i} e_3$ (단 $i = 1, 2$)를 구한다.

$$\langle \nabla_{e_1} e_3, e_1 \rangle = \langle \nabla_{e_2} e_3, e_2 \rangle = \frac{b}{r}, \quad \langle \nabla_{e_1} e_3, e_2 \rangle = \langle \nabla_{e_2} e_3, e_1 \rangle = 0.$$

따라서

$$S(e_1) = -\nabla_{e_1} e_3 = -\frac{b}{r} e_1, \qquad S(e_2) = -\nabla_{e_2} e_3 = -\frac{b}{r} e_2.$$

그러면

$$[S]_{\mathscr{B}} = -\frac{b}{r} \begin{pmatrix} 1 & 0 \\ 0 & 1 \end{pmatrix}.$$

따라서

$$H = -\frac{b}{r}, \qquad K_{ext} = \frac{b^2}{r^2}.$$

특별히 $b = 0$이면 이 곡면의 평균 곡률, 외재적 가우스 곡률 모두 0임을 볼 수 있다. 이 곡면은 사실 모양연산자가 0인데, 즉 임의의 벡터 v에 대하여 $S(v) = 0$인데, 이렇게 모양연산자가 0인 곡면을 완전히 곧은면 (totally geodesic surface)이라 한다. 유클리드 공간에서는 평면이 완전히 곧은면이다. $b = r$이면 이 곡면의 평균 곡률은 -1, 외재적 가우스 곡률은 1임을 볼 수 있다. 이 곡면은 극한구 (horosphere)다.

7.6.1.2 1-형식 틀장을 이용한 계산

(7.10)에 주어진 1-형식 틀장 θ에 대한 접속 행렬을 계산하면 다음과 같다.

$$\omega = \begin{pmatrix} 0 & (\frac{b}{r}\cot\phi + \csc\phi)\theta^2 & \sin\phi\theta^3 - \frac{b}{r}\theta^1 \\ (-\frac{b}{r}\cot\phi - \csc\phi)\theta^2 & 0 & -\frac{b}{r}\theta^2 \\ \frac{b}{r}\theta^1 - \sin\phi\,\theta^3 & \frac{b}{r}\theta^2 & 0 \end{pmatrix}.$$

따라서 곡면의 접벡터에 대해 $\omega_1^3 = -\frac{b}{r}\theta^1$, $\omega_2^3 = -\frac{b}{r}\theta^2$. 그러므로

$$[S]^{\star}_{\mathscr{B}^\star} = -\frac{b}{r} \begin{pmatrix} 1 & 0 \\ 0 & 1 \end{pmatrix}.$$

따라서 결론이 나온다.

7.6.2 반공간 모델에서 선형 방정식으로 주어진 곡면

여기서는 쌍곡 공간 $\frac{dx^2+dy^2+dz^2}{z^2}$에서 일차방정식을 만족시키는 x, y, z들로 이루어진 곡면의 곡률을 계산해 보자. 상수 $a^2+b^2=1$을 만족시키는 실수 a, b, e, f, g에 대하여

$$X(u, v, w) := (u+e, av-bw+f, bv+aw+g) = (x, y, z)$$

를 생각하자. 이러면 u, v, w는 쌍곡 공간에 대한 새로운 좌표계가 되고 $w = -by+az+bf-ag$여서 w가 상수면 그 상은 유클리드적으로 평면처럼 생겼다. 그리고 $\frac{dx^2+dy^2+dz^2}{z^2}$을 X로 당겨온 계량기는 다음과 같다.

$$ds^2 = (\theta^1)^2 + (\theta^2)^2 + (\theta^3)^2.$$

단 $f(u, v, w) := bv + aw + g$라 할 때

$$\theta^1 := \frac{du}{f(u,v,w)}, \quad \theta^2 := \frac{dv}{f(u,v,w)}, \quad \theta^3 := \frac{dw}{f(u,v,w)}. \tag{7.13}$$

다음은 단위 직교 벡터 틀장이다.

$$e_1 = f(u,v,w)\partial_u, \quad e_2 = f(u,v,w)\partial_v, \quad e_3 = f(u,v,w)\partial_w.$$

7.6.2.1 레비-치비타 접속을 이용한 계산

간단한 계산에 의하여 다음을 알 수 있다.

$$[e_1, e_2] = -be_1, \quad [e_1, e_3] = -ae_1, \quad [e_2, e_3] = be_3 - ae_2.$$

이제 단위 직교 벡터 틀장에 대한 코줄 공식에 의하여 다음을 얻는다.

$$\langle \nabla_{e_1} e_3, e_1 \rangle = \langle \nabla_{e_2} e_3, e_2 \rangle = -a, \quad \langle \nabla_{e_1} e_3, e_2 \rangle = \langle \nabla_{e_2} e_3, e_1 \rangle = 0.$$

따라서

$$S(e_1) = -\nabla_{e_1} e_3 = ae_1, \qquad S(e_2) = -\nabla_{e_2} e_3 = ae_2.$$

그러면

$$[S]_{\{e_1,e_2\}} = \begin{pmatrix} a & 0 \\ 0 & a \end{pmatrix}.$$

따라서

$$H = a, \qquad K_{ext} = a^2.$$

7.6.2.2 1-형식 틀장을 이용한 계산

1-형식 틀장을 이용해서 계산해 보자. 이제 (7.13)에 대한 접속 행렬을 계산하면 다음을 얻는다.

$$\omega = \begin{pmatrix} 0 & b\theta^1 & a\theta^1 \\ -b\theta^1 & 0 & a\theta^2 - b\theta^3 \\ -a\theta^1 & b\theta^3 - a\theta^2 & 0 \end{pmatrix}.$$

따라서 이 곡면에서는

$$\omega_1^3 = a\theta^1, \qquad \omega_2^3 = a\theta^2.$$

따라서

$$[S^\star]_{\mathscr{B}^\star} = \begin{pmatrix} a & 0 \\ 0 & a \end{pmatrix}.$$

그러므로

$$H = a, \qquad K_{ext} = a^2.$$

7.7 내재적 가우스 곡률과 외재적 가우스 곡률 간의 관계

3차원 공간 M^3 에 있는 곡면 S^2 의 K_{int} 와 K_{ext} 사이의 관계를 알아보자. 이를 위해 먼저 이해해야 할 것은 공간 M^3 의 접속 ∇ 와 그걸 곡면 S^2 로 당겨온 곡면의 접속 $\bar{\nabla}$ 사이의 관계다. 사실은 곡면의 접벡터장 X, Y 에 대하여 $\bar{\nabla}_X Y$ 는 $\nabla_X Y$ 의 접성분이다. 이를 보는 전형적인 방법은 곡면 S^2 의 법벡터를 N, 그리고 사상 A 를

$$A(X,Y) := \langle \nabla_X Y, N \rangle$$

라 할 때 $\nabla_X Y$ 의 법성분은 $A(X,Y)N$ 이고 접성분은

$$(\nabla_X Y)^T = \nabla_X Y - A(X,Y)N$$

임을 이용하여 $(X,Y) \mapsto (\nabla_X Y)^T$ 가 당겨온 접속의 성질 (1)~(5) 를 만족시킨다는 것을 보이는 것이다. 그러면 그러한 사상의 유일성에 의하여 $\bar{\nabla}_X Y = (\nabla_X Y)^T$ 를 얻을 수 있다. 즉

$$\nabla_X Y = \bar{\nabla}_X Y + A(X,Y)N.$$

이것으로부터, X, Y, Z, W 가 곡면 S^2 의 접벡터라 할 때, 다음을 알 수 있다.

$$\begin{aligned}
\nabla_X \nabla_Y Z &= \nabla_X (\bar{\nabla}_Y Z + A(Y,Z)N) \\
&= \nabla_X \bar{\nabla}_Y Z + (\nabla_X A(Y,Z))N + A(Y,Z)\nabla_X N \\
&= \bar{\nabla}_X \bar{\nabla}_Y Z + A(X, \bar{\nabla}_Y Z)N \\
&\qquad + (\nabla_X A(Y,Z))N + A(Y,Z)\nabla_X N.
\end{aligned}$$

따라서

$$\langle \nabla_X \nabla_Y Z, W \rangle = \langle \bar{\nabla}_X \bar{\nabla}_Y Z, W \rangle + A(Y,Z)\langle \nabla_X N, W \rangle.$$

한편

$$\begin{aligned}
\langle \nabla_X N, W \rangle &= -\langle N, \nabla_X W \rangle \\
&= -\langle N, \bar{\nabla}_X W + A(X,W)N \rangle = -A(X,W).
\end{aligned}$$

따라서

$$\langle \nabla_X \nabla_Y Z, W \rangle = \langle \bar{\nabla}_X \bar{\nabla}_Y Z, W \rangle - A(Y,Z)A(X,W).$$

이제 X와 Y를 바꾸면

$$\langle \nabla_Y \nabla_X Z, W \rangle = \langle \bar{\nabla}_Y \bar{\nabla}_X Z, W \rangle - A(X, Z)A(Y, W).$$

한편

$$\begin{aligned} \langle \nabla_{[X,Y]} Z, W \rangle &= \langle \bar{\nabla}_{[X,Y]} Z, W \rangle + \langle A([X, Y], Z)N, W \rangle \\ &= \langle \bar{\nabla}_{[X,Y]} Z, W \rangle. \end{aligned}$$

이제

$$\begin{aligned} R(X, Y)Z &:= \nabla_X \nabla_Y Z - \nabla_Y \nabla_X Z - \nabla_{[X,Y]} Z, \\ \bar{R}(X, Y)Z &:= \bar{\nabla}_X \bar{\nabla}_Y Z - \bar{\nabla}_Y \bar{\nabla}_X Z - \bar{\nabla}_{[X,Y]} Z \end{aligned}$$

를 이용하면

$$\begin{aligned} \langle R(X, Y)Z, W \rangle = \langle \bar{R}(X, Y)Z, W \rangle \\ + A(X, Z)A(Y, W) - A(Y, Z)A(X, W). \end{aligned}$$

이제 곡면의 단위직교벡터기저 e_1, e_2에 대하여

$$X = Z = e_1, \qquad Y = W = e_2$$

를 대입하면 다음이 얻어진다.

$$\begin{aligned} \langle R(e_1, e_2)e_1, e_2 \rangle = \langle \bar{R}(e_1, e_2)e_1, e_2 \rangle \\ + A(e_1, e_1)A(e_2, e_2) - A(e_2, e_1)A(e_1, e_2). \end{aligned}$$

이는 다음을 의미한다.

$$K(e_1, e_2) = \bar{K}(e_1, e_2) - \det A(e_i, e_j).$$

그런데 A의 정의로부터 $A(X, Y) = -\langle Y, \nabla_X N \rangle = \langle Y, S(X) \rangle$. 따라서

$$\det A(e_i, e_j) = \det S = K_{ext}, \qquad \bar{K}(e_1, e_2) = K_{int}.$$

이로부터 다음을 얻는다.

소정리 7.7.1.

$$K_{ext} = K_{int} - K(e_1, e_2). \tag{7.14}$$

여기서 $K(e_1, e_2)$는 공간 M의 단면 곡률이다. M이 유클리드 공간인 경우 $K(e_1, e_2) = 0$, M이 쌍곡 공간인 경우 $K(e_1, e_2) = -1$, M이 3차원 구인 경우 $K(e_1, e_2) = 1$이다.

제 8 장

4차원 로렌쯔 공간의 부분공간들

8.1 4차원 로렌쯔 공간

다음과 같은 계량기를 갖춘 $\mathbb{R}^4$를 4차원 로렌쯔 공간이라 한다.

$$ds^2 = -dt^2 + dx^2 + dy^2 + dz^2.$$

4차원 로렌쯔 공간은 특수상대성 이론에서 주장하는 우리가 살고 있는 공간의 수학적 모델이다. t는 시간, x, y, z는 공간을 나타낸다. 이 공간의 비-영 (non-zero) 벡터 v를 $\langle v, v\rangle > 0$이면 공간적 벡터, $\langle v, v\rangle = 0$이면 광적 벡터, $\langle v, v\rangle < 0$이면 시간적 벡터라 한다. x, y, z에 대해 구면좌표계를 적용시키면 계량기는 다음과 같이 표현된다.

$$ds^2 = -dt^2 + dr^2 + r^2(d\theta^2 + \sin^2\theta d\phi^2).$$

로렌쯔 공간에는 여러 부분공간들이 들어 있는데 그 중 다음 6개 부분 공간은 대단히 흥미롭다.

- 3차원 유클리드 공간 $\mathbb{E}^3 := \{(t, x, y, z) \in \mathbb{L}^4 : t = 0\}$,
- 3차원 로렌쯔 공간 $\mathbb{L}^3 := \{(t, x, y, z) \in \mathbb{L}^4 : z = 0\}$,
- 3차원 등방 공간 $\mathbb{I}^3 := \{(t, x, y, z) \in \mathbb{L}^4 : x = t\}$,
- 3차원 쌍곡 공간
  $\mathbb{H}^3(-1) := \{(t, x, y, z) \in \mathbb{L}^4 : x^2 + y^2 + z^2 - t^2 = -1, t > 0\}$,
- 3차원 더시터르 공간
  $\mathbb{S}^3_1(1) := \{(t, x, y, z) \in \mathbb{L}^4 : x^2 + y^2 + z^2 - t^2 = 1\}$,
- 3차원 광원뿔 공간
  $\mathbb{Q}^3 := \{(t, x, y, z) \in \mathbb{L}^4 : x^2 + y^2 + z^2 - t^2 = 0\}$.

이 중 $\mathbb{E}^3$ 과 $\mathbb{H}^3(-1)$ 은 리만 다양체, $\mathbb{L}^3$ 와 $\mathbb{S}^3_1(1)$ 은 로렌쯔 다양체, $\mathbb{I}^3$ 와 $\mathbb{Q}^3$ 은 등방 다양체다. $\mathbb{S}^3_1(1)$ 은 반지름이 1인 구, $\mathbb{H}^3(-1)$ 은 반지름이 i 인 구의 반, $\mathbb{Q}^3$ 은 반지름이 0인 구다.

개인적으로 이 공간들을 좋아하는 이유는, 이 여섯공간에는, 아니 $\mathbb{L}^4$ 까지 표함한 일곱 공간에는 엔네퍼-바이에르스트라스 표현식이라는 극소곡면이나 항등평균곡률1 곡면을 만들어낼 수 있는 매우 흥미로운 방법이 있다는 것이다. 곡면론을 전개하고자 하면 많은 곡면이 있어야 할 텐데 엔네퍼-바이에르스트라스 표현식을 통해서 많은 흥미로운 곡면을 만들어 낼 수 있다.

편의상 t 를 x^0, 그리고 x, y, z 를 x^1, x^2, x^3 으로 나타내기도 한다.

8.2 4차원 로렌쯔 공간과 2×2 에르미트 행렬 집합

원소가 복소수인 정방행렬 중 다음 관계식을 만족시키는 행렬을 에르미트 행렬이라고 한다.

$$X^\star := \bar{X}^T = X.$$

임의의 2×2 에르미트 행렬은 다음과 같이 나타낼 수 있다.

$$X = \begin{pmatrix} x^0 + x^3 & x^1 + ix^2 \\ x^1 - ix^2 & x^0 - x^3 \end{pmatrix} = x^i e_i$$

단 여기서 x^i 는 실수고

$$e_0 := \begin{pmatrix} 1 & 0 \\ 0 & 1 \end{pmatrix}, e_1 := \begin{pmatrix} 0 & 1 \\ 1 & 0 \end{pmatrix}, e_2 := \begin{pmatrix} 0 & i \\ -i & 0 \end{pmatrix}, e_3 := \begin{pmatrix} 1 & 0 \\ 0 & -1 \end{pmatrix}. \tag{8.1}$$

이제 이 행렬을 (x^0, x^1, x^2, x^3) 과 동일시하면 $\mathbb{L}^4$ 와 모든 2×2 에르미트 행렬들의 집합 $\mathscr{Herm}(2)$ 는 일대일대응된다. 그런데

$$-\det X = -(x^0)^2 + (x^1)^2 + (x^2)^2 + (x^3)^2 = \langle X, X \rangle$$

이므로 다음을 알 수 있다.

$$\langle X, Y\rangle = -\tfrac{1}{4}\left(\det\left(X+Y\right) - \det\left(X-Y\right)\right).$$

이제 임의의 2×2 복소행렬 A에 대하여 $AXA^\star$가 다시 에르미트 행렬인 것은 쉽게 알 수 있다. 원소가 복소수이면서 행렬식이 1인 모든 2×2 행렬들의 집합을 $\mathbf{SL}(2,\mathbb{C})$라 하자. $A\in\mathbf{SL}(2,\mathbb{C})$면 $\det\left(AXA^\star\right) = \det X$ 이므로 $\mathbf{SL}(2,\mathbb{C})$는 $\mathscr{Herm}(2)$에 등장적으로 작용한다. 즉 $X\mapsto AXA^\star$는 등장사상이다.

8.3 4차원 로렌쯔 공간의 등장사상

어떤 공간의 구조를 알고자 할 때 등장사상은 가장 먼저 알아야 하는 것 중의 하나다. ϵ이 대각원소가 $1, 1, 1, -1$인 대각행렬일 때 $M^T\epsilon M = \epsilon$인 M과 4×1 벡터 B에 대하여 다음은 $\mathbb{L}^4$의 등장사상이 된다.

$$f(X) = MX + B.$$

그런데 4차원 로렌쯔 공간을 $\mathscr{Herm}(2)$로 보면 등장사상이 매우 재미있어진다. 예를 들어 다음 $\mathbf{SL}(2,\mathbb{C})$ 행렬들을 생각해 보자.

$$A_1 := \begin{pmatrix}\cos\frac{\theta}{2} & -\sin\frac{\theta}{2}\\ \sin\frac{\theta}{2} & \cos\frac{\theta}{2}\end{pmatrix},\ A_2 := \begin{pmatrix}\cosh\frac{\theta}{2} & \sinh\frac{\theta}{2}\\ \sinh\frac{\theta}{2} & \cosh\frac{\theta}{2}\end{pmatrix},\ A_3 := \begin{pmatrix}1 & \theta\\ 0 & 1\end{pmatrix}.$$

이러면 $X\in\mathscr{Herm}(2)$에 대하여 $f_i(X) := A_iXA_i^\star$라 할 때

$$f_1(X) = \begin{pmatrix} x^0 - x^1\sin\theta + x^3\cos\theta & x^1\cos\theta + x^3\sin\theta + ix^2\\ x^1\cos\theta + x^3\sin\theta - ix^2 & x^0 + x^1\sin\theta - x^3\cos\theta\end{pmatrix}$$

이며 이는 x^1x^3-평면의 회전이고 고정된 X에 대하여 θ가 변할 때 그 궤적은 원이다.

$$f_2(X) = \begin{pmatrix} x^0\cosh\theta + x^1\sinh\theta + x^3 & x^0\sinh\theta + x^1\cosh\theta + ix^2\\ x^0\sinh\theta + x^1\cosh\theta - ix^2 & x^0\cosh\theta + x^1\sinh\theta - x^3\end{pmatrix}$$

이며 이는 x^0x^1-평면의 회전이고 고정된 X에 대하여 θ가 변할 때 그 궤적은 쌍곡선의 한 가지다.

$$f_3(X) = \begin{pmatrix} x^0 + x^3 + 2x^1\theta + (x^0 - x^3)\theta^2 & x^1 + (x^0 - x^3)\theta + ix^2 \\ x^1 + (x^0 - x^3)\theta - ix^2 & x^0 - x^3 \end{pmatrix}$$

이며 고정된 X에 대하여 θ가 변할 때 그 궤적은 평면 $y^2 = x^2, y^0 - y^3 = x^0 - x^3$에 있는 포물선이다. f_3 또한 회전의 한 가지다.

8.4 3차원 유클리드 공간

e_0과 수직인 벡터들, 또는 마찬가지로 $t = 0$인 점들, 로 이루어진 $\mathbb{L}^4$의 부분공간은 $\mathbb{E}^3$과 같다. $\mathbb{E}^3$을 이렇게 보면 $\mathbb{E}^3$에 대한 재미있는 구조를 하나 알 수 있다.

소정리 8.4.1. $a_1, a_2, a_3, \theta \in \mathbb{R}$, $a_1^2 + a_2^2 + a_3^2 = 1$에 대하여

$$F := \cos\tfrac{\theta}{2}e_0 + i\sin\tfrac{\theta}{2}(a_1e_1 + a_2e_2 + a_3e_3)$$

라고 하면 $F \in \mathbf{SU}(2)$고

$$X \in \mathbb{E}^3 \mapsto Y = FXF^\star \in \mathbb{E}^3$$

는 $\mathbb{E}^3$에서 (a_1, a_2, a_3)를 축으로 하여 오른손 법칙을 따라 X를 θ만큼 회전시키는 변환이다.

김영욱·고성은[4]은 $\mathbb{E}^4$의 구조를 사원수로 대응시켜 이와 매우 유사한 성질을 증명하고 있는데 그 증명을 조금만 수정하면 이 사실을 보일 수 있다. 이는 $\mathbf{SU}(2)$가 $\mathbf{SO}(3)$의 이중 피복이라는 것의 근본적 이유인데 양자역학에서 말하는 입자의 스핀 구조라는 것과 매우 밀접한 관련이 있다. 또한 이를 이용하여 곡면의 스핀 변환이라는 것을 논할 수 있다.

8.5 3차원 로렌쯔 공간

$$x^0 = t,\ x^1 = x,\ x^2 = 0,\ x^3 = y$$

라고 하자. 그러면 당겨온 계량기는

$$ds^2 = dx^2 + dy^2 - dt^2$$

이 된다.

8.5.1 외적

여기에는 두 벡터의 곱을 생각할 수 있다.

$$(x_0, y_0, t_0) \times (x_1, y_1, t_1) = \begin{vmatrix} i & j & -k \\ x_0 & y_0 & t_0 \\ x_1 & y_1 & t_1 \end{vmatrix}.$$

이를 시각화하고 싶으면 먼저 $\mathbb{E}^3$의 곱을 생각한 다음 그걸 xy-평면에 대하여 대칭시키면 된다.

소정리 8.5.1. $u \times v$는 u, v 모두에 대하여 수직이다.

8.5.2 로렌쯔 공간의 직선

임의의 p와 v (단 $\langle v, v\rangle = -1$ 또는 1 또는 0)에 대하여 다음 곡선

$$\gamma(s) := p + s\,v$$

은 곧은선이다.

8.5.3 로렌쯔 공간의 직선에 대한 회전

$p = (0,0,0)$, $v_T = (0,0,1)$, $v_S = (0,1,0)$, $v_L = (0,1,1)$이라 하자. 직선 $\gamma_T(s) = p + v_T s$ 에 대한 회전은 다음

$$(x, y, t) \mapsto (\cos\phi\, x + \sin\phi\, y, -\sin\phi\, x + \cos\phi\, y, t). \tag{8.2}$$

과 같으며 유클리드 회전과 같아 보인다. 직선 $\gamma_S(s) = p + v_S s$에 대한 회전은 다음과 같다.

$$(x, y, t) \mapsto (\cosh\phi\, x + \sinh\phi\, t, y, \sinh\phi\, x + \cosh\phi\, t). \tag{8.3}$$

직선 γ_L에 대한 회전은 조금 생뚱맞게 보인다.

$$\begin{pmatrix} x \\ y \\ t \end{pmatrix} \mapsto \begin{pmatrix} 0 & -1 & 1 \\ \theta & 1 - \frac{\theta^2}{2} & \frac{\theta^2}{2} \\ \theta & -\frac{\theta^2}{2} & 1 + \frac{\theta^2}{2} \end{pmatrix} \begin{pmatrix} x \\ y \\ t \end{pmatrix} \tag{8.4}$$

검사해 보면 $y - t$의 값이 변하지 않는다. 그런데 $\mathbb{L}^3$을 에르미트 모델로 보는 $\mathbb{L}^4$의 부분공간으로 보면 이는 다음과 같이 간편하게 쓰여진다.

$$\begin{pmatrix} t + y & x \\ x & t - y \end{pmatrix} \mapsto \begin{pmatrix} 1 & \theta \\ 0 & 1 \end{pmatrix} \begin{pmatrix} t + y & x \\ x & t - y \end{pmatrix} \begin{pmatrix} 1 & \theta \\ 0 & 1 \end{pmatrix}^{\star}.$$

(8.2), (8.3), (8.4)로 한 점을 돌리면 유클리드 적으로 각각 (타)원, 쌍곡선, 포물선이 얻어진다. 따라서 (8.2), (8.3), (8.4)를 각각 타원 회전, 쌍곡회전, 포물회전이라 한다.

8.6 3차원 등방 공간

임의의 실수 k에 대하여

$$\mathbb{I}^3_k := \{(x^0, x^1, x^2, x^3) \in \mathbb{L}^4 : x^0 - x^3 = k\}$$

를 등방 공간이라고 한다. 이 공간이 $\mathbb{L}^4$로부터 물려받는 계량기는

$$\begin{aligned} ds^2 &= -(dx^0 - dx^3)(dx^0 + dx^3) + (dx^1)^2 + (dx^2)^2 \\ &= (dx^1)^2 + (dx^2)^2 \end{aligned}$$

인데 이건 리만 계량기도 아니고 로렌쯔 계량기도 아니다. 더군다나 이 계량기는 이 공간의 모든 것을 결정하지 못한다. 이게 무슨

소리냐 하면 $\mathbb{E}^3$ 나 $\mathbb{L}^3$ 에 대해선 그 계량기에 의해서 기하가, 특히 등장사상이 완전히 결정되는데 $\mathbb{I}^3_k$ 에 대해선 계량기가 등장사상을 완전히 결정하지 못한다. 예를 들어 임의의 매끄러운 이변수 함수 $f = f(x^1, x^2)$ 에 대하여 다음 사상

$$(x^0, x^1, x^2, x^3) \mapsto (x^0 + f(x^1, x^2), x^1, x^2, x^3 + f(x^1, x^2))$$

은 공간과 계량기를 모두 보존하지만 이것을 등장사상이라고 볼 수는 없다. $\mathbb{E}^3$ 와 $\mathbb{I}^3$ 의 등장사상처럼 $\mathbb{I}^3$ 의 등장사상도 아핀변환일 것이다. 사실 $\mathbb{I}^3_k$ 의 등장사상은 $\mathbb{L}^4$ 의 등장사상 중 $\mathbb{I}^3_k$ 를 보존하는 것으로 보는 것이 타당하다. $\mathbb{I}^3_k$ 에 대한 공부의 시작은 이 공간의 등장사상을 분명히 하는 것으로 시작한다.

8.6.1 준비

$\mathbb{I}^3_k$ 의 기하를 들여다 볼 때는 (8.1)의 e_i 보다 다음을 이용하는 게 좋다.

$$f_0 := \tfrac{1}{2}(e_0 - e_3), \quad f_1 := e_1, \quad f_2 := e_2, \quad f_3 := \tfrac{1}{2}(e_0 + e_3).$$

소정리 8.6.1.

$$-2f_0 \cdot f_3 = -2f_3 \cdot f_0 = f_1 \cdot f_1 = f_2 \cdot f_2 = 1$$

그리고 다른 모든 i, j 에 대해 $f_i \cdot f_j = 0$. 만약

$$Y := a_0 f_0 + a_1 f_1 + a_2 f_2 + a_3 f_3$$

면

$$a_0 = -2f_3 \cdot Y, \quad a_1 = f_1 \cdot Y, \quad a_2 = f_2 \cdot Y, \quad a_3 = -2f_0 \cdot Y.$$

증명은 단순한 계산이므로 생략한다. 이러면

$$\mathbb{I}^3_k = \{kf_0 + af_1 + bf_2 + cf_3 : a, b, c \in \mathbb{R}\}.$$

$\mathbb{L}^4$ 의 계량기는 $-d(x^0 - x^3)d(x^0 + x^3) + (dx^1)^2 + (dx^2)^2$ 이므로 $\mathbb{I}^3_k$ 의 계량기는 $(dx^1)^2 + (dx^2)^2$ 이다. $\mathbb{I}^3_k$ 에 편의상 다음 좌표를 도입한다.

$$x = x^1, \quad y = x^2, \quad \ell = x^0 + x^3.$$

이러면

$$\begin{pmatrix} c & a+ib \\ a-ib & k \end{pmatrix} = kf_0 + af_1 + bf_2 + cf_3 \Leftrightarrow (x, y, \ell) = (a, b, c).$$

8.6.2 $\mathbb{I}^3_k$ 의 등장사상

$\begin{pmatrix} a & b \\ c & d \end{pmatrix}$ 로 주어지는 등장사상에 의한 X 의 상을 Y 라 하자. 즉

$$\begin{pmatrix} y^0 + y^3 & y^1 + iy^2 \\ y^1 - iy^2 & y^0 - y^3 \end{pmatrix} = \begin{pmatrix} a & b \\ c & d \end{pmatrix} \begin{pmatrix} x^0 + x^3 & x^1 + ix^2 \\ x^1 - ix^2 & x^0 - x^3 \end{pmatrix} \begin{pmatrix} \bar{a} & \bar{c} \\ \bar{b} & \bar{d} \end{pmatrix}.$$

이러면 어떤 A_0, A_1, A_2, A_3 에 대하여 $(y^0 - y^3) - (x^0 - x^3) = A_0x^0 + A_1x^1 + A_2x^2 + A_3x^3$ 인데 이것이 $x^0 - x^3 = k$ 인 모든 x^0, x^1, x^2, x^3 에 대해 0 이라 하면 이는 $A_0 = A_1 = A_2 = A_3 = 0$ 이라는 네 방정식을 준다. 그런데 그 네 식은 다음과 같이 정리된다.

$$1 = |c|^2 + |d|^2, \quad -1 = |c|^2 - |d|^2, \quad c\bar{d} - \bar{c}d = 0, \quad \bar{c}d - c\bar{d} = 0.$$

여기에다가 $ad - bc = 1$ 을 더하면 다음을 얻는다.

$$F = \begin{pmatrix} a & b \\ c & d \end{pmatrix} = \begin{pmatrix} e^{i\theta} & \mu + i\nu \\ 0 & e^{-i\theta} \end{pmatrix} \qquad \mu, \nu, \theta \in \mathbb{R}.$$

이렇게 생긴 모든 행렬들의 집합을 $\mathcal{G}$ 라고 하자.

$$\mathcal{G} := \{F \in \mathbf{SL}(2, \mathbb{C}) : F = \begin{pmatrix} e^{i\theta} & \mu + i\nu \\ 0 & e^{-i\theta} \end{pmatrix}, \qquad \mu, \nu, \theta \in \mathbb{R}.\}$$

$\mathcal{G}$ 는 군이 된다.

소정리 8.6.2. $F \in \mathbf{SL}(2,\mathbb{C})$에 대하여 $Ff_3F^\star = f_3$인 것은 $F \in \mathcal{G}$이기 위한 필요충분조건이다.

증명은 쉬우므로 생략한다. 임의의 $F \in \mathcal{G}$와 임의의 $A \in \mathcal{H}erm(2)$에 대하여 다음 사상

$$\mathbb{I}_k^3 \ni X \mapsto Y := F(X-A)F^\star + A$$

은 $\mathbb{I}_k^3$를 $\mathbb{I}_k^3$로 보내는 등장사상이다. 만약

$$X = kf_0 + x_1f_1 + x_2f_2 + \ell f_3, \tag{8.5}$$

$$A = mf_0 + a_1f_1 + a_2f_2 + a_3f_3 \tag{8.6}$$

이라고 하면 X의 궤적

$$Orbit_A(X) := \{F(X-A)F^\star + A : F \in \mathcal{G}\}$$

의 임의의 점 $\begin{pmatrix} y_0+y_3 & y_1+iy_2 \\ y_1-iy_2 & y_0-y_3 \end{pmatrix}$는 다음을 만족시킨다.

$$(k-m)(y_0+y_3-\ell) = (y_1-a_1)^2 + (y_2-a_2)^2 - (a_1-x_1)^2 - (a_2-x_2)^2. \tag{8.7}$$

만약 $m = k$면 즉 $A \in \mathbb{I}_k^3$면 $Orbit_A(X)$는 원통이거나 직선이다. 만약 $m \neq k$면 즉 $A \notin \mathbb{I}_k^3$면 $Orbit_A(X)$는 회전포물면이다.

$\det(Y-A) = \det(X-A) =$ 상수이므로 Y는 A를 중심으로 하는 $\mathbb{L}^4$의 3차원 구에 있다. 따라서 $Orbit_A(X)$는 $\mathbb{L}^4$의 3차원 구와 $\mathbb{I}_k^3$의 공통부분이다.

참고 8.6.1. $\mathcal{G}$는 3차원이어 사상 $X \mapsto F(X-A)F^\star + A$에 대해서 총 7개의 자유 매개변수가 있는 것처럼 보인다. 그러나 여기에는 총 6개의 자유 매개변수가 있다. 왜냐 하면 $A = a_0f_0 + a_1f_1 + a_2f_2 + a_3f_3$일 때 $A' = A - a_3f_3$이라 하면

$$F(X-A)F^\star + A = F(X-A')F^\star + A'$$

이기 때문에 한 차원을 줄여야 한다. 이는 $\mathbb{E}^3$, $\mathbb{L}^3$의 등장사상군이 6차원이라는 것과 일맥상통한다.

8.6.3 $\mathbb{I}_k^3$의 단위구

$\mathbb{I}^3$에서 한 점으로부터 거리가 같은 점들의 집합을 생각해 보면 그 집합은 원통처럼 생겼다. 그런데 이렇게 구를 정의하면 가우스 사상이 잘 정의되지 않는다. 다행히 위 정의가 아니라 다른 방법으로 구를 정의할 수 있다. 차원을 낮춰 평면에서 원을 생각해 보면 원점으로부터 거리가 같은 점들의 집합은 원점에 대한 회전으로 한 점을 돌린 궤적과 같다. $\mathbb{E}^3, \mathbb{L}^3$에서도 원점을 고정시키는 등장사상들로 한 점을 움직인 궤적이 구면이 된다. $\mathbb{I}^3$에서도 같은 방법으로 구면을 정의할 수 있다. 이미 앞 마디에서 $\mathbb{I}^3$의 등장사상에 대해서 자세히 알아보았으므로 이것은 가능하다. 그에 따르면 $\mathbb{I}^3$의 구면은 포물 회전면처럼 생겼는데 이 마디에서는 그걸 자세히 알아보자.

$\mathbb{I}_k^3$를 벡터 공간으로 생각하고자 할 때는 점 $kf_0 \in \mathbb{I}_k^3$을 원점으로 하자. kf_0는 $(x, y, \ell) = (0, 0, 0)$에 해당한다. 이제 (8.5), (8.6)에서

$$a_1 = a_2 = x_1 = x_2 = 0, m = k - 2, x_0 + x_3 = 1.$$

즉

$$X = kf_0 + f_3 \in \mathbb{I}_k^3, \quad A = (k-2)f_0 + a_3 f_3 \in \mathcal{Herm}(2) \setminus \mathbb{I}_k^3$$

(단 a_3은 임의의 상수)을 택하여 얻어지는 $Orbit(X)$를 $\mathbb{I}_k^3$의 단위구로 하고 이를 S로 나타낸다. 그러면

$$Y \in S \quad \Longrightarrow \quad y_0 + y_3 = \frac{1}{2}(y_1^2 + y_2^2) + 1.$$

만약 $a_3 = 1$이면 $X - A = 2f_0$. 이 모든 것의 결론은, 단위구 S의 임의의 점은

$$F(2f_0)F^\star + (k-2)f_0 + f_3$$

으로 얻어진다는 것이다. 이 관찰의 중요성은 소정리 8.6.3에 나타나 있다.

8.6.4 $\mathbb{I}^3_k$ 의 곡면의 가우스 사상

$\mathbb{E}^3$, $\mathbb{L}^3$ 에서 곡면의 곡률을 들여다 볼 때 가우스 사상은 매우 중요하다. $\mathbb{I}^3$ 의 곡면을 들여다 볼 때도 가우스 사상은 중요한데 $\mathbb{I}^3$ 의 곡면에 대한 가우스 사상은 그 정의가 조금 아리송한 부분이 있다. $xy\ell$-좌표계를 사용하여 서술하자면, ∂_ℓ 을 포함하지 않는 평면의 단위 법벡터는 항상 ∂_ℓ 이므로 $\mathbb{E}^3$, $\mathbb{L}^3$ 에 있는 곡면의 가우스 사상을 정의할 때처럼 $\mathbb{I}^3$ 에 있는 곡면의 가우스 사상을 정의할 수 없다.

$\mathbb{I}^3$ 에서는 가우스 사상을 다음과 같이 정의한다.

정의 8.6.1. 곡면 S^2 의 한 점 P 에 대하여 $T_P S^2$ 와 평행한 접평면을 가지는 단위구 S 의 점을 $G(P)$ 로 나타낸다. 이 대응 관계를 가우스 사상이라 하고 G 로 나타낸다.

잘 보면 이는 $\mathbb{E}^3$, $\mathbb{L}^3$ 의 가우스 사상의 성질과 일맥상통함을 알 수 있다. 이러면 평행이동을 받아들였을 때

$$T_P\,\mathrm{S}^2 = T_{G(P)}\,\mathrm{S}\,.$$

이제 구 S의 임의의 한 점에서의 접평면의 기저를 찾아보자. 앞서 구는 $Orbit(X)$ 라고 하였는데 이를 좀더 자세히 살펴보면 사실은 다음이 얻어진다.

$$S = \{Y : Y = F(X - A)F^\star + A : F \in \mathcal{G}, \quad F = F(\mu, \nu, 0)\}.$$

즉, $\mathcal{G}$ 전체가 아니라 $\mathcal{G}$ 의 일부만으로도 단위구 전체가 얻어진다. 따라서 Y_μ, Y_ν 가 T_pS 의 기저가 된다. 그런데 간단한 계산에 의하여

다음을 알 수 있다.

$$Y_\mu = F\Omega F^\star, \quad \Omega := F^{-1}F_\mu(X-A) + (X-A)(F^{-1}F_\mu)^\star,$$
$$Y_\nu = F\Lambda F^\star, \quad \Lambda := F^{-1}F_\nu(X-A) + (X-A)(F^{-1}F_\nu)^\star.$$

그리고 $X - A = 2f_0$ 일 때

$$\Omega = 2(\cos\theta f_1 - \sin\theta f_2), \quad \Lambda = 2(\sin\theta f_1 + \cos\theta f_2).$$

이로부터 알 수 있는 사실은, θ가 0부터 2π까지 변할 때 접평면이 한 바퀴 돈다는 것이다.

이를 좀더 자세히 알아보자. 주어진 $F \in \mathcal{G}$와 $A \in \mathcal{H}erm(2)$에 대하여 다음 사상을 생각하라:

$$F_A : \mathbb{I}^3_k \to \mathbb{I}^3_k, \quad F_A(X) := F(X-A)F^\star + A.$$

이러면 임의의 $s \in \mathbb{R}$에 대하여

$$F_A(A+sf_3) = F(A+sf_3-A)F^\star + A = F(sf_3)F^\star + A = sf_3 + A.$$

즉 F_A는 $\mathcal{H}erm(2)$에서 A를 지나며 f_3로 향하는 선을 보존한다. 특히 $A \in \mathbb{I}^3_k$면 F_A는 $\mathbb{I}^3_k$에 있는, A를 지나며 f_3로 향하는 선을 보존한다. 위 계산의 결과는, $F = F(u, v, \theta)$에 대하여 θ가 변할 때 이 F_A는 이 직선에 대한 회전이 된다는 것이다. 좀 더 자세히 그 식을 쓰자면 $Y = F_A(X)$라 할 때

$$\begin{aligned} y_1 + iy_2 &= a_1 + ia_2 + (k - a_0 + a_3)(\mu + i\nu)e^{i\theta} \\ &\quad - ((a_1 - x_1) + i(a_2 - x_2))e^{2i\theta}, \\ y_0 + y_3 &= x_0 + x_3 + (k - a_0 + a_3)(\mu^2 + \nu^2) \\ &\quad - 2((a_1 - x_1)\mu + (a_2 - x_2)\nu)\cos\theta \\ &\quad - 2((a_1 - x_1)\nu - (a_2 - x_2)\mu)\sin\theta. \end{aligned}$$

이제 $A \in \mathbb{I}^3_k$면

$$\begin{aligned} y_1 + iy_2 &= a_1 + ia_2 + ((x_1 - a_1) + i(x_2 - a_2))e^{2i\theta}, \\ y_0 + y_3 &= x_0 + x_3 + 2((x_1 - a_1)\mu + (x_2 - a_2)\nu)\cos\theta \\ &\quad - 2((x_1 - a_1)\nu - (x_2 - a_2)\mu)\sin\theta. \end{aligned}$$

이 식을 잘 보면 θ가 변할 때 (x_1, x_2, x_0+x_3)의 이미지 (y_1, y_2, y_0+y_3)는 수직선 $s \mapsto (a_1, a_2, s)$를 돌면서 상하로 적당히 오르내리는 것을 알 수 있다.

이로부터 다음을 알 수 있다.

정의 8.6.2. $X : D \subset \mathbb{R}^2 \to \mathbb{I}^3_k$가 공형이라 함은 다음을 만족시킴을 의미한다.

$$X_u \cdot X_u = X_u \cdot X_u \neq 0, \quad X_u \cdot X_v = 0.$$

편의상 $e^{2\sigma} = X_u \cdot X_u$라고 하자.

소정리 8.6.3. 임의의 공형곡면 $X \in \mathbb{I}^3_k$에 대하여 다음을 만족시키는 $F \in \mathbf{SL}(2, \mathbb{C})$가 단 두 개 존재한다. 하나가 F면 다른 하나는 $-F$다.

$$Ff_1F^\star = e^{-\sigma}X_u, \quad Ff_2F^\star = e^{-\sigma}X_v, \quad Ff_3F^\star = f_3, \tag{8.8}$$

$$F(2f_0)F^\star + (k-2)f_0 + f_3 = G. \tag{8.9}$$

이는 $\mathbb{I}^3$의 곡면에 대한 스핀 변환을 생각할 수 있게 해 주는데 자세한 설명은 타 문헌을 참고하라.

8.6.5 가우스 식과 바인가르텐 식

$\mathbb{I}^3_k$의 공형 곡면 X의 식이 다음과 같다고 하자:

$$X(u,v) = kf_0 + x(u,v)f_1 + y(u,v)f_2 + \ell(u,v)f_3.$$

$xy\ell$ 좌표계로 이는

$$x = x(u,v), \quad y = y(u,v), \quad \ell = \ell(u,v)$$

에 해당한다.

다음 정리는 이 곡면의 틀장을 생각할 때에 X_1, X_2, G를 이용하는 게 아니라 X_1, X_2, f_3을 이용하고자 하는 것이다.

소정리 8.6.4. 만약 $Y = aX_1 + bX_2 + cf_3 \in I_0^3$ 이면

$$a = e^{-2\sigma} X_1 \cdot Y, \quad b = e^{-2\sigma} X_2 \cdot Y, \quad c = -2f_0 \cdot Y.$$

따라서

$$Y = e^{-2\sigma}\langle X_1, Y\rangle X_1 + e^{-2\sigma}\langle X_2, Y\rangle X_2 - 2\langle f_0, Y\rangle f_3.$$

증명은 통상적인 방법으로 하면 되며 생략한다. 이를 이용하여 다음을 얻는다.

소정리 8.6.5 (가우스 식).

$$\begin{aligned} X_{11} &= +\sigma_1 X_1 - \sigma_2 X_2 + \ell_{11} f_3, \\ X_{12} &= +\sigma_2 X_1 + \sigma_1 X_2 + \ell_{12} f_3, \\ X_{22} &= -\sigma_1 X_1 + \sigma_2 X_2 + \ell_{22} f_3. \end{aligned}$$

복소좌표계로는,

$$X_{zz} = 2\sigma_z X_z + q f_3, \qquad X_{z\bar{z}} = \ell_{z\bar{z}} f_3.$$

증명 소정리 8.6.4에 의하여

$$X_{ij} = e^{-2\sigma}\langle X_1, X_{ij}\rangle X_1 + e^{-2\sigma}\langle X_2, X_{ij}\rangle X_2 - 2\langle f_0, X_{ij}\rangle f_3.$$

이제 다음과 같이 내적을 구한다.

$$\begin{aligned} f_0 \cdot X_{ij} &= f_0 \cdot (x_{ij} f_1 + y_{ij} f_2 + \ell_{ij} f_3) = -\tfrac{1}{2}\ell_{ij}, \\ X_k \cdot X_{ij} &= (X_k \cdot X_i)_j - X_{kj} \cdot X_i = (\delta_{ki} e^{2\sigma})_j - X_{kj} \cdot X_i \\ &= \delta_{ki} e^{2\sigma} 2\sigma_j - X_{kj} \cdot X_i. \end{aligned}$$

■

위 가우스 식을 $\mathbb{E}^3$, $\mathbb{L}^3$ 의 곡면에 대한 가우스 식과 비교하면 한 가지 특이한 차이가 있음을 알게 된다. $\mathbb{E}^3$, $\mathbb{L}^3$ 의 곡면 X 에

대하여 가우스 식을 생각할 때는 X_{ij}를 X_1, X_2, G의 선형결합으로 나타낸다. 여기서 G는 가우스 사상이다. 그러나 $\mathbb{I}^3$의 곡면 X에 대하여 X_{ij}를 X_1, X_2, G의 선형결합으로 나타내고자 하면 문제가 발생한다. 결국 G 대신 f_3을 이용하면 이론이 제대로 전개된다.

정의 8.6.3. *(공형이 아닐 수도 있는)* 곡면

$$X : \mathbb{R}^2 \supset \mathcal{U} \ni (u,v) \mapsto (x,y,\ell) \in \mathbb{I}^3$$

에 대하여

$$\begin{aligned} A_{ij} &:= -G_i \cdot X_j, & H &:= \tfrac{1}{2}e^{-2\sigma}(A_{11} + A_{22}), \\ Q &:= \tfrac{1}{4}(A_{11} - A_{22} - 2iA_{12}), & q &:= \tfrac{1}{4}(\ell_{11} - \ell_{22} - 2i\ell_{12}). \end{aligned}$$

(다시 한번 더 강조하자면 여기서 ℓ은 X의 f_3 방향으로의 성분이다.)

여기서 A는 제 2 기본형식의 계수에 해당하고 H는 평균곡률이다.

일반적으로 G_1, G_2는 G에 수직이지 않다. 그러나 가우스 사상의 정의에 의하여 G_i는 X_1과 X_2의 선형결합이다. 사실은 다음이 성립한다.

따름정리 8.6.1 (바인가르텐 식). *G_1, G_2는 X_1과 X_2의 선형결합이다. X가 공형일 때*

$$\begin{pmatrix} G_1 \\ G_2 \end{pmatrix} = -e^{-2\sigma} \begin{pmatrix} A_{11} & A_{12} \\ A_{21} & A_{22} \end{pmatrix} \begin{pmatrix} X_1 \\ X_2 \end{pmatrix}.$$

복소좌표계로는

$$\begin{aligned} G_z &= -\tfrac{1}{2}e^{-2\sigma}\left((A_{11} + A_{22})X_z + (A_{11} - A_{22} - 2iA_{12})X_{\bar{z}}\right) \\ &= -HX_z - 2e^{-2\sigma}QX_{\bar{z}}. \end{aligned}$$

증명 가우스 사상의 정의를 음미해 보면 G_1, G_2가 X_1, X_2의 선형 결합임을 알 수 있다. X가 공형인 조건에서 계수를 구해보면 위와 같이 됨을 쉽게 알 수 있다. ■

이상으로 3차원 등방 공간의 곡면론을 간략하게 살펴보았다.

8.6.6 등방 공간이라는 이름에 관하여

$\mathbb{I}^3$을 영어로는 isotropic three-space라 한다. 그런데 isotropic은 일반적으로 모든 방향으로 같다는 의미인데 $\mathbb{I}^3$은 전혀 등방적이지 않다. $xy\ell$-좌표로 말하자면 ∂_ℓ 방향은 다른 방향과 다른 특별한 방향이다. 그러면 왜 이 공간을 등방 공간이라 할까? 이 공간에 있는 곡면에 관하여 논문을 쓴 한 일본인 수학자에게 $\mathbb{I}^3$을 일본어로는 뭐라 하는가 물어 봤더니 isotropic을 일본어로는 等方的(등방적)이라 하는데 그렇다고 해서 isotropic three-space를 등방적 삼차원 공간이라 하지는 않으며 자기는 그냥 영어 이름으로 부른다고 한다. 이 책에서는 일단 등방 공간이라는 이름을 쓰고 있는데 누군가 제대로 된 이름을 만들어주기 바란다.

8.7 3차원 쌍곡 공간

8.7.1 4차원 로렌쯔 공간의 부분공간으로 보기

정의 8.7.1. $\mathbb{L}^4$로부터 물려받은 계량기를 갖춘 다음 집합

$$\mathbb{H}^3(-1) := \{(t,x,y,z) \in \mathbb{L}^4 : -t^2 + x^2 + y^2 + z^2 = -1, t > 0\}$$

을 쌍곡 공간이라 한다.

8.7.2 3차원 공으로 보기

$B_0(1) := \{(0, x, y, z) \in \mathbb{L}^4 : x^2 + y^2 + z^2 < 1\}$ 이라 하자. $S = (-1, 0, 0, 0)$ 로부터의 입체 사영

$$\pi_S(t, x, y, z) := \left(\frac{x}{1+t}, \frac{y}{1+t}, \frac{z}{1+t}\right) \tag{8.10}$$

을 이용하여 $\mathbb{H}^3(-1)$ 을 $B_0(1)$ 로 사영할 수 있다. 이 공간지도를 이용하여 $\mathbb{H}^3(-1)$ 을 $B_0(1)$ 로 생각할 수 있다. 통상적으로는 π_S 를 가지고 만든 이 한 장의 지도를 가지고 $\mathbb{H}^3(-1)$ 에서 벌어지는 일을 생각하는 것이 보통이다. $(0, x, y, z) \in \mathbb{L}^4$ 를 $(u, v, w) \in \mathbb{R}^3$ 와 동일시하면

$$B_0(1) = \{(u, v, w) : u^2 + v^2 + w^2 < 1\}.$$

문제 8.7.1. 다음 문제를 풀어 보자.

1. $\pi_S^{-1}(u, v, w) = (t, x, y, z)$ 라 할 때 t, x, y, z 를 u, v, w 의 식으로 나타내라.

2. $B_0(1)$ 에서 $\mathbb{H}^3(-1)$ 의 계량기는 다음과 같음을 증명하여라.
$$ds^2 = \frac{4(du^2 + dv^2 + dw^2)}{(1 - (u^2 + v^2 + w^2))^2}.$$

이 계량기가 갖추어진 $B_0(1)$ 을 쌍곡 공간의 포앙카레 공 모델이라 한다.

정의 8.7.2. $\mathbb{H}^3(-1)$ 의 한 점 p 에서 시작하는 $\mathbb{H}^3(-1)$ 의 모든 접벡터들의 집합을 $T_p\mathbb{H}^3(-1)$ 로 나타낸다. $T_p\mathbb{L}^4$ 는 p 에 기점을 둔 $\mathbb{L}^4$ 의 모든 벡터들의 집합이다.

8.7.3 3차원 반공간으로 보기

다음은 쌍곡 공간의 포앙카레 공 모델을 쌍곡 공간의 포앙카레 반공간 모델로 바꾸는 식이다.

$$\begin{aligned} &\text{공 모델} \ni (u,v,w) \\ &\qquad \mapsto (a,b,c) = \frac{(2u, 2v, 1-u^2-v^2-w^2)}{u^2+v^2+(w-1)^2} \in \text{반공간 모델} \end{aligned}$$

양성덕의 미분기하강의 1편 7장에 쌍곡 평면의 반평면 모델을 원반모델로 바꾸는 식이 있는데 이는 그것의 차원을 하나 높인 것이다. 이 모델에 의하면 계량기는 다음과 같다.

$$ds^2 = \frac{4(du^2+dv^2+dw^2)}{(1-(u^2+v^2+w^2))^2} = \frac{da^2+db^2+dc^2}{c^2}.$$

질문 8.7.1. 위 계량기의 식을 직접 유도하여 보아라.

질문 8.7.2. 다음은 쌍곡 공간의 포앙카레 반공간 모델을 포앙카레 공 모델로 바꾸는 식임을 보여라.

$$\begin{aligned} &\text{반공간 모델} \ni (a,b,c) \\ &\qquad \mapsto (u,v,w) = \frac{(2a, 2b, a^2+b^2+c^2-1)}{a^2+b^2+(c+1)^2} \in \text{공 모델} \end{aligned}$$

8.7.4 리 군으로 보기

쌍곡 공간을 리 군으로 보는 방법이 §9.2에 소개되어 있다.

8.7.5 쌍곡 공간의 곧은선

이제 쌍곡 공간의 곧은선에 대하여 알아보자. 쌍곡 공간의 여러 모델 어느 것을 택하더라도 궁극적으로는 같은 결과가 나와야 하지만 곧은선을 결정하는 문제에 있어서는 쌍곡 공간을 4차원 로렌쯔 공간의 3차원 단위 허구로 보는 방법이 제일 좋다. 4차원 유클리드 공간에 있는 3차원 구의 곧은선이 원점을 지나는 2차원 평면과 3차원 구의 교점이 된다는 것을 이해하면 쌍곡 공간의 곧은선도 그렇게 얻어진다는 것을 짐작할 수 있는데 사실 그렇다. 임의의 점 $p \in \mathbb{H}^3(-1)$와 임의의 접벡터 $v_p \in T_p\mathbb{H}^3(-1)$에 대하여 다음 곡선을 생각하라.

$$\gamma(s) = \cosh s\, p + \sinh s\, v_p, \qquad \text{단 } \langle v_p, v_p \rangle = 1.$$

이러면, $\langle p, p \rangle = -1$, $\langle p, v_p \rangle = 0$임도 이용하여,

$$\langle \gamma(s), \gamma(s) \rangle = -1, \quad \forall s$$

이기 때문에 γ는 $\mathbb{H}^3(-1)$의 곡선이다. 더군다나

$$\ddot{\gamma}(s) = \gamma(s),$$

따라서 $\ddot{\gamma}(s)$의 접성분은 0 벡터다. 따라서 γ는 곧은선이다. 점과 방향이 주어지면 곧은선은 유일하게 결정되므로 결과적으로 쌍곡 공간의 모든 곧은선을 찾았다.

γ는 p 그리고 v_p의 선형결합이므로 γ는 원점과 p 그리고 v_p를 포함하는 2차원 평면 Π에 들어 있다. 따라서 γ는 쌍곡 공간과 Π의 교선이다.

질문 8.7.3. 쌍곡 공간의 공 모델과 반 공간 모델 각각에서는 곧은선이 어떻게 생겼는지 조사하여라.

8.7.6 쌍곡 공간의 평행이동과 회전

쌍곡 공간에서 한 직선을 고정하라. 그러면 그 직선에 대한 회전과 그 직선을 따라가는 평행이동이라는 것이 있을까? 있다면 어떻게 생겼을까? 편의상 그 직선이 $p = e_0$을 지나고 $v_p = e_3$ 방향으로 향한다고 하자. 그러면

$$\gamma : \quad x^0 = \cosh s, \quad x^1 = 0, \quad x^2 = 0, \quad x^3 = \sinh(s)$$

가 곧은선의 식이다. 그러면 x^1x^2 평면의 회전은 이 곧은선을 움직이지 않는 $\mathbb{L}^4$의 회전이며 따라서 쌍곡 공간에서도 γ에 대한 회전이다. 즉 다음 사상

$$(x^0, x^1, x^2, x^3) \mapsto (x^0, x^1\cos\phi + x^2\sin\phi, x^2\cos\phi - x^1\sin\phi, x^3)$$

은 γ에 대한 회전이다.

γ를 따라가는 평행이동은 어떻게 생겼을까? 이는 위 γ가 사실은 점 $(x^0, x^1, x^2, x^3) = (1, 0, 0, 0)$을 x^0x^3 평면에 대한 회전으로 돌려서 얻어졌다는 것을 관찰함으로써 알 수 있다. 즉

$$(x^0, x^1, x^2, x^3) \mapsto (x^0\cosh t + x^1\sinh t, x^1, x^2, x^3\cosh t + x^0\sinh t)$$

이 γ를 따라가는 평행이동이다. 이 둘을 합성하면 나선운동이 얻어진다.

질문 8.7.4. 임의의 곧은선에 대한 회전과 평행이동, 나선운동은 어떻게 되는가?

8.8 3차원 더시터르 공간

3차원 더시터르 공간은 다음이다.

정의 8.8.1.

$$\mathbb{S}^3_1(1) := \{(t, x, y, z) \in \mathbb{L}^4 : -t^2 + x^2 + y^2 + z^2 = 1\}.$$

8.8.1 더시터르 공간의 시각화

이 공간을 다음과 같이 볼 수 있다. 사실 이 방법은 더시터르 공간 $\mathbb{S}^3_1(1) \subset \mathbb{L}^4$과 쌍곡 공간 $\mathbb{H}^3(-1) \subset \mathbb{L}^4$을 한꺼번에 보는 방법이

다. 먼저 중심 $(t, x, y, z) = (0, 0, 0, 0)$ 으로부터의 중심사영 π_C 를 이용하여 $\mathbb{S}^3_1(1)$ 과 $\mathbb{H}^3(-1)$ 을 다음 의구

$$\mathbb{S}^3(1) := \{(t, x, y, z) \in \mathbb{L}^4 : t^2 + x^2 + y^2 + z^2 = 1\}$$

로 보낸 후 다시 (8.10)에 주어진 $\mathbb{L}^4 \setminus \{t = -1\}$ 를 $t = 0$ 으로 사영시키는 입체사영 π_S 를 이용하여 초평면 $t = 0$ 으로 보낸다. 그러면 $\mathbb{S}^3_1(1)$ 은

$$\pi_S \circ \pi_C(t, x, y, z) = \frac{(0, x, y, z)}{t + \sqrt{2t^2 + 1}}$$

에 의하여

$$HB := \{(u, v, w) \in \mathbb{R}^3 : \sqrt{2} - 1 < u^2 + v^2 + w^2 < \sqrt{2} + 1\}$$

과 일대일 대응된다. $\mathbb{H}^3(-1)$ 에서 남극점을 제외한 나머지 부분은 $u^2 + v^2 + w^2 > \sqrt{2} + 1$ 인 부분과 일대일 대응된다. 이 방법은 요시다[8]에 의해 고안되었다.

8.8.2 더시터르 공간의 공형 지도

위 사상 $\Pi_2 \circ \Pi_1$ 은 더시터르 공간을 시각화하는 데는 매우 유용하지만 공간의 공형 구조를 보존하면서 더시터르 공간을 보고자 할 때는 다음과 같이 보면 좋다. $\mathbb{S}^3_1(1)$ 의 재미있는 성질 중 하나는 $t - z =$ 상수 인 3차원 초평면(hyperplane)으로 이 3차원 더시터르 공간을 자르면 2차원 회전 포물면이 된다는 것이다. 이를 쉽게 보는 방법으로는 4차원 로렌쯔 공간의 좌표를 조금 바꿔보는 것이다.

$$t + z = \alpha, \qquad t - z = \beta$$

라 하면 $\mathbb{L}^4$ 의 계량기는 $-d\alpha d\beta + dx^2 + dy^2$ 이 되고 $\mathbb{S}^3_1(1)$ 은 다음과 같다.

$$\{(\alpha, \beta, x, y) \in \mathbb{L}^4 : -\alpha\beta + x^2 + y^2 = 1\}.$$

이제 $\beta =$ 상수라 하면 그 단면은

$$\alpha = \frac{1}{\beta}(x^2 + y^2 - 1)$$

인 회전포물면이 된다. 편의상

$$y_0 := \frac{1}{\beta}, \quad y_1 := \frac{x}{\beta}, \quad y_2 := \frac{y}{\beta}$$

라 하자. 그러면

$$x = \frac{y_1}{y_0}, \quad y = \frac{y_2}{y_0}, \quad \beta = \frac{1}{y_0}, \quad \alpha = \frac{-y_0^2 + y_1^2 + y_2^2}{y_0}. \tag{8.11}$$

그러므로

$$ds^2 = -d\alpha d\beta + dx^2 + dy^2 = \frac{-dy_0^2 + dy_1^2 + dy_2^2}{y_0^2}.$$

(8.11)은 $y_0 \neq 0$을 요구하므로 $y_0 > 0$인 부분과 $y_0 < 0$인 부분으로 나누어서 생각하여야 한다. $y_0 > 0$인 부분만 생각하면 이는 더시터르 공간의 반을 덮는 지도가 된다.

8.8.3 더시터르 공간의 곧은선

이제 $\mathbb{S}_1^3(1)$의 공간적, 광적, 시간적 곧은선에 대하여 알아보자. 더시터르 공간은 4차원 로렌쯔 공간의 3차원 단위구다. 즉 더시터르 공간은 중심으로부터 거리가 1인 점들의 집합이다. 4차원 유클리드 공간에 있는 3차원 구의 곧은선이 원점을 지나는 2차원 평면과 3차원 구의 교점이 된다는 것을 이해하면 더시터르 공간의 곧은선도 그렇게 얻어진다는 것을 짐작할 수 있는데 사실 그렇다. 임의의 점 $p \in \mathbb{S}_1^3(1)$와 임의의 접벡터 $v_p \in T_p\mathbb{S}_1^3(1)$에 대하여 다음 곡선을 생각하라.

$$\begin{aligned} \gamma_T(s) &:= \cosh s\, p + \sinh s\, v_p, && \text{단 } \langle v_p, v_p \rangle = -1, \\ \gamma_S(s) &:= \cos s\, p + \sin s\, v_p, && \text{단 } \langle v_p, v_p \rangle = 1, \\ \gamma_L(s) &:= p + s\, v_p, && \text{단 } \langle v_p, v_p \rangle = 0. \end{aligned}$$

이러면 $\star \in \{T, S, L\}$ 에 대하여

$$\langle \gamma_\star(s), \gamma_\star(s) \rangle = 1, \quad \forall s \in \mathbb{R}$$

이기 때문에 $\gamma_\star$ 는 $\mathbb{S}^3(1)$ 의 곡선이다. 더군다나

$$\ddot{\gamma}_T(s) = \gamma_T(s), \quad \ddot{\gamma}_S(s) = -\gamma_S(s), \quad \ddot{\gamma}_L(s) = 0.$$

따라서 $\ddot{\gamma}_\star(s)$ 의 접성분은 모든 경우에 0 벡터다. 따라서 $\gamma_\star$ 는 곧은선이다.

$\gamma_\star$ 는 p 그리고 v_p 의 선형결합이므로 원점과 p 그리고 v_p 를 포함하는 2차원 평면 Π 에 들어 있다. 따라서 $\gamma_\star$ 는 3차원 더시터르 공간과 Π 의 교선이다.

특히 p 는 e_3 로, v_p 는 시간적 단위벡터 e_0 또는 공간적 단위벡터 e_1 또는 광적 벡터 $e_0 + e_1$ 로 택하면 다음 곧은선이 얻어진다.

$$\gamma_T(s) := \begin{pmatrix} e^s & 0 \\ 0 & -e^{-s} \end{pmatrix},$$

$$\gamma_S(s) := \begin{pmatrix} \cos s & \sin s \\ \sin s & -\cos s \end{pmatrix}, \quad \gamma_L(s) := \begin{pmatrix} s+1 & s \\ s & s-1 \end{pmatrix}.$$

8.8.4 더시터르 공간의 회전과 평행이동

다음은 위 곧은선에 대한 $\mathbb{S}^3_1(1)$ 의 회전과 이 곧은선을 따라가는 평행이동을 나타내는 행렬이다.

$$\mathcal{R}_T(\varphi) := \begin{pmatrix} e^{-i\frac{\varphi}{2}} & 0 \\ 0 & e^{i\frac{\varphi}{2}} \end{pmatrix}, \qquad \mathcal{T}_T(s) := \begin{pmatrix} e^s & 0 \\ 0 & e^{-s} \end{pmatrix},$$

$$\mathcal{R}_S(\varphi) := \begin{pmatrix} \cosh\frac{\varphi}{2} & i\sinh\frac{\varphi}{2} \\ -i\sinh\frac{\varphi}{2} & \cosh\frac{\varphi}{2} \end{pmatrix}, \quad \mathcal{T}_S(s) := \begin{pmatrix} \cos s & -\sin s \\ \sin s & \cos s \end{pmatrix},$$

$$\mathcal{R}_L(\varphi) := \begin{pmatrix} 1 - i\frac{\varphi}{2} & i\frac{\varphi}{2} \\ -i\frac{\varphi}{2} & 1 + i\frac{\varphi}{2} \end{pmatrix}, \qquad \mathcal{T}_L(s) := \begin{pmatrix} 1+s & -s \\ s & 1-s \end{pmatrix}.$$

즉 임의의 $p \in \mathbb{S}^3_1(1)$ 에 대하여 사상

$$\varphi \mapsto \mathcal{R}_\star(\varphi) \cdot p \cdot \mathcal{R}_\star(\varphi)^*$$

는 p 를 $\gamma_\star$ (단 $\star = T, S, L$) 에 대하여 회전시키고 사상

$$t \mapsto \mathcal{T}_\star(t/2) \cdot p \cdot \mathcal{T}_\star(t/2)^*$$

는 p 를 $\gamma_\star$ 를 따라 평행이동시킨다. 특히 다음이 성립한다.

$$\mathcal{T}_\star(t/2) e_3 \mathcal{T}_\star(t/2)^* = \gamma_\star(t).$$

8.9 3차원 광원뿔공간

3차원 광원뿔공간이란 다음 공간을 말한다.

$$\mathbb{Q}^3 := \{X \in \mathbb{L}^4 : \langle X, X \rangle = 0\} = \{M \in \mathcal{Herm}(2) : \det M = 0\}.$$

$\mathbf{SL}(2, \mathbb{C})$ 는 $\mathbb{Q}^3$ 에 등장사상으로 작용한다. 편의상 다음 두 부분공간을 정의하자.

$$\mathbb{Q}^3_+ := \{X \in \mathbb{Q}^3 \subset \mathbb{L}^4 : \operatorname{tr} X > 0\},$$
$$\mathbb{Q}^3_- := \{X \in \mathbb{Q}^3 \subset \mathbb{L}^4 : \operatorname{tr} X < 0\}.$$

8.9.1 3차원 광원뿔공간의 시각화 1

$\mathbb{Q}^3$ 를 시각화하는 가장 간단한 방법은 다음 직사영

$$(t, x, y, z) \mapsto (x, y, z) \tag{8.12}$$

을 이용하여 $\mathbb{Q}^3_+$ 와 $\mathbb{Q}^3_-$ 각각을 $\mathbb{R}^3 \setminus \{\mathbf{0}\}$ 으로 보는 것이다. 즉 $\mathbb{Q}^3$ 을 2 개의 $\mathbb{R}^3$ 으로 보되 두 원점은 사실 같은 점으로 보자는 것이다.

$\mathbb{Q}^3_+$ 에 다음과 같이 (8.12)의 역사상에 해당하는 좌표를 주자.

$$(t, x, y, z) = X(u, v, w) := (\sqrt{u^2 + v^2 + w^2}, u, v, w).$$

그러면 $\mathbb{L}^4$ 로부터 파생된 계량기는,

$$u := r \sin\phi \cos\theta, \quad v := r \sin\phi \sin\theta, \quad w := r \cos\phi.$$

라 하면, 다음과 같다.

$$\begin{aligned} ds^2 &= \frac{(udv - vdu)^2 + (vdw - wdv)^2 + (wdu - udw)^2}{u^2 + v^2 + w^2} \\ &= r^2(d\phi^2 + \sin^2\phi\, d\theta^2). \end{aligned}$$

참고로 구면 좌표계로 나타낸 유클리드 공간의 계량기는 (3.3)에 나와 있는 바와 같이 다음과 같다.

$$dr^2 + r^2(d\phi^2 + \sin^2\phi\, d\theta^2).$$

계량기의 비교 면에서 생각해 볼 만한 다른 공간으로는

$$\mathbb{E}^4_2 := \{(x, y, u, v) \in \mathbb{R}^4 : ds^2 = dx^2 + dy^2 - du^2 - dv^2\}$$

에 들어있는 다음 집합을 생각해 볼 수 있다.

$$\mathcal{C}_1 := \{(x, y, u, v) \in \mathbb{E}^4_2 : x^2 + y^2 - u^2 - v^2 = 0\}.$$

$Y(x, y, u) := \{x, y, u, \sqrt{x^2 + y^2 - u^2}\}$ 는 이 집합에 대한 지도가 되는데 이걸로 당겨온 계량기는 다음과 같다.

$$ds^2 = \frac{-(ydx - xdy)^2 + (xdu - udx)^2 + (ydu - udy)^2}{u^2 - x^2 - y^2}.$$

여기서

$$x := r \cosh\phi \cos\theta, \quad y := r \cosh\phi \sin\theta, \quad u := r \sinh\phi$$

면

$$ds^2 = r^2(-d\phi^2 + \cosh^2\phi d\theta^2).$$

8.9.2 3차원 광원뿔공간의 시각화 2

조금 더 기하적인 방법은 (8.10)에 주어진 $(t, x, y, z) = (-1, 0, 0, 0)$ 으로부터의 입체사영 π_S를 이용하여 $\mathbb{Q}^3_+$를 $t = 0$인 공간으로 사영하는 것이다. 그러면 $\mathbb{Q}^3_+$은 단위 공처럼 보인다. 이 방법은 이원주가 고안하였다.

$$(t, x, y, z) \in \mathbb{Q}^3_+ \quad \Leftrightarrow \quad 0 < u^2 + v^2 + w^2 < 1.$$

이의 역함수는 다음과 같다.

$$\Pi^{-1}(u, v, w) = \frac{(\sqrt{u^2 + v^2 + w^2}, u, v, w)}{1 - \sqrt{u^2 + v^2 + w^2}}.$$

이것으로 $\mathbb{L}^4$의 계량기를 당겨오면 다음과 같다.

$$\begin{aligned} ds^2 &= \frac{(vdu - udv)^2 + (wdu - udw)^2 + (vdw - wdv)^2}{(u^2 + v^2 + w^2)(1 - \sqrt{u^2 + v^2 + w^2})^2} \\ &= \left(\frac{r}{1 - r}\right)^2 (d\phi^2 + \sin^2 \phi d\theta^2). \end{aligned}$$

단

$$u := r \sin \phi \cos \theta, \quad v := r \sin \phi \sin \theta, \quad w := r \cos \phi.$$

8.9.3 광원뿔공간의 곡면론

리우[15]는 다음과 같이 말하고 있다. 곡면 $X : \mathcal{U} \ni (u, v) \to \mathbb{Q}^3$의 계량기가 $ds^2 = 2e^{w(u,v)}(du^2 + dv^2)$일 때

$$\Delta := (2e^w)^{-1}(\partial_{uu} + \partial_{vv}), \quad \kappa := -(4e^w)^{-1}(w_{uu} + w_{vv}),$$
$$y = y(u, v) := -\frac{1}{2}\Delta x - \frac{1}{8}\langle \Delta x, \Delta x \rangle x$$

라고 하면

$$\langle y, y \rangle = 0, \langle x, y \rangle = 0, \langle y, x_u \rangle = \langle y, x_u \rangle = 0.$$

그리고 이 y를 이용하여 다음과 같이 평균곡률을 정의하고 있다.

$$H := \frac{1}{2}\langle \Delta x, y \rangle.$$

유클리드 공간에 있는 공형곡면의 평균곡률식과 비교해 보았을 때 y는 가우스 사상의 역할을 하고 있음을 알 수 있다.

제 9 장

3차원 리 군

9.1 들어가며

기하를 공부함에 있어서 다양한 종류의 리만 다양체와 로렌쯔 다양체의 예를 구체적으로 알면 좋다. 이 절에서는 여러 3차원 리 군(Lie group)에 리 군의 군 연산을 이용하여 리만 계량기, 로렌쯔 계량기를 주는 방법에 대하여 알아본다. 개념적으로는 다음과 같다:

n차원 리 군 G의 항등원을 e라 하자. T_eG의 기저 $e_1, e_2, \cdots, e_n$을 하나 정하고 이 기저가 단위직교하다고 선언한다. 이는 T_eG에 내적 $\langle , \rangle_e$을 하나 정하는 것과 같다. G의 임의의 한 점 g에 대하여 왼이동

$$L_g : G \to G, \quad h \mapsto gh$$

는 접평면 T_eG를 T_gG로 보내는 사상

$$(L_g)_\star : T_eG \to T_gG$$

를 파생하는데 이 사상에 의한 $\{e_i\}_{i=1}^n$의 상 $\{(L_g)_\star(e_i)\}_{i=1}^n$는 T_gG의 기저가 된다. 이것들이 단위직교하다고 선언하면 T_gG의 내적을 정한 셈이 되고 따라서 G의 계량기를 정한 셈이 된다. 이렇게 얻은 계량기를 왼불변 계량기라고 한다.

왼이동이 아니라 오른이동

$$R_g : G \to G, \quad h \mapsto hg$$

을 이용해서도 T_eG의 내적을 이용하여 G 전체의 계량기를 정할 수 있는데 이렇게 얻은 계량기는 오른불변 계량기라고 한다.

이 절에서 수행하고자 하는 일은, G에 좌표계 $x^1, \cdots, x^n$이 주어져 있을 때 위에서 말한 왼불변 계량기, 오른불변 계량기가 어떻게 $g_{ij}dx^idx^j$로 표현되는가 하는 것을 구체적 예를 통하여 알아보고자

하는 것이다. 구체적 예라 하면 써스톤(Thurston)의 기하화 예상에 등장하는 8 기하 $\mathbf{Nil}(3)$, $\mathbf{Sol}(3)$, $\mathbf{SL}(2,\mathbb{R})$, $\mathbb{H}^3(-1)$, $\mathbb{S}^3(1)$, $\mathbb{S}^2 \times \mathbb{R}$, $\mathbb{H}^2 \times \mathbb{R}$, $\mathbb{E}^3$ 중 $\mathbb{S}^2 \times \mathbb{R}$을 제외한 나머지 일곱 공간이다. $\mathbb{S}^2 \times \mathbb{R}$은 군 구조를 갖지 못한다고 알려져 있다[18].

이 책은 직관적으로 찾아낼 수 있는 왼불변, 오른불변 계량기만 다루었는데 하구용·이종범의 [11], [12]은 여기서 다룬 몇몇 리 군에 대하여 모든 왼불변 계량기와 각 계량기에 대한 모든 등장사상을 분류한다.

9.2 리 군으로서의 쌍곡 공간

$(x, y, z) \in \mathbb{R} \times \mathbb{R} \times \mathbb{R}^+$에 대하여

$$g = g(x, y, z) = \begin{pmatrix} 1 & 0 & 0 \\ 0 & 1 & 0 \\ x & y & z \end{pmatrix}$$

꼴의 행렬을 모두 모아둔 공간은 군이 된다. 이에 대하여

$$g^{-1}dg = \begin{pmatrix} 0 & 0 & 0 \\ 0 & 0 & 0 \\ \theta^1 & \theta^2 & \theta^3 \end{pmatrix} = e_i \theta^i,$$

$$dgg^{-1} = \begin{pmatrix} 0 & 0 & 0 \\ 0 & 0 & 0 \\ \psi^1 & \psi^2 & \psi^3 \end{pmatrix} = e_i \psi^i$$

임을 알게 된다. 단

$$e_1 := \begin{pmatrix} 0 & 0 & 0 \\ 0 & 0 & 0 \\ 1 & 0 & 0 \end{pmatrix}, \quad e_2 := \begin{pmatrix} 0 & 0 & 0 \\ 0 & 0 & 0 \\ 0 & 1 & 0 \end{pmatrix}, \quad e_3 := \begin{pmatrix} 0 & 0 & 0 \\ 0 & 0 & 0 \\ 0 & 0 & 1 \end{pmatrix},$$

$$\theta^1 := \frac{dx}{z}, \quad \theta^2 := \frac{dy}{z}, \quad \theta^3 := \frac{dz}{z},$$

$$\psi^1 := dx - \frac{x}{z}dz, \quad \psi^2 := dy - \frac{y}{z}dz, \quad \psi^3 := \frac{1}{z}dz.$$

따라서, 왼불변 벡터장 ge_i를 단위직교기저로 만드는 계량기는

$$\begin{aligned} ds_L^2 &= \langle dg, dg \rangle = \langle ge_i\theta^i, ge_j\theta^j \rangle = \langle ge_i, ge_j \rangle \theta^i\theta^j \\ &= (\theta^1)^2 + (\theta^2)^2 + (\theta^3)^2 \\ &= \frac{dx^2 + dy^2 + dz^2}{z^2} \end{aligned}$$

임을 알 수 있다. 이는 표준적 쌍곡 계량기다. 또한 오른불변 벡터장 e_ig를 단위직교기저로 만드는 계량기는

$$\begin{aligned} ds_R^2 &= \langle dg, dg \rangle = \langle e_ig\psi^i, e_jg\psi^j \rangle = \langle e_ig, e_jg \rangle \psi^i\psi^j \\ &= (\psi^1)^2 + (\psi^2)^2 + (\psi^3)^2 \\ &= (dx - \frac{x}{z}dz)^2 + (dy - \frac{y}{z}dz)^2 + (\frac{dz}{z})^2 \end{aligned}$$

임을 알 수 있다.

문제 9.2.1. 다음 문제를 풀어 보자.

1. 본문에서 ge_i가 왼불변 벡터장이라 했고 e_ig가 오른불변 벡터장이라 했는데 그 이유를 설명하여라.

2. $(x, y, z) \in \mathbb{R} \times \mathbb{R} \times \mathbb{R}^+$에 대하여 $\begin{pmatrix} 1 & 0 & x \\ 0 & 1 & y \\ 0 & 0 & z \end{pmatrix}$ 꼴의 행렬들을 모두 모아놓은 집합도 리 군이다. 여기에 자연스럽게 정의

되는 왼불변 벡터장과 왼불변 계량기, 오른불변 벡터장과 오른불변 계량기를 계산하여 보아라.

3. 쌍곡 평면의 군 구조와 그 구조에 대한 왼불변 벡터장과 왼불변 계량기, 오른불변 벡터장과 오른불변 계량기를 계산하여 보아라.

9.3 하이젠베르크 군 Nil(3)

하이젠베르크 군은 2가지 방법으로 볼 수 있다. 하나는 두 점 사이의 연산이 다음과 같이 주어진 $\mathbb{R}^3$로 보는 것이다.

$$\begin{aligned}&(x_1,y_1,z_1)\circ(x_2,y_2,z_2)\\&\quad=\left(x_1+x_2,y_1+y_2,z_1+z_2+\frac{x_1y_2-x_2y_1}{2}\right).\end{aligned} \tag{9.1}$$

다른 하나는 다음 꼴의 행렬들로 이루어진 집합으로 보는 것이다. 이 때 두 점 사이의 연산은 일반적인 행렬의 곱이다.

$$g=\begin{pmatrix}1 & x & z+\frac{xy}{2}\\ 0 & 1 & y\\ 0 & 0 & 1\end{pmatrix}.$$

질문 9.3.1. 두 정의가 같음을 보여라.

간단한 계산에 의하여 다음이 성립함을 알 수 있다.

$$g^{-1}dg=\begin{pmatrix}0 & dx & dz-\frac{xdy-ydx}{2}\\ 0 & 0 & dy\\ 0 & 0 & 0\end{pmatrix}=e_1\theta^1+e_2\theta^2+e_3\theta^3.$$

단

$$e_1:=\begin{pmatrix}0&1&0\\0&0&0\\0&0&0\end{pmatrix},\quad e_2:=\begin{pmatrix}0&0&0\\0&0&1\\0&0&0\end{pmatrix},\quad e_3:=\begin{pmatrix}0&0&1\\0&0&0\\0&0&0\end{pmatrix}, \tag{9.2}$$

$$\theta^1 := dx, \quad \theta^2 := dy, \quad \theta^3 := \frac{y}{2}dx - \frac{x}{2}dy + dz.$$

이러면

$$\langle dg, dg\rangle = \langle ge_i\theta^i, ge_j\theta^j\rangle = \langle ge_i, ge_j\rangle\theta^i\theta^j.$$

이제 왼불변 벡터장 ge_i가 각 점에서 단위 직교하다고 하자. 즉 $\langle ge_i, ge_j\rangle = \delta_{ij}$. 이러면 계량기는 다음과 같다.

$$\begin{aligned} ds_L^2 &= (\theta^1)^2 + (\theta^2)^2 + (\theta^3)^2 \\ &= dx^2 + dy^2 + (dz - \frac{xdy - ydx}{2})^2. \end{aligned}$$

한편

$$dg\,g^{-1} = \begin{pmatrix} 0 & dx & dz + \frac{xdy - ydx}{2} \\ 0 & 0 & dy \\ 0 & 0 & 0 \end{pmatrix} = e_1\psi^1 + e_2\psi^2 + e_3\psi^3.$$

단 e_i는 (9.2)에 주어진 것이고

$$\psi^1 := dx, \quad \psi^2 := dy, \quad \psi^3 := dz + \frac{xdy - ydx}{2}.$$

이러면

$$ds_R^2 = \langle dg, dg\rangle = \langle e_ig\psi^i, e_jg\psi^j\rangle = \langle e_ig, e_jg\rangle\psi^i\psi^j.$$

이제 오른불변 벡터장 e_ig가 각 점에서 단위직교기저가 되기를 바란다면 $\langle e_ig, e_jg\rangle = \delta_{ij}$로 정해야 하므로

$$ds_R^2 = (\psi^1)^2 + (\psi^2)^2 + (\psi^3)^2 = dx^2 + dy^2 + (dz + \frac{xdy - ydx}{2})^2.$$

9.3.1 계량기 유도법 분석

앞에서 본 왼불변 계량기, 오른불변 계량기의 계산법이 왜 그렇게 되는지 좀더 자세히 살펴 보자.

9.3.1.1 Nil(3)의 원소를 행렬로 볼 때

먼저 다음 세 곡선을 생각하라.

$$\delta_1(t) := \begin{pmatrix} 1 & t & 0 \\ 0 & 1 & 0 \\ 0 & 0 & 1 \end{pmatrix}, \ \delta_2(t) := \begin{pmatrix} 1 & 0 & 0 \\ 0 & 1 & t \\ 0 & 0 & 1 \end{pmatrix}, \ \delta_3(t) := \begin{pmatrix} 1 & 0 & t \\ 0 & 1 & 0 \\ 0 & 0 & 1 \end{pmatrix}.$$

$\delta_i(0) = I_3$ 이므로 $\delta_i'(0)$은 T_e**Nil**(3)의 원소가 된다. 그러면 (9.2)의 e_i에 대하여 $\delta_i(0) = I_3$고 $\delta_i'(0) = e_i$다. 이 세 벡터가 단위 직교하다고 T_e**Nil**(3)의 내적을 정의하자. 즉

$$\langle e_i, e_j \rangle = \delta_{ij}$$

라고 하자. 그리고 이 세 벡터를 L_g로 보낸 벡터들이 단위 직교하다고 정의하면 **Nil**(3)에 리만 계량기가 하나 정의된 것이다.

먼저 **Nil**(3)의 왼불변 벡터장의 기저를 찾아보자. g를 $\mathbb{R}^3$에서 모든 3×3 행렬들의 집합 $\mathbf{M}(3,\mathbb{R})$로 가는 함수로 생각하자. 앞에서 정의한 세 곡선 δ_i를 왼이동 L_g로 보낸 곡선을 γ_i라 하면

$$\gamma_i(0) = g\delta_i(0) = g, \qquad \gamma_i'(0) = g\delta_i'(0) = ge_i := f_i$$

이므로 $g \mapsto ge_i$는 왼불변벡터장임을 알 수 있다. 간단한 계산으로 다음을 알 수 있다.

$$f_1 = \begin{pmatrix} 0 & 1 & 0 \\ 0 & 0 & 0 \\ 0 & 0 & 0 \end{pmatrix}, \quad f_2 = \begin{pmatrix} 0 & 0 & x \\ 0 & 0 & 1 \\ 0 & 0 & 0 \end{pmatrix}, \quad f_3 = \begin{pmatrix} 0 & 0 & 1 \\ 0 & 0 & 0 \\ 0 & 0 & 0 \end{pmatrix}.$$

이것은 T_g**Nil**(3)의 기저가 된다. 이제 이것을 $g_\star(\partial_i) = \partial_i g$의 선형결합으로 나타내 보자.

$$\partial_x g = \begin{pmatrix} 0 & 1 & \frac{y}{2} \\ 0 & 0 & 0 \\ 0 & 0 & 0 \end{pmatrix}, \ \partial_y g = \begin{pmatrix} 0 & 0 & \frac{x}{2} \\ 0 & 0 & 1 \\ 0 & 0 & 0 \end{pmatrix}, \ \partial_z g = \begin{pmatrix} 0 & 0 & 1 \\ 0 & 0 & 0 \\ 0 & 0 & 0 \end{pmatrix}$$

이므로

$$\partial_x g = f_1 + \frac{y}{2} f_3, \quad \partial_y g = f_2 - \frac{x}{2} f_3, \quad \partial_z g = f_3.$$

따라서

$$f_1 = \partial_x g - \frac{y}{2}\partial_z g, \quad f_2 = \partial_y g + \frac{x}{2}\partial_z g, \quad f_3 = \partial_z g.$$

이것이 왼이동 벡터장이면서 기저다. 이를 내재적으로 쓰면

$$f_1 = \partial_x - \frac{y}{2}\partial_z, \quad f_2 = \partial_y + \frac{x}{2}\partial_z, \quad f_3 = \partial_z. \tag{9.3}$$

이제 이것이 단위직교기저가 되는 계량기를 $g_{ij}dx^i dx^j$ 라 하자. 그러면

$$\langle f_i, f_j \rangle = \delta_{ij} \quad \Leftrightarrow \quad \begin{pmatrix} 1 & 0 & -\frac{y}{2} \\ 0 & 1 & \frac{x}{2} \\ 0 & 0 & 1 \end{pmatrix} (g_{ij}) \begin{pmatrix} 1 & 0 & -\frac{y}{2} \\ 0 & 1 & \frac{x}{2} \\ 0 & 0 & 1 \end{pmatrix}^T = I_3.$$

이것으로부터 g_{ij} 를 구할 수 있는데 그건 다음과 같다.

$$(g_{ij}) = \begin{pmatrix} \frac{1}{4}\left(y^2+4\right) & -\frac{xy}{4} & \frac{y}{2} \\ -\frac{xy}{4} & \frac{1}{4}\left(x^2+4\right) & -\frac{x}{2} \\ \frac{y}{2} & -\frac{x}{2} & 1 \end{pmatrix}. \tag{9.4}$$

또는 다음과 같이 진행해도 된다. 벡터장 f_i 의 쌍대 일-형식을 $\theta^j = dx^i a_i^j$ 라 하면 다음이 성립한다.

$$\begin{pmatrix} 1 & 0 & -\frac{y}{2} \\ 0 & 1 & \frac{x}{2} \\ 0 & 0 & 1 \end{pmatrix} (a_i^j) = I_3. \quad 즉 \quad (a_i^j) = \begin{pmatrix} 1 & 0 & \frac{y}{2} \\ 0 & 1 & -\frac{x}{2} \\ 0 & 0 & 1 \end{pmatrix}.$$

이는

$$\theta^1 = dx, \quad \theta^2 = dy, \quad \theta^3 = \frac{y}{2}dx - \frac{x}{2}dy + dz \tag{9.5}$$

임을 준다. 그러므로

$$\begin{aligned} ds^2 &= (\theta^1)^2 + (\theta^2)^2 + (\theta^3)^2 \\ &= dx^2 + dy^2 + (dz - \frac{xdy - ydx}{2})^2. \end{aligned} \tag{9.6}$$

질문 9.3.2. (9.4)과 (9.6)이 같은 계량기임을 보여라.

9.3.1.2 Nil(3) 의 원소를 $\mathbb{R}^3$ 의 원소로 볼 때

Nil(3) 를 $\mathbb{R}^3$ 에 군 연산 (9.1)이 주어진 것으로 하자. 이제

$$\delta_1(t) := (t,0,0), \quad \delta_2(t) := (0,t,0), \quad \delta_3(t) := (0,0,t)$$

라 하면 $\gamma_i(t) := L_g(\delta_i(t))$ 는 다음과 같다.

$$\gamma_1(t) = (x+t, y, z-\frac{t}{2}y),$$
$$\gamma_2(t) = (x, y+t, z+\frac{t}{2}x),$$
$$\gamma_3(t) = (x, y, z+t).$$

따라서

$$\gamma_1'(0) = (1,0,-\frac{y}{2}), \quad \gamma_2'(0) = (0,1,\frac{x}{2}), \quad \gamma_3'(0) = (0,0,1).$$

이는 다음과 같다.

$$f_1 = \partial_x - \frac{y}{2}\partial_z, \quad f_2 = \partial_y + \frac{x}{2}\partial_z, \quad f_3 = \partial_z.$$

이는 (9.3)와 같다. 이제 이것이 단위 직교하길 바라는 계량기를 $g_{ij}dx^i dx^j$ 라 하면 그걸 구하는 건 앞에서 이미 기술된 방법을 따르면 된다.

9.4 Sol(3)

Sol(3) 은 다음과 같은 곱 구조를 가진 $\mathbb{R}^3$

$$(x_1,y_1,z_1)\circ(x_2,y_2,z_2) = (x_1+e^{-z_1}x_2, y_1+e^{z_1}y_2, z_1+z_2),$$

또는 다음과 같은 행렬들의 집합으로 생각할 수 있다.

$$g = \begin{pmatrix} 1 & 0 & 0 & 0 \\ x & e^{-z} & 0 & 0 \\ y & 0 & e^z & 0 \\ z & 0 & 0 & 1 \end{pmatrix}.$$

질문 9.4.1. 두 정의가 같음을 보여라.

이러면

$$g^{-1}dg = \begin{pmatrix} 0 & 0 & 0 & 0 \\ e^z dx & -dz & 0 & 0 \\ e^{-z}dy & 0 & dz & 0 \\ dz & 0 & 0 & 0 \end{pmatrix} = e_i\theta^i,$$

$$dgg^{-1} = \begin{pmatrix} 0 & 0 & 0 & 0 \\ dx + xdz & -dz & 0 & 0 \\ dy - ydz & 0 & dz & 0 \\ dz & 0 & 0 & 0 \end{pmatrix} = e_i\psi^i.$$

단

$$\theta^1 := e^z dx, \quad \theta^2 := e^{-z}dy, \quad \theta^3 := dz,$$
$$\psi^1 := dx + xdz, \quad \psi^2 := dy - ydz, \quad \psi^3 := dz,$$

$$e_1 := \begin{pmatrix} 0 & 0 & 0 & 0 \\ 1 & 0 & 0 & 0 \\ 0 & 0 & 0 & 0 \\ 0 & 0 & 0 & 0 \end{pmatrix}, \quad e_2 := \begin{pmatrix} 0 & 0 & 0 & 0 \\ 0 & 0 & 0 & 0 \\ 1 & 0 & 0 & 0 \\ 0 & 0 & 0 & 0 \end{pmatrix}, \tag{9.7}$$

$$e_3 := \begin{pmatrix} 0 & 0 & 0 & 0 \\ 0 & -1 & 0 & 0 \\ 0 & 0 & 1 & 0 \\ 1 & 0 & 0 & 0 \end{pmatrix}. \tag{9.8}$$

따라서, 왼불변 벡터장 ge_i를 단위직교기저로 만드는 왼불변 계량기는

$$\begin{aligned} ds_L^2 &= \langle dg, dg\rangle = \langle ge_i\theta^i, ge_j\theta^j\rangle = \langle ge_i, ge_j\rangle\theta^i\theta^j = \sum_{i=1}^{3}(\theta^i)^2 \\ &= e^{2z}dx^2 + e^{-2z}dy^2 + dz^2, \end{aligned}$$

오른불변 벡터장 $e_i g$를 단위직교기저로 만드는 오른불변 계량기는

$$ds_R^2 = \langle dg, dg\rangle = \langle e_i g\psi^i, e_j g\psi^j\rangle = \langle ge_i, ge_j\rangle\psi^i\psi^j = \sum_{i=1}^{3}(\psi^i)^2$$
$$= (dx + xdz)^2 + (dy - ydz)^2 + dz^2.$$

9.5 리 군으로서의 3차원 구

3차원 구는 **SU**(2)와 동일시될 수 있다. 김영욱·고성은[4]를 보라. **SU**(2)의 군 구조를 이용하여 3차원 구에 다음과 같이 계량기를 줄 수 있다. 구의 한 점을

$$g = \begin{pmatrix} \mathbf{z} & \mathbf{w} \\ -\bar{\mathbf{w}} & \bar{\mathbf{z}} \end{pmatrix} \qquad (\text{단 } \mathbf{z}, \mathbf{w} \in \mathbb{C},\ \mathrm{z}\bar{\mathrm{z}} + \mathrm{w}\bar{\mathrm{w}} = 1)$$

라고 하면

$$e_1 := \begin{pmatrix} 0 & 1 \\ -1 & 0 \end{pmatrix}, \quad e_2 := \begin{pmatrix} 0 & i \\ i & 0 \end{pmatrix}, \quad e_3 := \begin{pmatrix} i & 0 \\ 0 & -i \end{pmatrix} \tag{9.9}$$

는 2×2 단위행렬 I_2에서의 접벡터가 된다. 이제 이것들을 단위직교하다고 정한 후 왼이동으로 구면 전체로 옮기면 이는 구면을 리만 다양체로 만든다. 사실은 이것이 표준 3차원 단위구가 되는데 그 이유를 알아보자. 간단한 계산에 의하면

$$g^{-1}dg = \begin{pmatrix} \bar{\mathrm{z}} & -\mathrm{w} \\ \bar{\mathrm{w}} & \mathrm{z} \end{pmatrix}\begin{pmatrix} d\mathrm{z} & d\mathrm{w} \\ -d\bar{\mathrm{w}} & d\bar{\mathrm{z}} \end{pmatrix} = \begin{pmatrix} \bar{\mathrm{z}}d\mathrm{z} + \mathrm{w}d\bar{\mathrm{w}} & \bar{\mathrm{z}}d\mathrm{w} - \mathrm{w}d\bar{\mathrm{z}} \\ \bar{\mathrm{w}}d\mathrm{z} - \mathrm{z}d\bar{\mathrm{w}} & \bar{\mathrm{w}}d\mathrm{w} + \mathrm{z}d\bar{\mathrm{z}} \end{pmatrix}.$$

그런데 $\mathrm{z}\bar{\mathrm{z}} + \mathrm{w}\bar{\mathrm{w}} = 1$이므로 $-(\bar{\mathrm{w}}d\mathrm{w} + \mathrm{z}d\bar{\mathrm{z}}) = \bar{\mathrm{z}}d\mathrm{z} + \mathrm{w}d\bar{\mathrm{w}}$. 따라서 $g^{-1}dg$의 대각합은 0이고 이로부터 실수값을 가지는 세 1-형식 $\theta^1, \theta^2, \theta^3$에 대하여

$$g^{-1}dg = \begin{pmatrix} i\theta^3 & \theta^1 + i\theta^2 \\ -\theta^1 + i\theta^2 & -i\theta^3 \end{pmatrix} = e_i\theta^i$$

임을 알 수 있다. 그러므로 왼불변 벡터장 ge_i가 단위직교가 되게 하는 계량기는 다음과 같다.

$$ds_L^2 = \langle dg, dg\rangle = \langle ge_i\theta^i, ge_j\theta^j\rangle = \langle ge_i, ge_j\rangle\theta^i\theta^j = \sum_{i=1}^{3}(\theta^i)^2$$
$$= \det\left(g^{-1}dg\right) = \det dg = d\mathrm{z}d\bar{\mathrm{z}} + d\mathrm{w}d\bar{\mathrm{w}}.$$

이는 표준 단위 3차원 구의 계량이다.

이제 e_1, e_2, e_3를 오른 이동으로 옮긴 e_1g, e_2g, e_3g가 단위직교하게 되는 오른불변 계량기를 구해보자. 간단한 계산에 의하여

$$dg\,g^{-1} = \begin{pmatrix} d\mathrm{z} & d\mathrm{w} \\ -d\bar{\mathrm{w}} & d\bar{\mathrm{z}} \end{pmatrix}\begin{pmatrix} \bar{\mathrm{z}} & -\mathrm{w} \\ \bar{\mathrm{w}} & \mathrm{z} \end{pmatrix} = \begin{pmatrix} \bar{\mathrm{z}}d\mathrm{z} + \mathrm{w}d\bar{\mathrm{w}} & \mathrm{z}d\mathrm{w} - \mathrm{w}d\mathrm{z} \\ \bar{\mathrm{w}}d\bar{\mathrm{z}} - \bar{\mathrm{z}}d\bar{\mathrm{w}} & \bar{\mathrm{w}}d\mathrm{w} + \mathrm{z}d\bar{\mathrm{z}} \end{pmatrix}$$

임을 알 수 있다. 여기서 $\mathrm{z}\bar{\mathrm{z}} + \mathrm{w}\bar{\mathrm{w}} = 1$로부터 $-(\bar{\mathrm{w}}d\mathrm{w} + \mathrm{z}d\bar{\mathrm{z}}) = \bar{\mathrm{z}}d\mathrm{z} + \mathrm{w}d\bar{\mathrm{w}}$임을 알 수 있다. 따라서 $g^{-1}dg$의 대각합은 0이고 이로부터 실수값을 가지는 세 1-형식 ψ^1, ψ^2, ψ^3에 대하여

$$dg\,g^{-1} = \begin{pmatrix} i\psi^3 & \psi^1 + i\psi^2 \\ -\psi^1 + i\psi^2 & -i\psi^3 \end{pmatrix} = e_i\psi^i$$

임을 알 수 있다. 따라서 오른불변 벡터장 e_ig가 단위직교인 계량기는 다음과 같다.

$$ds_R^2 = \langle dg, dg\rangle = \langle e_ig\psi^i, e_jg\psi^j\rangle = \langle e_ig, e_jg\rangle\psi^i\psi^j = \sum_{i=1}^{3}(\psi^i)^2$$
$$= \det\left(dg\,g^{-1}\right) = \det dg = d\mathrm{z}d\bar{\mathrm{z}} + d\mathrm{w}d\bar{\mathrm{w}}.$$

이는 표준 단위 3차원 구의 계량과 같다. 따라서 3차원 구의 표준 계량기는 왼불변 계량기이면서 동시에 오른불변 계량기다. 이런 계량기를 양-불변 계량기(bi-invariant metric)라 한다.

이 때 $\langle e_i, e_j\rangle = \delta_{ij}$ 대신에

$$\langle e_1, e_1\rangle = \langle e_2, e_2\rangle = \delta^2\langle e_3, e_3\rangle = 1, \quad \langle e_i, e_j\rangle = 0 \quad (\text{단 } i \neq j)$$

라고 정한 후 이를 왼불변 벡터장으로 확장하면 이것도 리만 계량기가 된다. 이 왼불변 계량기를 갖춘 3차원 구를 베르제 구(Berger sphere)라 한다. 베르제 구의 계량기를 왜 저렇게 정하는 가는 3차원 구의 호프 올 다발을 알아야 한다. 간단히 말하면 호프 올 방향으로 길이를 변화시킨 것이 베르제 구다. 호프 올 다발에 대해선 김영욱·고성은[4]를 보라.

9.6 SL$(2, \mathbb{R})$

SL$(2, \mathbb{R})$은 다음과 같다.

$$\mathbf{SL}(2, \mathbb{R}) = \left\{ g = \begin{pmatrix} \alpha & \beta \\ \gamma & \delta \end{pmatrix} \;\middle|\; \text{단 } \alpha, \beta, \gamma, \delta \in \mathbb{R}, \alpha\delta - \beta\gamma = 1 \right\}.$$

9.6.1 SL$(2, \mathbb{R})$의 왼불변 로렌쯔 계량기

간단한 계산에 의하면

$$\begin{aligned} g^{-1}dg &= \begin{pmatrix} \delta & -\beta \\ -\gamma & \alpha \end{pmatrix} \begin{pmatrix} d\alpha & d\beta \\ d\gamma & d\delta \end{pmatrix} \\ &= \begin{pmatrix} \delta d\alpha - \beta d\gamma & \delta d\beta - \beta d\delta \\ -\gamma d\alpha + \alpha d\gamma & -\gamma d\beta + \alpha d\delta \end{pmatrix}. \end{aligned}$$

이 때 $d(\alpha\delta - \beta\gamma) = 0$으로부터 $g^{-1}dg$의 대각합은 0임을 알 수 있다. 따라서 어떤 1-형식 $\theta^1, \theta^2, \theta^3$에 대하여

$$g^{-1}dg = \begin{pmatrix} \theta^3 & \theta^1 + \theta^2 \\ \theta^1 - \theta^2 & -\theta^3 \end{pmatrix} = e_i\theta^i. \tag{9.10}$$

단

$$e_1 := \begin{pmatrix} 0 & 1 \\ 1 & 0 \end{pmatrix}, \quad e_2 := \begin{pmatrix} 0 & 1 \\ -1 & 0 \end{pmatrix}, \quad e_3 := \begin{pmatrix} 1 & 0 \\ 0 & -1 \end{pmatrix}. \tag{9.11}$$

이제 내적을 정의하자. $i \neq j$일 때

$$\langle e_i, e_j\rangle = 0, \quad \langle e_1, e_1\rangle = -\langle e_2, e_2\rangle = \langle e_3, e_3\rangle = 1 \tag{9.12}$$

이라고 하고 e_i로 만든 왼불변 벡터장 ge_i가 각 점에서 여전히 이 관계를 만족시킨다고 하자. 즉 $i \neq j$일 때

$$\langle ge_i, ge_j\rangle = 0, \quad \langle ge_1, ge_1\rangle = -\langle ge_2, ge_2\rangle = \langle ge_3, ge_3\rangle = 1.$$

그러면 이는 $\mathbf{SL}(2,\mathbb{R})$ 전체에 로렌쯔 계량기를 정한 것과 같다. 이 계량기는 다음과 같이 표현된다.

$$\begin{aligned} ds_L^2 &= \langle dg, dg\rangle = \langle ge_i\theta^i, ge_j\theta^j\rangle = \langle ge_i, ge_j\rangle\theta^i\theta^j \\ &= (\theta^1)^2 - (\theta^2)^2 + (\theta^3)^2 = -\det g^{-1}dg = -\det dg \\ &= -d\alpha d\delta + d\beta d\gamma. \end{aligned} \tag{9.13}$$

9.6.2 $\mathbf{SL}(2,\mathbb{R})$의 오른불변 로렌쯔 계량기

$dgg^{-1} = g(g^{-1}dg)g^{-1}$로부터 dgg^{-1}의 대각합 또한 0임을 알 수 있다. 따라서 어떤 1-형식 ψ^1, ψ^2, ψ^3에 대하여

$$dgg^{-1} = \begin{pmatrix} \psi^3 & \psi^1 + \psi^2 \\ \psi^1 - \psi^2 & -\psi^3 \end{pmatrix} = e_i\psi^i.$$

여전히 (9.12)를 가정하고 e_i로 만든 오른불변 벡터장 e_ig가 각 점에서 여전히 이 관계를 만족시킨다고 하자. 즉 $i \neq j$일 때

$$\langle e_ig, e_jg\rangle = 0, \quad \langle e_1g, e_1g\rangle = -\langle e_2g, e_2g\rangle = \langle e_3g, e_3g\rangle = 1.$$

그러면 이는 $\mathbf{SL}(2,\mathbb{R})$ 전체에 오른불변 로렌쯔 계량기를 정한 것과 같다. 이제 이 계량기는 다음과 같이 표현된다.

$$\begin{aligned} ds_R^2 &= \langle dg, dg\rangle = \langle e_ig\psi^i, e_jg\psi^j\rangle = \langle e_ig, e_jg\rangle\psi^i\psi^j \\ &= (\psi^1)^2 - (\psi^2)^2 + (\psi^3)^2 = -\det dg\, g^{-1} = -\det dg \\ &= -d\alpha d\delta + d\beta d\gamma. \end{aligned}$$

따라서 $ds^2 := -d\alpha d\delta + d\beta d\gamma$은 양-불변 로렌쯔 계량기다.

9.6.3 SL$(2, \mathbb{R})$과 반 더시터르 공간

SL$(2, \mathbb{R})$의 원소를 다음과 같이 나타낼 수 있다.

$$g = \begin{pmatrix} \alpha & \beta \\ \gamma & \delta \end{pmatrix} = \begin{pmatrix} x+u & y+v \\ -y+v & x-u \end{pmatrix}. \tag{9.14}$$

이러면

$$ds^2 = -d\alpha d\delta + d\beta d\gamma = -\det dg = -(dx^2+dy^2) + (du^2+dv^2).$$

단 $x^2+y^2-u^2-v^2 = 1$. 한편 $\mathbb{R}^4$에 다음 내적을 생각하라.

$$(x_1, y_1, u_1, v_1) \circ (x_1, y_1, u_1, v_1) := -x_1x_2 - y_1y_2 + u_1u_2 + v_1v_2.$$

$(\mathbb{R}^4, \circ)$를 $\mathbb{E}^4_2$라고 표기하며 이 공간의 부분공간

$$\mathbb{H}^3_1(-1) := \{(x,y,u,v) : (x,y,u,v) \circ (x,y,u,v) = -1\}$$

을 3차원 반 더시터르 공간(anti de Sitter space)이라 한다. 이는 단면 곡률이 -1로 일정한 3차원 로렌쯔 다양체다. (§10.3 참조.) 위 추론은 SL$(2, \mathbb{R})$과 $\mathbb{H}^3_1(-1)$이 같다는 것을 말해 준다. 한편

$$g = \begin{pmatrix} \alpha & y+v \\ -y+v & \delta \end{pmatrix}, \quad y_2 := \frac{1}{\delta}, \quad y_0 := \frac{y}{\delta}, \quad y_1 := \frac{v}{\delta}$$

라고 하면 (§8.8.2 참조) $ds^2 = -d\alpha d\delta - dy^2 + dv^2$,

$$\delta = \frac{1}{y_2}, \quad y = \frac{y_0}{y_2}, \quad v = \frac{y_1}{y_2}, \quad \alpha = \frac{-y_0^2+y_1^2+y_2^2}{y_2}.$$

위 식을 이용하여 정의된 사상

$$\mathbb{R} \times \mathbb{R} \times \mathbb{R}^+ \ni (y_0, y_1, y_2) \mapsto (\alpha, v, y, \delta)$$

의 상은 3차원 반 더시터르 공간의 반을 덮으며 계량기는 다음과 같다.

$$ds^2 = \frac{-dy_0^2 + dy_1^2 + dy_2^2}{y_2^2}.$$

9.6.4 SL$(2,\mathbb{R})$의 좌표

SL$(2,\mathbb{R})$의 임의의 원소 g는 다음 꼴의 세 행렬

$$n := \begin{pmatrix} 1 & x \\ 0 & 1 \end{pmatrix},\ a := \begin{pmatrix} \sqrt{y} & 0 \\ 0 & 1/\sqrt{y} \end{pmatrix},\ k := \begin{pmatrix} \cos\theta & \sin\theta \\ -\sin\theta & \cos\theta \end{pmatrix}$$

에 대하여 $g = nak$ 꼴로 유일하게 쓰인다는 것이 알려져 있다. ([36], [14] 참고.) 단 $(x, y, \theta) \in \mathbb{R} \times \mathbb{R}^{+} \times \mathbb{S}^{1}$. 이는 SL$(2,\mathbb{R})$의 KAN 분해 (decomposition)의 역으로 주어진다.

질문 9.6.1. 위 사실을 증명하여라.

이 좌표계를 이용하면 (9.10)의 1-형식장 θ^i는 다음과 같이 표현된다.

$$\begin{aligned} \theta^1 &= \frac{\cos 2\theta dx + \sin 2\theta dy}{2y}, \\ \theta^2 &= \frac{dx + 2y d\theta}{2y}, \\ \theta^3 &= \frac{-\sin 2\theta dx + \cos 2\theta dy}{2y}. \end{aligned} \tag{9.15}$$

그리고 앞에서 구한 SL$(2,\mathbb{R})$의 표준 로렌쯔 계량 $(\theta^1)^2 - (\theta^2)^2 + (\theta^3)^2$은 다음과 같이 표현된다. 식 (9.13) 참조.

$$ds^2 = (\theta^1)^2 - (\theta^2)^2 + (\theta^3)^2 = \frac{dx^2}{4y^2} + \frac{dy^2}{4y^2} - \left(d\theta + \frac{dx}{2y}\right)^2. \tag{9.16}$$

참고 9.6.1. *Ark's blog*[34]는

$$n := \begin{pmatrix} 1 & u \\ 0 & 1 \end{pmatrix}, \quad a := \begin{pmatrix} r & 0 \\ 0 & 1/r \end{pmatrix}, \quad k := \begin{pmatrix} \cos\theta & -\sin\theta \\ \sin\theta & \cos\theta \end{pmatrix}$$

와 $g = nak$를 통하여 SL$(2,\mathbb{R})$에 좌표를 주며 그 좌표계에서 왼불변 로렌쯔 계량기는 다음과 같다고 한다.[35]

$$ds^2_{Ark} = -d\theta^2 + \frac{1}{r^2}dr^2 + \frac{1}{r^2}d\theta du.$$

이 때 다음과 같이 좌표를 변환시키면

$$u \to x, \quad r \to \sqrt{y}, \quad \theta \to -\theta$$

위 계량기 ds^2_{Ark} 는 (9.16)과 같다.

참고 9.6.2. 사상

$$\mathbb{R} \times \mathbb{R}^+ \times \mathbb{S}^1 \ni (x, y, \theta) \mapsto (x, y\cos\theta, y\sin\theta)$$

은 $\mathbf{SL}(2,\mathbb{R})$ 이 $\mathbb{R}^3$ 에서 한 직선을 뺀 것과 위상동형임을 말해준다. 따라서 $\mathbf{SL}(2,\mathbb{R})$ 은 3차원 구에서 한 원을 뺀 것 그리고 껍데기는 뺀 속이 꽉찬 원환면과 위상동형이다. *§9.11*을 참조하라.

9.6.5 $\mathbf{SL}(2,\mathbb{R})$ 의 왼불변 리만 계량기

왼불변 벡터장 ge_1, ge_2, ge_3 이 단위 직교하다고 하면, 즉 $\langle ge_i, ge_j\rangle = \delta_{ij}$ 라 하면

$$ds^2 = (\theta^1)^2 + (\theta^2)^2 + (\theta^3)^2 = \frac{dx^2}{4y^2} + \frac{dy^2}{4y^2} + \left(d\theta + \frac{dx}{2y}\right)^2 \tag{9.17}$$

은 ge_1, ge_2, ge_3 이 단위직교틀이 되게 하는 왼불변 계량기가 된다. 이것이 코쿠부[14] 가 사용한 계량기 식이다. 코쿠부는 $\begin{pmatrix} 0 & \sqrt{2} \\ 0 & 0 \end{pmatrix}$, $\begin{pmatrix} 0 & 0 \\ \sqrt{2} & 0 \end{pmatrix}$ 을 e_2, e_3 로 잡았는데 우리 건 이를 $\pi/4$ 만큼 회전시킨 것으로 계량기의 계산에는 영향이 없다. 즉, 우리 걸 단위 직교하다고 선언하는 것과 코쿠부의 것을 단위 직교하다고 선언하는 것은 같은 것이다.

(9.17)이 정말로 세 왼불변 벡터장 ge_i 를 단위직교로 가지는지 구체적인 계산을 통하여 확인해보자. 지금 $T_g\mathbf{SL}(2,\mathbb{R})$ 에 두 기저가

주어져 있다. 하나는 ge_i 고 다른 하나는 $g_\star(\partial_i) = \partial_i g$. 한 기저를 다른 기저로 나타내 보자. 둘을 행렬로 나타내 보면

$$\begin{aligned}
g_\star(\partial_x) &= \partial_x g = \frac{1}{\sqrt{y}}\begin{pmatrix} -\sin\theta & \cos\theta \\ 0 & 0 \end{pmatrix}, \\
g_\star(\partial_y) &= \partial_y g = \frac{1}{2y\sqrt{y}}\begin{pmatrix} y\cos\theta + x\sin\theta & -x\cos\theta + y\sin\theta \\ \sin\theta & -\cos\theta \end{pmatrix}, \\
g_\star(\partial_\theta) &= \partial_\theta g = \frac{1}{\sqrt{y}}\begin{pmatrix} -x\cos\theta - y\sin\theta & y\cos\theta - x\sin\theta \\ -\cos\theta & -\sin\theta \end{pmatrix},
\end{aligned}$$

$$\begin{aligned}
ge_1 &= \frac{1}{\sqrt{y}}\begin{pmatrix} x\cos\theta + y\sin\theta & y\cos\theta - x\sin\theta \\ \cos\theta & -\sin\theta \end{pmatrix}, \\
ge_2 &= \frac{1}{\sqrt{y}}\begin{pmatrix} -x\cos\theta - y\sin\theta & y\cos\theta - x\sin\theta \\ -\cos\theta & -\sin\theta \end{pmatrix}, \qquad (9.18) \\
ge_3 &= \frac{1}{\sqrt{y}}\begin{pmatrix} y\cos\theta - x\sin\theta & -(x\cos\theta + y\sin\theta) \\ -\sin\theta & -\cos\theta \end{pmatrix}.
\end{aligned}$$

따라서

$$\begin{pmatrix} ge_1 \\ ge_2 \\ ge_3 \end{pmatrix} = \begin{pmatrix} 2y\cos 2\theta & 2y\sin 2\theta & -\cos 2\theta \\ 0 & 0 & 1 \\ -2y\sin 2\theta & 2y\cos 2\theta & \sin 2\theta \end{pmatrix} \begin{pmatrix} g_\star(\partial_x) \\ g_\star(\partial_y) \\ g_\star(\partial_\theta) \end{pmatrix}. \quad (9.19)$$

우변에 있는 것이 정말로 단위직교기저인지 확인해 보자. 먼저 (9.17)의 우변에 있는 식을 정리하여 $g_{ij}dx^i dx^j$ 의 꼴로 나타내면 행렬 (g_{ij})는 다음과 같다.

$$\begin{pmatrix} \frac{1}{2y^2} & 0 & \frac{1}{2y} \\ 0 & \frac{1}{4y^2} & 0 \\ \frac{1}{2y} & 0 & 1 \end{pmatrix}.$$

이제 식 (9.19)의 우변에 있는 3×3 행렬을 M 이라 할 때 $M(g_{ij})M^T$ 가 단위행렬이 됨을 확인해 보면 된다. 실제로 계산해 보면

$M(g_{ij})M^T$ 는 단위행렬이다. 이로써 앞에서 구한 계량기가 정말로 왼불변 벡터장 ge_i 를 단위직교기저로 만드는 계량기임을 알아보았다.

9.6.6 SL(2, ℝ) 의 오른불변 리만 계량기

먼저 다음을 보라.

$$dg\, g^{-1} = g(g^{-1}dg)g^{-1} = g(e^i\theta^i)g^{-1} = (ge_ig^{-1})\theta^i.$$

ge_ig^{-1} 는 여전히 T_eG 의 원소이므로 어떤 $B = B_i^j(g)$ 가 존재하여

$$ge_ig^{-1} = e_jB_i^j.$$

이러면

$$dg\, g^{-1} = e_jB_i^j\theta^i = e_j\psi^j. \quad 단\ \psi^j = B_i^j\theta^i.$$

따라서 오른불변벡터장 e_jg 를 각 점에서 단위직교로 가지는 계량기는 다음과 같다.

$$ds_R^2 = \langle dg, dg\rangle = \langle e_jg, e_kg\rangle\psi^j\psi^k = \sum_{j=1}(\psi^j)^2.$$

9.6.7 SL(2, ℝ) 의 기타 왼불변 로렌쯔 계량들

다음은 모두 왼불변 로렌쯔 계량이다.

$$\begin{aligned}
&+(\theta^1)^2 + (\theta^2)^2 - (\theta^3)^2 \\
&\qquad = +\frac{\cos 4\theta}{4y^2}(dx^2 - dy^2) + 2\frac{\sin 4\theta}{4y^2}dxdy + \left(d\theta + \frac{dx}{2y}\right)^2, \\
&-(\theta^1)^2 + (\theta^2)^2 + (\theta^3)^2 \\
&\qquad = -\frac{\cos 4\theta}{4y^2}(dx^2 - dy^2) - 2\frac{\sin 4\theta}{4y^2}dxdy + \left(d\theta + \frac{dx}{2y}\right)^2
\end{aligned}$$

만약 $\theta = 0$ 이면 $(\theta^1)^2 + (\theta^2)^2 - (\theta^3)^2$ 은 $\frac{(d\sqrt{2}x)^2 - dy^2}{4y^2}$ 이 되는데 이는 더시터르 평면의 계량기가 된다.

참고 9.6.3.

$$\frac{dx^2}{4y^2} - \frac{dy^2}{4y^2} + \left(d\theta + \frac{dx}{2y}\right)^2$$

은 왼불변 계량기가 아니다. 식 (9.19)에 있는 왼불변 벡터장 세 개 간의 내적을 계산해 보면 상수가 아니다.

9.7 $\mathbb{S}^2 \times \mathbb{R}$

(9.9)의 $e_1, e_2, e_3, e_4 := I_2$에 대하여

$$G := \{g = xe_4 + ye_3 + ue_1 + ve_2 : x, y, u, v \in \mathbb{R}, \det g \neq 0\}$$

은 군이 된다.

$$g^{-1}dg = \theta^i e_i, \qquad dgg^{-1} = \psi^i e_i$$

라 할 때 θ^i, ψ^i를 구한 후 제곱의 합을 구해 보면 다음이 성립한다.

$$\sum_{i=1}^{4}(\theta^i)^2 = \sum_{i=1}^{4}(\psi^i)^2 = \frac{dx^2 + dy^2 + du^2 + dv^2}{x^2 + y^2 + u^2 + v^2} =: ds^2.$$

즉, ds^2은 이 군에 대한 양-불변 리만 계량기가 된다. 이제

$$(x, y, u, v) = e^t(\cos r \cos\phi, \cos r \sin\phi, \sin r \cos\theta, \sin r \sin\theta)$$

라 하면

$$x^2 + y^2 + u^2 + v^2 = e^{2t}.$$

따라서 $t = 0$인 경우 이는 $\mathbf{SU}(2)$다. 그리고

$$ds^2 = dt^2 + dr^2 + \sin^2 r d\theta^2 + \cos^2 r d\phi^2.$$

그러므로 ϕ가 상수면 ds^2은 $\mathbb{S}^2 \times \mathbb{R}$의 리만 계량기가 된다. 그런데 이 경우 $\mathbb{S}^2 \times \mathbb{R}$은 행렬곱에 대해 닫혀있지는 않다. 즉 이것이 $\mathbb{S}^2 \times \mathbb{R}$ 의 군 구조를 주지는 않는다. [18]에 의하면 $\mathbb{S}^2 \times \mathbb{R}$은 써스톤의 여덟 기하 중 유일하게 리 군 구조를 갖지 못한다.

9.8 $\mathbb{H}^2 \times \mathbb{R}$

다음 집합

$$G := \left\{ g = \begin{pmatrix} e^z & 0 & 0 \\ 0 & 1 & 0 \\ 0 & x & y \end{pmatrix} : (x, y, z) \in \mathbb{R} \times \mathbb{R}^+ \times \mathbb{R} \right\}$$

가 행렬곱에 대하여 군이 됨은 쉽게 확인할 수 있다. 이제 다음이 성립한다.

$$g^{-1}dg = e_i\theta^i, \qquad dgg^{-1} = e_j\psi^j.$$

단

$$\theta^1 := \frac{dx}{y}, \quad \theta^2 := \frac{dy}{y}, \quad \theta^3 := dz,$$

$$\psi^1 := dx - \frac{x}{y}dy, \quad \psi^2 := \frac{dy}{y}, \quad \psi^3 := dz,$$

$$e_1 := \begin{pmatrix} 0 & 0 & 0 \\ 0 & 0 & 0 \\ 0 & 1 & 0 \end{pmatrix}, \quad e_2 := \begin{pmatrix} 0 & 0 & 0 \\ 0 & 0 & 0 \\ 0 & 0 & 1 \end{pmatrix}, \quad e_3 := \begin{pmatrix} 1 & 0 & 0 \\ 0 & 0 & 0 \\ 0 & 0 & 0 \end{pmatrix}.$$

따라서

$$ds_L^2 := (\theta^1)^2 + (\theta^2)^2 + (\theta^3)^2 = \frac{dx^2 + dy^2}{y^2} + dz^2,$$

$$ds_R^2 := (\psi^1)^2 + (\psi^2)^2 + (\psi^3)^2 = (dx - \frac{x}{y}dy)^2 + \frac{dy^2}{y^2} + dz^2$$

는 e_1, e_2, e_3을 단위직교기저로 만드는 왼불변계량, 오른불변계량이다. 즉 $\mathbb{H}^2 \times \mathbb{R}$은 (G, ds_L^2)과 같다.

참고 9.8.1.

$$e_1 := \begin{pmatrix} 1 & 0 \\ 0 & 1 \end{pmatrix}, \qquad e_2 := \begin{pmatrix} 0 & 1 \\ -1 & 0 \end{pmatrix},$$

$$e_3 := \begin{pmatrix} 1 & 0 \\ 0 & -1 \end{pmatrix}, \qquad e_4 := \begin{pmatrix} 0 & 1 \\ 1 & 0 \end{pmatrix}$$

에 대하여

$$G := \{g = xe_1 + ye_2 + ue_3 + ve_4 : x, y, u, v \in \mathbb{R}, \det g \neq 0\}$$

은 군이 된다.

$$g^{-1}dg = \theta^i e_i, \qquad dgg^{-1} = \psi^i e_i$$

라 할 때

$$\begin{aligned} ds^2 &:= -\frac{dx^2 + dy^2 - du^2 - dv^2}{x^2 + y^2 - u^2 - v^2} \\ &= -(\theta^1)^2 - (\theta^2)^2 + (\theta^3)^2 + (\theta^4)^2 \\ &= -(\psi^1)^2 - (\psi^2)^2 + (\psi^3)^2 + (\psi^4)^2. \end{aligned}$$

즉, ds^2은 이 군에 대한 양-불변 준-리만 계량기가 된다. 이제

$$(x, y, u, v) = e^t(\cosh r \cos\phi, \cosh r \sin\phi, \sinh r \cos\theta, \sinh r \sin\theta)$$

라 하면

$$x^2 + y^2 - u^2 - v^2 = e^{2t}.$$

따라서 $t = 0$인 경우 이는 $\mathbf{SL}(2, \mathbb{R})$이다. 그리고

$$ds^2 = -dt^2 + dr^2 + \sinh^2 r d\theta^2 - \cosh^2 r d\phi^2.$$

그러므로 ϕ가 상수면 ds^2은 $\mathbb{H}^2 \times \mathbb{R}$의 로렌쯔 계량기가 된다. 그런데 이 경우 $\mathbb{H}^2 \times \mathbb{R}$은 행렬곱에 대해 닫혀있지는 않다. 즉 이것이 $\mathbb{H}^2 \times \mathbb{R}$의 군 구조를 주지는 않는다.

9.9 여러 리 군의 접속 계산

9.9.1 하이젠베르크 군의 접속

하이젠베르크 군 $\mathbf{Nil}(3)$에서

$$e_1 := \partial_x - \tfrac{y}{2}\partial_z, \quad e_2 := \partial_y + \tfrac{x}{2}\partial_z, \quad e_3 := \partial_z$$

라 하자. 이는 단위직교기저다. 그러면

$$\begin{aligned}[e_1, e_2] &= \partial_x\partial_y + \tfrac{1}{2}\partial_z + \tfrac{x}{2}\partial_x\partial_z - \tfrac{y}{2}\partial_z\partial_y - \tfrac{xy}{4}\partial_z^2 \\ &\quad - (\partial_y\partial_x - \tfrac{1}{2}\partial_z - \tfrac{y}{2}\partial_y\partial_z + \tfrac{x}{2}\partial_z\partial_x - \tfrac{xy}{4}\partial_z^2) \\ &= \partial_z = e_3.\end{aligned}$$

똑같이 계산하여 다음을 얻는다.

$$[e_2, e_3] = [e_3, e_1] = 0.$$

따라서, 단위 직교 벡터 틀장에 대한 코줄의 공식 (4.3)을 사용하여 접속을 구하면 다음과 같다.

$$2\langle\nabla_{e_1}e_2, e_1\rangle = 0, \quad 2\langle\nabla_{e_1}e_2, e_2\rangle = 0, \quad 2\langle\nabla_{e_1}e_2, e_3\rangle = 1.$$

따라서

$$\nabla_{e_1}e_2 = \tfrac{1}{2}e_3.$$

나머지 접속도 다 계산해 보면 다음 결론을 얻는다.

$[X, Y]$

$X \backslash Y$	e_1	e_2	e_3
e_1	0	e_3	0
e_2	$-e_3$	0	0
e_3	0	0	0

$\nabla_X Y$

$X \backslash Y$	e_1	e_2	e_3
e_1	0	$\frac{1}{2}e_3$	$-\frac{1}{2}e_2$
e_2	$-\frac{1}{2}e_3$	0	$\frac{1}{2}e_1$
e_3	$-\frac{1}{2}e_2$	$\frac{1}{2}e_1$	0

(9.20)

9.9.2 Sol(3) 의 접속

계량기가

$$ds^2 = e^{2z}dx^2 + e^{-2z}dy^2 + dz^2$$

이므로

$$\theta^1 := e^z dx, \qquad \theta^2 := e^{-z}dy, \qquad \theta^3 := dz,$$
$$e_1 := e^{-z}\partial_x, \qquad e_2 := e^z\partial_y, \qquad e_3 := \partial_z$$

는 각각 단위 직교 1-형식 틀장, 단위 직교 벡터 틀장이 된다. 이에 대한 리 괄호와 단위 직교 벡터 틀장에 대한 코줄의 공식 (4.3)을 사용하여 구한 접속은 다음과 같다.

$[X, Y]$

$X \backslash Y$	e_1	e_2	e_3
e_1	0	0	e_1
e_2	0	0	$-e_2$
e_3	$-e_1$	e_2	0

$\nabla_X Y$

$X \backslash Y$	e_1	e_2	e_3
e_1	$-e_3$	0	e_1
e_2	0	e_3	$-e_2$
e_3	0	0	0

(9.21)

9.9.3 SL$(2, \mathbb{R})$의 접속

SL$(2, \mathbb{R})$의 왼불변 리만 계량기 (9.17)의 접속을 구해 보자.

$$\theta^1 := \frac{dx}{2y}, \quad \theta^2 := \frac{dy}{2y}, \quad \theta^3 := d\theta + \frac{dx}{2y}$$

가 단위 직교 1-형식 틀장이 되고 그의 쌍대 기저는

$$e_1 := 2y\partial_x - \partial_\theta, \quad e_2 := 2y\partial_y, \quad e_3 := \partial_\theta. \tag{9.22}$$

따라서 이는 단위 직교 벡터 틀장이 된다. 이의 리 괄호를 먼저 구하고 단위 직교 벡터 틀장에 대한 코줄의 공식 (4.3)을 사용하여 접속을 구하면 다음과 같다.

$[X, Y]$

$X \backslash Y$	e_1	e_2	e_3
e_1	0	$-2e_1 - 2e_3$	0
e_2	$2e_1 + 2e_3$	0	0
e_3	0	0	0

(9.23)

$\nabla_X Y$

$X \backslash Y$	e_1	e_2	e_3
e_1	$2e_2$	$-2e_1 - e_3$	e_2
e_2	e_3	0	$-e_1$
e_3	e_2	e_1	0

(9.24)

하지만 위 1-형식장과 벡터장은 왼불변이 아니다.

이를 제대로 계산하기 위해선 (9.11)로 주어지는 세 벡터 e_1, e_2, e_3 으로 생성되는 왼불변 벡터장 ge_1, ge_2, ge_3 으로 리 괄호를 계산한다. (9.19)에 의하면 ge_1, ge_2, ge_3 은 주어진 좌표로는 각각 다음과 같다.

$$\begin{aligned}
ge_1 &= 2y\cos 2\theta\partial_x + 2y\sin 2\theta\partial_y - \cos 2\theta\partial_\theta, \\
ge_2 &= \partial_\theta, \\
ge_3 &= -2y\sin 2\theta\partial_x + 2y\cos 2\theta\partial_y + \sin 2\theta\partial_\theta.
\end{aligned}$$

이 표현을 사용하여 구한 리 괄호는 다음과 같다. 아, 다른 표와 표현을 맞추기 위하여 다음 표에서 ge_i를 그냥 e_i로 나타냈다.

$[X, Y]$

$X \backslash Y$	e_1	e_2	e_3
e_1	0	$-2e_3$	$-2e_2$
e_2	$2e_3$	0	$-2e_1$
e_3	$2e_2$	$2e_1$	0

(9.25)

$\nabla_X Y$

$X \backslash Y$	e_1	e_2	e_3
e_1	0	e_3	$-e_2$
e_2	$3e_3$	0	$-3e_1$
e_3	e_2	$-e_1$	0

(9.26)

이제 $\mathbf{SL}(2, \mathbb{R})$의 리 괄호와 접속을 2가지로 계산한 이유를 살펴보자. 이 절에서 $\mathbf{Nil}(3)$, $\mathbf{Sol}(3)$, $\mathbf{SL}(2, \mathbb{R})$의 리 괄호를 구한 방법은 좌표계를 이용하여 모든 리만 다양체에 대하여 적용시킬 수 있는 가장 일반적인 방법이다. 이 방법을 적용하기 위해선 반드시 좌표계를 구해야 한다. 그런데 행렬군의 경우에는 사실 이 방법이 아니라 아주 간단하게 리 괄호를 계산할 수 있다.

$\mathbf{Nil}(3)$에 대해선 (9.2)에 나와 있는 e_1, e_2, e_3을 가지고 행렬곱에 대한 리 괄호 $e_ie_j - e_je_i$를 계산해 보면 (9.20)의 리 괄호 표를 얻는다. $\mathbb{S}^3(1)$에 대해선 (9.7)에 나와있는 e_1, e_2, e_3을 가지고 행렬곱에 대한 리 괄호 $e_ie_j - e_je_i$를 계산해 보면 (9.21)의 리 괄호 표를 얻는다. $\mathbf{SL}(2, \mathbb{R})$에 대해선 (9.11)에 나와 있는 e_1, e_2, e_3을 가지고 행렬곱에 대한 리 괄호 $e_ie_j - e_je_i$를 계산해 보면 (9.25)의 리 괄호 표를 얻는다. 이렇게 해도 되는 이유는 소정리 9.10.1에 정리해 두었다.

하지만 (9.22)에 나와 있는 e_1, e_2, e_3 에 대해선 사정이 다르다. 내재적으로 표현된 그 벡터를 g를 이용해서 행렬공간으로 보내면

$$e_1 = 2yg_x - g_\theta, \quad e_2 = 2yg_y, \quad e_3 = g_\theta \tag{9.27}$$

며 $x = 0, y = 1, \theta = 0$ 이면 각각

$$e_1 = \begin{pmatrix} 0 & 1 \\ 1 & 0 \end{pmatrix}, \quad e_2 = \begin{pmatrix} 1 & 0 \\ 0 & -1 \end{pmatrix}, \quad e_3 = \begin{pmatrix} 0 & 1 \\ -1 & 0 \end{pmatrix}.$$

이 경우

$$e_1e_2 - e_2e_1 = -2e_3,\ e_1e_3 - e_3e_1 = -2e_2,\ e_2e_3 - e_3e_2 = 2e_1$$

인데 이는 (9.23)에 있는 바와 다르다. 이렇게 되는 이유는 (9.27)에 있는 e_1, e_2, e_3 는 왼불변이 아니기 때문이다.

9.9.4 베르제 구의 접속

앞에서 장황하게 리 괄호를 구하는 법을 설명한 이유는 이제 베르제 구의 리 괄호와 접속을 구할 때 굳이 좌표계를 구하지 않아도 됨을 설명하기 위해서였다. 먼저 (9.9)에 있는 리 대수 $\mathfrak{su}(2)$ 의 원소 e_1, e_2, e_3 에 대하여

$$X_1 := e_1, \quad X_2 := e_2, \quad X_3 := \delta\, e_3$$

라고 하고 이를 단위직교기저로 하는 왼불변 계량기를 생각하자. 먼저 위 X_i 에 대한 리 괄호를 구하려고 하는데 여기서는 좌표계를 사용하지 않고 X_i 사이의 행렬곱을 사용하여 $X_iX_j - X_jX_i$ 를 구한다. 그러고 나서 단위 직교 벡터 틀장에 대한 코줄의 공식 (4.3)

을 사용하여 접속을 구하면 결과는 다음과 같다.[24]

$[X, Y]$

$X \backslash Y$	X_1	X_2	X_3
X_1	0	$2\delta^{-1}X_3$	$-2\delta X_2$
X_2	$-2\delta^{-1}X_3$	0	$2\delta X_1$
X_3	$2\delta X_2$	$-2\delta X_1$	0

$\nabla_X Y$

$X \backslash Y$	X_1	X_2	X_3
X_1	0	$\delta^{-1}X_3$	$-\delta^{-1}X_2$
X_2	$-\delta^{-1}X_3$	0	$\delta^{-1}X_1$
X_3	$(2\delta - \delta^{-1})X_2$	$-(2\delta - \delta^{-1})X_1$	0

9.10 3차원 리군의 리 대수, 접속, 그리고 곡률

앞에서 살펴본 리 괄호와 접속 표에서 관찰할 수 있는 사실 하나가 있다. e_1, e_2, e_3의 계수가 모두 (함수가 아니라) 상수라는 점이다. 이는 우연이 아니라 필연이데 다음과 같이 그 이유를 살펴보자.

행렬군 $G \subset M(n, \mathbb{R})$의 $e = I_n$ 근방을 덮는 지도를

$$\Phi : \mathbb{R}^m \supset \mathcal{U} \ni (u^1, \cdots, u^m) \mapsto G$$

라 하자. 단 $\Phi(\mathbf{0}) = e$. 참고로 $m \le n^2$. 이제 상수 a^k에 대하여 $a^k \frac{\partial}{\partial u^k}\Big|_{\mathbf{0}}$은 $\mathcal{U}$의 원점에서의 (벡터장이 아닌) 벡터며 $\Phi_\star(a^k \frac{\partial}{\partial u^k}\Big|_{\mathbf{0}})$은 T_eG의 원소다. 이제 왼이동을 이용하여 이를 G 전체로 확장한 왼불변 벡터장을 X라 하면,

$$X_g = (L_g \circ \Phi)_\star \left(a^k \frac{\partial}{\partial u^k}\Big|_{\mathbf{0}} \right) = (L_g)_\star \circ \Phi_\star \left(a^k \frac{\partial}{\partial u^k}\Big|_{\mathbf{0}} \right).$$

여기서 $A_i^j := a^k \frac{\partial x_i^j}{\partial u^k}\Big|_0$ 라고 하면

$$\Phi_\star \left(a^k \frac{\partial}{\partial u^k}\Big|_0 \right) = \left[a^k \frac{\partial x_p^j}{\partial u^k}\Big|_0 \right] = [A_i^j]$$

며 따라서 $g = [x_i^j]$라 하면

$$X_g = [x_i^j][A_i^j] = [x_i^p A_p^j] = x_i^p A_p^j \frac{\partial}{\partial x_i^j}.$$

상수 b^ℓ에 대하여 위와 같이 정의한 왼불변 벡터장을 Y라 하면

$$Y_g = x_i^q B_i^q \frac{\partial}{\partial x_i^j}. \qquad \text{단 } B_i^q := b^\ell \frac{\partial x_q^j}{\partial u^\ell}\Big|_0.$$

따라서 $X(Y) = L_1 + L_2$ 그리고 $Y(X) = L_3 + L_2$. 단

$$L_1 := x_i^p A_p^j B_j^t \frac{\partial}{\partial x_i^t}, \qquad L_3 := x_i^p B_p^j A_j^t \frac{\partial}{\partial x_i^t}.$$

따라서

$$\begin{aligned}[X,Y] = X(Y) - Y(X) &= x_i^p \left(A_p^j B_j^t - B_p^j A_j^t \right) \frac{\partial}{\partial x_i^t} \\ &= x_i^p (AB - BA)_p^t \frac{\partial}{\partial x_i^t} = [x_i^j](AB - BA).\end{aligned}$$

이는 두 가지 사실을 이야기한다.

소정리 9.10.1. X, Y가 왼불변 벡터장일 때 $[X,Y]$ 또한 왼불변 벡터장이며 $[X,Y]_e = AB - BA$.

증명 $[x_i^j](AB - BA)$는 상수행렬 $AB - BA$를 $g = [x_i^j]$로 옮긴 것이기 때문이다. ■

또한 다음이 성립한다.

$$\begin{aligned}[e_i, e_j](p) &= (L_p)_\star([e_i, e_j](0)) = (L_p)_\star(c_{ij}^k e_k(0)) \\ &= c_{ij}^k (L_p)_\star(e_k(0)) = c_{ij}^k e_k(p).\end{aligned}$$

위 상수 c_{ij}^k를 e_k들에 대한 G의 구조상수라고 한다.

이제 e_i가 단위 직교 벡터 틀장이라고 하고 $\nabla_{e_i} e_j = \Gamma_{ij}^k e_k$ 라고 하자. 이제 단위 직교 벡터 틀장에 대한 코줄 공식에 의하여

$$\begin{aligned}
\Gamma_{ij}^k &= \langle \nabla_{e_i} e_j, e_k \rangle \\
&= \frac{1}{2} \left(\langle [e_i, e_j], e_k \rangle - \langle [e_j, e_k], e_i \rangle + \langle [e_k, e_i], e_j \rangle \right) \\
&= \frac{1}{2} \left(\langle c_{ij}^\ell e_\ell, e_k \rangle - \langle c_{jk}^\ell e_\ell, e_i \rangle + \langle c_{ki}^\ell e_\ell, e_j \rangle \right) \\
&= \frac{1}{2} \left(c_{ij}^k - c_{jk}^i + c_{ki}^j \right).
\end{aligned}$$

따라서 Γ_{ij}^k도 함수가 아니라 상수다.

9.11 $\mathbf{SL}(2, \mathbb{R})$은 어떻게 생겼는가?

참고 9.6.2에서 $\mathbf{SL}(2, \mathbb{R})$이 껍데기는 뺀 속이 꽉 찬 원환면과 같다고 했는데 여기서 그 이유를 알아보자.

먼저 $\begin{pmatrix} a & b \\ c & d \end{pmatrix}$를 (a, b, c, d)와 같다고 보자. 그러면 $\mathbf{SL}(2, \mathbb{R})$은 4차원 $abcd$-공간에서 $ad - bc = 1$을 만족시키는 점들로 이루어진 집합이 된다.

기초 미적분학에서 다루는 내용인데, 일반적으로 $f(x, y) = c$는 xy-평면에서 곡선을, $f(x, y, z) = c$는 xyz-공간에서 곡면을 나타낸다.

예 9.11.1. $f(x, y) := x^2 + y^2$이면 $f(x, y) = 1$은 중심이 원점이고 반지름이 *1*인 원을 xy-평면의 원을 나타낸다. $f(x, y, z) := x^2 + y^2 + z^2$이면 $f(x, y, z) = 1$은 중심이 원점이고 반지름이 *1*인 원을 xyz-공간의 구를 나타낸다.

따라서 일반적으로 $f(x,y,z,w)=c$는 $xyzw$-초공간에서 초곡면을 나타낸다고 할 수 있다. 이 같은 논리로 **SL**$(2,\mathbb{R})$은 $f(a,b,c,d):=ad-bc$에 대하여 $f(a,b,c,d)=1$을 만족시키는 점들로 이루어진 $abcd$-초공간의 초곡면이라고 할 수 있을 것이다. 과연 그런가 하는 것을 알아보자는 것이다.

곧 보게 되겠지만 **SL**$(2,\mathbb{R})$을 보기 위해서 2×2 행렬을 $\begin{pmatrix} a & b \\ c & d \end{pmatrix}$ 보다는 $\begin{pmatrix} x+z & y-w \\ -y-w & x-z \end{pmatrix}$와 같이 나타내면 좋다. 이 때

$$\begin{pmatrix} a & b \\ c & d \end{pmatrix} = \begin{pmatrix} x+z & y-w \\ -y-w & x-z \end{pmatrix}$$

라 하면 a,b,c,d와 x,y,z,w 사이에는 다음 관계가 성립한다.

$$\begin{pmatrix} a \\ b \\ c \\ d \end{pmatrix} = \begin{pmatrix} 1 & 0 & 1 & 0 \\ 0 & 1 & 0 & -1 \\ 0 & -1 & 0 & -1 \\ 1 & 0 & -1 & 0 \end{pmatrix} \begin{pmatrix} x \\ y \\ z \\ w \end{pmatrix}.$$

이는 $abcd$-공간과 $xyzw$-공간 사이에 일대일 대응이 된다. 따라서 **SL**$(2,\mathbb{R})$은 다음 집합과 같다고 할 수 있다:

$$M=\{(x,y,z,w)|x,y,z,w\in\mathbb{R}, x^2+y^2-z^2-w^2=1\}. \quad (9.28)$$

이게 어떻게 생겼나 하는 것을 다음과 같이 알아보자. 먼저 원점 $\mathbf{0}:=(0,0,0,0)$은 M의 원소가 아님을 상기하자. 그러므로 $M\subset\mathbb{R}^4\setminus\{\mathbf{0}\}$.

---

1) 사실 공간으로부터 물려받는 계량기가 표준 구 계량기가 아니기 때문에 이걸 $\mathbb{S}^3(1)$라고 쓰면 안 되는데 기호에 대한 아이디어가 부족하여 그냥 $\mathbb{S}^3(1)$로 나타낸다.

4차원 $xyzw$-공간에서도, 2차원 xy-평면이나 3차원 xyz-공간에서와 마찬가지로, 원점이 아닌 점 P가 주어지면 반직선 $\vec{OP}$는

$$\mathbb{S}^3(1) := \{(x,y,z,w)|x^2+y^2+z^2+w^2=1\}$$

과 반드시 단 한점에서 만난다.[1)] 그 점을 $\mu(P)$라고 나타내자. 이러면 μ는 $\mathbb{R}^4 \setminus \{\mathbf{0}\}$에서 $\mathbb{S}^3(1)$로 가는 함수가 된다. 즉,

$$\mu : \mathbb{R}^4 \setminus \{\mathbf{0}\} \to \mathbb{S}^3(1), \qquad \mu(x,y,z,w) = \frac{(x,y,z,w)}{\sqrt{x^2+y^2+z^2+w^2}}.$$

이를 M에 국한시키면, $x^2+y^2 = z^2+w^2+1$이므로, 그 식은 다음과 같다:

$$\mu_M : M \to \mathbb{S}^3(1), \qquad \mu(x,y,z,w) = \frac{(x,y,z,w)}{\sqrt{2z^2+2w^2+1}}. \tag{9.29}$$

이 사상의 좋은 점은, μ_M은 일대일 함수라는 것이다.

정리 9.11.1. $\mu_M : M \to \mathbb{S}^3(1)$는 일대일 함수다.

증명 M의 두 점 $P_1 = (x_1,y_1,z_1,w_1)$, $P_2 = (x_2,y_2,z_2,w_2)$에 대하여

$$\mu_M(P_1) = \mu_M(P_2) \tag{9.30}$$

라고 하자. 그러면

$$\frac{x_1}{\sqrt{2z_1^2+2w_1^2+1}} = \frac{x_2}{\sqrt{2z_2^2+2w_2^2+1}}, \tag{9.31}$$

$$\frac{y_1}{\sqrt{2z_1^2+2w_1^2+1}} = \frac{y_2}{\sqrt{2z_2^2+2w_2^2+1}}, \tag{9.32}$$

$$\frac{z_1}{\sqrt{2z_1^2+2w_1^2+1}} = \frac{z_2}{\sqrt{2z_2^2+2w_2^2+1}}, \tag{9.33}$$

$$\frac{w_1}{\sqrt{2z_1^2+2w_1^2+1}} = \frac{w_2}{\sqrt{2z_2^2+2w_2^2+1}}. \tag{9.34}$$

그러면 (9.33), (9.34)에 의하여

$$z_1w_2 = z_2w_1. \tag{9.35}$$

이제 (9.33), (9.35)로부터 $z_1^2 = z_2^2$, 이제 (9.34), (9.35)로부터 $w_1^2 = w_2^2$. 이제 (9.31), (9.32), (9.33), (9.34)로부터 $P_1 = P_2$ 임이 따라 나온다. ■

이제 $\mu_M(M)$이 어떻게 생겼는지 보기 위해 먼저 $\mathbb{S}^3(1)$의 거의 절반인 $\mathbb{S}^3_+(1)$을 다음과 같이 정의하자.

$$\mathbb{S}^3_+(1) := \{(x,y,z,w) | x^2+y^2+z^2+w^2 = 1, z^2+w^2 < \tfrac{1}{2}\}. \quad (9.36)$$

이것의 모양이 어떻게 생겼는가 하는 것은 입체사영 $\pi : \mathbb{S}^3(1) \to \mathbb{R}^3$을 통해서 알 수 있는데 다행히 우리는 앞의 강의를 통하여 이것의 모양을 알고 있다. $\pi(\mathbb{S}^3_+(1))$는 앞의 강의에서 공부한 원환면의 내부와 같다.

이제 다음을 알 수 있다.

정리 9.11.2. 다음이 성립한다.

- $\mu_M(M) \subset \mathbb{S}^3_+(1)$.
- $\mathbb{S}^3_+(1) \subset \mu_M(M)$.

증명 먼저 $\mu_M(M) \subset \mathbb{S}^3_+(1)$임을 보이자. M의 임의의 점 (x,y,z,w)에 대하여 $\mu_M(x,y,z,w) = (\bar{x},\bar{y},\bar{z},\bar{w})$라고 하면

$$\bar{z}^2 + \bar{w}^2 = \frac{z^2+w^2}{2(z^2+w^2)+1} = \frac{1}{2+\frac{1}{z^2+w^2}} < \frac{1}{2}. \quad (9.37)$$

따라서 결론이 성립한다.

이제 $\mathbb{S}^3_+(1) \subset \mu_M(M)$임을 보이자. $Q = (\bar{x},\bar{y},\bar{z},\bar{w}) \in \mathbb{S}^3_+(1)$이라고 하면 $\bar{x}^2+\bar{y}^2-\bar{z}^2-\bar{w}^2 = 1-2(\bar{z}^2+\bar{w}^2) > 0$이다. 이 때

$$\alpha := (\bar{x}^2+\bar{y}^2-\bar{z}^2-\bar{w}^2)^{-1/2} \quad (9.38)$$

라 하면 $\alpha Q = (\alpha\bar{x}, \alpha\bar{y}, \alpha\bar{z}, \alpha\bar{w}) \in M$ 이고 $\mu_M(\alpha Q) = Q$ 다. ■

위 두 정리로부터 $\pi \circ \mu_M(M)$ 은 위상적으로 3차원 유클리드 공간에 있는 원환면의 내부와 같다고 말할 수 있다.

이제 앞으로 돌아가 M 과 $\mathbf{SL}(2,\mathbb{R})$ 사이의 관계에 대하여 좀더 생각해 보자. a, b, c, d 와 x, y, z, w 사이의 관계는 다음과 같이 쓸 수 있다.

$$\begin{pmatrix} a \\ d \end{pmatrix} = \begin{pmatrix} 1 & 1 \\ 1 & -1 \end{pmatrix} \begin{pmatrix} x \\ z \end{pmatrix}, \quad \begin{pmatrix} b \\ c \end{pmatrix} = \begin{pmatrix} 1 & -1 \\ -1 & -1 \end{pmatrix} \begin{pmatrix} y \\ w \end{pmatrix}. \tag{9.39}$$

여기서

$$A := \begin{pmatrix} \cos\frac{\pi}{4} & -\sin\frac{\pi}{4} \\ \sin\frac{\pi}{4} & \cos\frac{\pi}{4} \end{pmatrix}, \qquad B := \begin{pmatrix} 1 & 0 \\ 0 & -1 \end{pmatrix} \tag{9.40}$$

이라 하면

$$\begin{pmatrix} a \\ d \end{pmatrix} = \sqrt{2}AB \begin{pmatrix} x \\ z \end{pmatrix}, \qquad \begin{pmatrix} b \\ c \end{pmatrix} = \sqrt{2}BA \begin{pmatrix} y \\ w \end{pmatrix}. \tag{9.41}$$

이 때 행렬 A 와 B 의 기하적 의미를 살펴보면 A 는 반시계 방향으로 $\frac{pi}{4}$ 만큼 회전, B 는 첫 번째 축에 대한 대칭이동이다. 즉, $\mathbf{SL}(2,\mathbb{R})$ 은 M 을 (적당히) 대칭이동시키고, 회전시키고, 확대시킨 것이다.

이제 $\mathbf{SL}(2,\mathbb{R})$ 을 매개식으로 나타내는 법에 대하여 알아보자. xy-평면의 한 점을 $(r\cos\phi, r\sin\phi)$ 로 나타내고 zw-평면의 한 점을 $(\rho\cos\theta, \rho\sin\theta)$ 로 나타내자. 그러면 식 $x^2 + y^2 - z^2 - w^2 = 1$ 은 $r^2 - \rho^2 = 1$ 이 된다. 그런데 이런 조건식을 만족시키는 두 수 $r, \rho \geq 0$ 는 반드시 다음과 같이 나타낼 수 있다:

$$r = \cosh s, \quad \rho = \sinh s, \quad s \geq 0$$

따라서 M의 임의의 점 (x,y,z,w)는 다음과 같이 나타낼 수 있다. (여기서 $0 \le s, 0 \le \theta < 2\pi, 0 \le \phi < 2\pi$.)

$$(x,y,z,w) = (\cosh s\cos\phi, \cosh s\sin\phi, \sinh s\cos\theta, \sinh s\sin\theta).$$

즉 M은 다음 매개식의 이미지가 된다.

$$Y(s,\theta,\phi) = (\cosh s\cos\phi, \cosh s\sin\phi, \sinh s\cos\theta, \sinh s\sin\theta).$$

이제 다음을 알 수 있다.

$$\begin{aligned} X(s,\theta,\phi) &:= \pi \circ \mu_M \circ Y(s,\theta,\phi) \\ &= \frac{(\cosh s\cos\phi, \cosh s\sin\phi, \sinh s\cos\theta)}{\sqrt{\cosh 2s} - \sinh s\sin\theta}. \end{aligned}$$

이것이 **SL**$(2,\mathbb{R})$을 나타내는 매개식이다. 이 때 θ, ϕ를 고정하고 s를 ∞로 보내면 다음을 얻게 된다.

$$\lim_{s\to\infty} X(s,\theta,\phi) = \frac{(\cos\phi, \sin\phi, \cos\theta)}{\sqrt{2} - \sin\theta}.$$

이것은 우리가 앞에서 살펴보았던 클리포드 원환면의 식이다.

제 10 장

로렌쯔 공간의 곡률

10.1 정의와 계산법

로렌쯔 계량기의 특성 때문에 곡률의 정의와 계산에 대한 식이 조금 달라진다. 이 장에서는 그 부분을 조금 설명하고자 한다. 먼저 로렌쯔 계량기는 다음과 같이 쓸 수 있다.

$$ds^2 = -(\theta^0)^2 + (\theta^1)^2 + \cdots + (\theta^n)^2.$$

이제 $\theta^0, \theta^1, \cdots \theta^n$ 의 쌍대 벡터 틀장을

$$e_0, e_1, \cdots, e_n$$

이라 하자. 즉

$$\text{모든 } i, j \in \{0, 1, \cdots, n\}\text{에 대하여} \quad \theta^i(e_j) = \delta^i_j.$$

이러면 다음이 성립한다.

$$\langle e_i, e_j \rangle = \begin{cases} 1 & \text{단 } i = j > 0, \\ -1 & \text{단 } i = j = 0, \\ 0 & \text{단 } i \neq j. \end{cases}$$

이런 틀장을 여전히 단위 직교 1-형식 틀장, 단위 직교 벡터 틀장이라 부르자.

10.1.1 레비-치비타 접속을 이용한 계산

e_i 들에 대한 리 괄호 $[e_i, e_j]$ 는 리만 다양체의 경우와 똑같이 계산한다. 리 괄호는 계량기와 상관없이 정의되는, 미분 다양체의 개념이기 때문이다.

코줄의 공식 또한 그대로 성립한다. 잘 보면 코줄의 공식은 리만 계량기와 로렌쯔 계량기를 구분하지 않는다. 따라서 다음 두 결과는 여전히 성립한다.

소정리 10.1.1. *(로렌쯔 계량기에 대한 코줄 공식)*

$$2\langle \nabla_X Y, Z\rangle = X(\langle Y, Z\rangle) + Y(\langle Z, X\rangle) - Z(\langle X, Y\rangle) \\ + \langle [X,Y], Z\rangle - \langle [Y,Z], X\rangle + \langle [Z,X], Y\rangle.$$

따름정리 10.1.1. 만약 e_i가 단위 직교 벡터 틀장이면

$$\langle \nabla_{e_i} e_j, e_k\rangle = \frac{1}{2}\big(\langle [e_i, e_j], e_k\rangle \\ - \langle [e_j, e_k], e_i\rangle + \langle [e_k, e_i], e_j\rangle\big). \quad (10.1)$$

이것으로부터 모든 $0 \le i, j \le n$에 대하여 $\nabla_{e_i} e_j$를 구할 수 있다.

리만 곡률 텐서는 여전히

$$R(X,Y)Z := \nabla_X \nabla_Y Z - \nabla_Y \nabla_X Z - \nabla_{[X,Y]} Z$$

이고 단면 곡률, 리치 텐서, 스칼라 곡률는 여전히

$$K(X,Y) := \frac{-\langle R(X,Y)X, Y\rangle}{\langle X,X\rangle\langle Y,Y\rangle - \langle X,Y\rangle^2},$$
$$Ric(X,Y) := -\sum_{i=0}^{n} \langle R(X,e_i)Y, e_i\rangle, \quad (10.2)$$
$$S := \sum_{j=1}^{n} Ric(e_j(p), e_j(p))$$

로 정의된다.

여기까지 보면 로렌쯔 다양체의 단면 곡률은 리만 다양체의 단면 곡률과 똑같이 정의되는 것처럼 보인다. 그것이 바로 시간축과 공간축이 구별되지 않는다는 의미로 해석되는 것 아닐까?

그렇지만 한 마디 할 것이 있다. 일반적인 준-리만 다양체의 경우에는 X, Y가 서로 독립이어도 $\langle X,X\rangle\langle Y,Y\rangle - \langle X,Y\rangle^2 = 0$일 수 있다. 이럴 때 K는 정의되지 않는다. 또한 로렌쯔 다양체의 경우 $\langle X,X\rangle\langle Y,Y\rangle - \langle X,Y\rangle^2 < 0$일 수도 있다.

예 10.1.1. 계량기가 $ds^2 = -dt^2 + dx^2 + dy^2$ 으로 주어진 3차원 로렌쯔 공간에서 $e_1 := \partial_t + \partial_x$, $e_2 := \partial_y$ 는 서로 독립이며 $\langle e_1, e_1\rangle\langle e_2, e_2\rangle - \langle e_1, e_2\rangle^2 = 0$ 이다. $e_1 := \partial_t, e_2 := \partial_x$ 는 서로 독립이며 $\langle e_1, e_1\rangle\langle e_2, e_2\rangle - \langle e_1, e_2\rangle^2 = -1$ 이다.

10.1.2 1-형식 틀장을 이용한 계산

움직이는 틀장을 이용한 계산은 여러 군데서 바뀐다.

먼저 임의의 아핀 접속 ∇ 에 대하여 접속 1-형식 ω_i^j 의 정의는 여전히 다음을 만족시키는 1-형식으로 한다.

$$\nabla_X e_i = \omega_i^m(X) e_m. \tag{10.3}$$

곡률 행렬의 정의 또한 여전히 다음과 같다.

$$\Omega := d\omega - \omega \wedge \omega, \qquad \Omega_i^j = d\omega_i^j - \omega_i^k \wedge \omega_k^j.$$

그러면 리만 곡률 텐서를 곡률 2-형식과 연관시키는 가장 근본적인 식 (5.5)

$$R(e_i, e_j)e_k = \Omega_k^\ell(e_i, e_j)e_\ell$$

는 여전히 유효하다. 사실 이상은 다양체에 계량기가 주어지지 않은 상태에서도 여전히 성립한다.

이제 ω 가 만족시켜야 하는 식에 대하여 좀더 알아보자. 앞에서 공부한 반-대칭성과 제 1구조방정식이 유도되는 과정을 잘 보면 내적, 즉 계량기를 이용하고 있음을 알 수 있다. 이제 그 계량기가 리만 계량기가 아니라 로렌쯔 계량기인 경우 식이 어떻게 변하는지 주의하면서 식을 전개해 나가야 한다.

이제 다양체에 로렌쯔 계량기가 주어지고 그 계량기에 대하여 접속이 레비-치비타 접속이라고 하자. 이러면 간단한 계산에 의하여 다음을 얻는다.

소정리 10.1.2. *(접속과 계량기의 어울림 조건으로부터)* (10.3)으로 주어진 접속 *1*-형식 ω_i^j에 대하여 다음이 성립한다.

$$1 \le i, j \le 3\text{에 대하여} \quad \omega_i^j = -\omega_j^i, \;\; \omega_i^0 = \omega_0^i, \;\; \omega_0^0 = 0. \qquad (10.4)$$

증명 정의로부터 다음을 얻을 수 있다. 단 $j > 0$.

$$\langle \nabla_X e_0, e_j \rangle = \omega_0^j(X), \qquad \langle \nabla_X e_j, e_0 \rangle = -\omega_j^0(X),$$

이 둘을 더하고 접속과 계량기의 어울림 조건을 이용하면

$$0 = X\langle e_0, e_j \rangle = \langle \nabla_X e_0, e_j \rangle + \langle \nabla_X e_j, e_0 \rangle = \omega_0^j(X) - \omega_j^0(X).$$

따라서 $\omega_0^j = \omega_j^0$. 또한 정의로부터

$$-\omega_0^0(X) = \langle \nabla_X e_0, e_0 \rangle = \frac{1}{2} X(\langle e_0, e_0 \rangle) = 0.$$

따라서 $\omega_0^0 = 0$. $i, j \ge 1$인 경우도 비슷하게 따라나온다. ■

(10.4)를 준 반-대칭성이라 한다. 자, 이 ω에 대하여 제 1 구조방정식

$$d\theta - \theta \wedge \omega = 0$$

은 만족이 되는가? 이러면 리만 계량기의 경우 제 1 구조방정식이 왜 성립하는지 잘 보고 그것이 로렌쯔 레비-치비타 접속에 대해서도 만족이 되는지 살펴 보아야 한다.

소정리 10.1.3. 로렌쯔 계량기에 대해서도 제 *1* 구조방정식

$$d\theta - \theta \wedge \omega = 0$$

은 여전히 성립한다.

증명 비틀림 없음 조건으로부터

$$0 = \nabla_{e_i} e_j - \nabla_{e_j} e_i - [e_i, e_j].$$

이걸 e_ℓ과 내적하면

$$0 = \langle \nabla_{e_i} e_j, e_\ell \rangle - \langle \nabla_{e_j} e_i, e_\ell \rangle - \langle [e_i, e_j], e_\ell \rangle.$$

이 때 정의에 의하면

$$\langle \nabla_{e_i} e_j, e_k \rangle = \langle \omega_j^\ell(e_i) e_\ell, e_k \rangle = \begin{cases} -\omega_j^0(e_i) & \text{단 } k = 0, \\ +\omega_j^k(e_i) & \text{단 } k > 0. \end{cases}$$

따라서

$$\begin{aligned} 0 &= -\omega_j^0(e_i) + \omega_i^0(e_j) - \langle [e_i, e_j], e_0 \rangle && \text{단 } k = 0, \\ 0 &= \omega_j^k(e_i) - \omega_i^k(e_j) - \langle [e_i, e_j], e_k \rangle && \text{단 } k > 0. \end{aligned} \tag{10.5}$$

여기서 다음을 보자. 식 (5.1)에 의하면, 모든 $i, j, k = 0, 1, \cdots, n$에 대하여

$$d\theta^i(e_j, e_k) = e_j(\theta^i(e_k)) - e_k(\theta^i(e_j)) - \theta^i([e_j, e_k]).$$

여기서 $\theta^i(e_k)$ 등은 1 아니면 0이기 때문에 $e_j(\theta^i(e_k)) = 0$이다. 그리고

$$\theta^i([e_j, e_k]) = \begin{cases} \langle [e_j, e_k], e_i \rangle & \text{단 } i > 0, \\ -\langle [e_j, e_k], e_0 \rangle & \text{단 } i = 0. \end{cases}$$

따라서

$$d\theta^k(e_i, e_j) = -\theta^k([e_i, e_j]) = \begin{cases} \langle [e_i, e_j], e_k \rangle & \text{단 } k = 0, \\ -\langle [e_i, e_j], e_k \rangle & \text{단 } k > 0. \end{cases}$$

따라서 식 (10.5)는 다음을 의미한다. 단 $k > 0$.

$$\begin{aligned} 0 &= -\omega_j^0(e_i) + \omega_i^0(e_j) - d\theta^0(e_i, e_j), \\ 0 &= \omega_j^k(e_i) - \omega_i^k(e_j) + d\theta^k(e_i, e_j). \end{aligned}$$

즉 모든 $i, j, k = 0, 1, \cdots, n$에 대하여

$$\begin{aligned} 0 &= d\theta^k(e_i, e_j) - \omega_i^k(e_j) + \omega_j^k(e_i) \\ &= d\theta^k(e_i, e_j) - \theta^\ell(e_i)\omega_\ell^k(e_j) + \theta^\ell(e_j)\omega_\ell^k(e_i) \\ &= d\theta^k(e_i, e_j) - \theta^\ell \wedge \omega_\ell^k(e_i, e_j). \end{aligned}$$

따라서 결론이 성립한다. ■

따라서 로렌쯔 다양체의 단면 곡률은 다음과 같이 구할 수 있다.

1단계) 주어진 단위직교 1형식 틀장 $\theta^0, \theta^1, \cdots, \theta^n$에 대하여 준반-대칭성과 제 1 구조방정식을 만족시키는 1형식을 찾는다.

2단계) 곡률 2-형식을 계산한다.

3단계) 단면 곡률을 계산한다.

10.2 더시터르 시공간의 단면 곡률

계량기가 다음과 같이 주어진 4차원 공간을 생각하라.

$$ds^2 = \frac{-dt^2 + dx^2 + dy^2 + dz^2}{t^2}. \tag{10.6}$$

단 $t > 0$. 이 공간의 단면 곡률을 계산해 보자. 먼저 다음을 정의하자.

$$\theta^0 := \frac{dt}{t}, \qquad \theta^1 := \frac{dx}{t}, \qquad \theta^2 := \frac{dy}{t}, \qquad \theta^3 := \frac{dz}{t},$$
$$e_0 := t\partial_t, \qquad e_1 := t\partial_x, \qquad e_2 := t\partial_y, \qquad e_3 := t\partial_z.$$

그러면 θ는 움직이는 단위 직교 1-형식 틀장이 되고 e는 움직이는 단위 직교 벡터 틀장이 된다.

10.2.1 레비-치비타 접속을 이용한 계산

이제 리 괄호를 계산하자. $1 \le i, j \le 3$에 대하여

$$\begin{aligned}
&[e_0, e_0] = 0, \\
&[e_0, e_i] = t\partial_t(t\partial_i) - t\partial_i(t\partial_t) = t\partial_i = e_i, \\
&[e_i, e_j] = t\partial_i(t\partial_j) - t\partial_j(t\partial_i) = 0.
\end{aligned}$$

따라서 리 괄호에 대한 표를 얻는다. 이제 리만 계량의 경우와 똑같이 단위 직교 벡터 틀장에 대한 코줄 공식 (10.1)을 써서 접속

을 구할 수 있다. 조심해야 할 것은 $\langle \nabla_{e_\alpha} e_\beta, e_0 \rangle = a$ 면 $\nabla_{e_\alpha} e_\beta$ 를 e_0, e_1, e_2, e_3 의 선형결합으로 나타냈을 때 e_0 의 계수가 a가 아니라 $-a$ 라는 점이다.

$[X,Y]$

$X \backslash Y$	e_0	e_1	e_2	e_3
e_0	0	e_1	e_2	e_3
e_1	$-e_1$	0	0	0
e_2	$-e_2$	0	0	0
e_3	$-e_3$	0	0	0

$\nabla_X Y$

$X \backslash Y$	e_0	e_1	e_2	e_3
e_0	0	0	0	0
e_1	$-e_1$	$-e_0$	0	0
e_2	$-e_2$	0	$-e_0$	0
e_3	$-e_3$	0	0	$-e_0$

이로부터 임의의 $i, j, k \in \{1, 2, 3\}$ 에 대하여

$$R(e_i, e_j)e_k = \langle e_j, e_k \rangle e_i - \langle e_i, e_k \rangle e_j, \quad R(e_i, e_j)e_0 = \langle e_j, e_0 \rangle e_i - \langle e_i, e_0 \rangle e_j,$$
$$R(e_i, e_0)e_k = \langle e_0, e_k \rangle e_i - \langle e_i, e_k \rangle e_0, \quad R(e_i, e_0)e_0 = \langle e_0, e_0 \rangle e_i - \langle e_i, e_0 \rangle e_0$$

임을 알 수 있다. 따라서[1] 모든 $i, j, k \in \{0, 1, 2, 3\}$ 에 대하여

$$R(e_i, e_j)e_k = \langle e_j, e_k \rangle e_i - \langle e_i, e_k \rangle e_j.$$

그러므로

$$\begin{aligned} R(a^i e_i, b^j e_j)c^k e_k &= a^i b^j c^k R(e_i, e_j)e_k \\ &= a^i b^j c^k (\langle e_j, e_k \rangle e_i - \langle e_i, e_k \rangle e_j) \\ &= \langle b^j e_j, c^k e_k \rangle a^i e_i - \langle a^i e_i, c^k e_k \rangle b^j e_j. \end{aligned}$$

즉 임의의 X, Y, Z 에 대하여

$$R(X,Y)Z = \langle Y, Z \rangle X - \langle X, Z \rangle Y.$$

따라서 단면 곡률은 항상 1이다.

1) 노미즈 교수의 [17]을 참조하였다. 노미즈 교수는 일반적 n차원 더시터르 공간을 다루었다.

10.2.2 1-형식 틀장을 이용한 계산

먼저 접속 1-형식 ω를 구하자. $\omega_i^j = h_{ik}^j \theta^k$ (단, $i, j, k \in \{0, 1, 2, 3\}$) 라고 하면 ω의 준 반-대칭성과 제 1 구조방정식은 다음을 의미한다.

$$
\begin{aligned}
h_{0k}^0 &= 0, && && \text{4개} \\
h_{0k}^i &= h_{ik}^0, && \text{단 } i \geq 1, && \text{12개} \\
h_{ik}^j &= -h_{jk}^i, && \text{단 } i \geq j \geq 1, && \text{24개} \\
d\theta^k &= \sum_{0 \leq i < j \leq 3} (h_{ij}^k - h_{ji}^k)\theta^i \wedge \theta^j. && && \text{24개}
\end{aligned}
$$

이는 총 64개의 변수 h_{ik}^j에 대한 총 64개의 방정식이 된다. 이제

$$
\begin{aligned}
d\theta &= \begin{pmatrix} d\theta^0 & d\theta^1 & d\theta^2 & d\theta^1 \end{pmatrix} \\
&= \begin{pmatrix} 0 & -\theta^0 \wedge \theta^1 & -\theta^0 \wedge \theta^2 & -\theta^0 \wedge \theta^3 \end{pmatrix}
\end{aligned}
$$

임을 이용하여 위 방정식계를 풀어 접속 행렬을 구하면 다음과 같다.[2)]

$$
\omega = \begin{pmatrix} 0 & -\theta^1 & -\theta^2 & -\theta^3 \\ -\theta^1 & 0 & 0 & 0 \\ -\theta^2 & 0 & 0 & 0 \\ -\theta^3 & 0 & 0 & 0 \end{pmatrix}.
$$

참고 10.2.1. 앞에서 말한 것처럼 이 ω는 반대칭이지 않다. ω를 모르는 상태에서 알아내는 것은 적지 않은 계산을 필요로 하지만 이 ω가 맞다는 것을 확인하는 것은 쉽다. $d\theta - \theta \wedge \omega$를 계산해 보라.

---

2) ω를 구하는 다른 방법은 $\nabla_{e_i} e_j = \omega_j^k(e_i) e_k$ 을 이용하는 것이다.

이로부터 곡률 행렬 $\Omega := d\omega - \omega \wedge \omega$를 구하면 다음과 같다.

$$\Omega = \begin{pmatrix} 0 & \theta^0 \wedge \theta^1 & \theta^0 \wedge \theta^2 & \theta^0 \wedge \theta^3 \\ \theta^0 \wedge \theta^1 & 0 & -\theta^1 \wedge \theta^2 & -\theta^1 \wedge \theta^3 \\ \theta^0 \wedge \theta^2 & \theta^1 \wedge \theta^2 & 0 & -\theta^2 \wedge \theta^3 \\ \theta^0 \wedge \theta^3 & \theta^1 \wedge \theta^3 & \theta^2 \wedge \theta^3 & 0 \end{pmatrix}. \tag{10.7}$$

이제 단면 곡률을 구해보자. 식 (10.7)로부터 다음을 알 수 있다.

$$\Omega_0^1(e_0, e_1) = \Omega_0^2(e_0, e_2) = \Omega_0^3(e_0, e_3) = 1,$$
$$\Omega_1^2(e_1, e_2) = \Omega_1^3(e_1, e_3) = \Omega_2^3(e_2, e_3) = -1.$$

이것과 $\Omega_k^\ell(e_i, e_j)$의 대칭성에 의하여 총 24개의 $\Omega_k^\ell(e_i, e_j)$가 1 아니면 -1임을, 그리고 나머지는 모두 0임을 알게 된다.

이제 $X := a^i e_i$, $Y := b^j e_j$라고 하자. 그러면 임의의 $k \geq 0$에 대하여

$$R(X,Y)e_k = a^i b^j R(e_i, e_j)e_k = a^i b^j \Omega_k^\ell(e_i, e_j)e_\ell.$$

이 때 $k = 0$이면 위 결과에 의하여

$$\begin{aligned} R(X,Y)e_0 &= a^i b^j \Omega_0^\ell(e_i, e_j)e_\ell \\ &= a^0 b^j \Omega_0^\ell(e_0, e_j)e_\ell + a^i b^0 \Omega_0^\ell(e_i, e_0)e_\ell \\ &= a^0 \sum_{\ell>0} b^\ell \Omega_0^\ell(e_0, e_\ell)e_\ell + b^0 \sum_{\ell>0} a^\ell \Omega_0^\ell(e_\ell, e_0)e_\ell \\ &= a^0 \sum_{\ell>0} b^\ell e_\ell - b^0 \sum_{\ell>0} a^\ell e_\ell \\ &= a^0 \sum_{\ell\geq 0} b^\ell e_\ell - b^0 \sum_{\ell\geq 0} a^\ell e_\ell \\ &= -\langle X, e_0\rangle Y + \langle Y, e_0\rangle X. \end{aligned}$$

$k > 0$이면

$$\begin{aligned} R(X,Y)e_k &= a^k b^0 \Omega_k^0(e_k, e_0)e_0 + a^k \sum_{\ell>0} b^\ell \Omega_k^\ell(e_k, e_\ell)e_\ell \\ &\quad + b^k a^0 \Omega_k^0(e_0, e_k)e_0 + b^k \sum_{\ell>0} a^\ell \Omega_k^\ell(e_\ell, e_k)e_\ell \\ &= -a^k b^0 e_0 + a^k \sum_{\ell>0,\ell\neq k} b^\ell(-1)e_\ell - a^k b^k e_k \\ &\quad + b^k a^0 e_0 + b^k \sum_{\ell>0,\ell\neq k} a^\ell(+1)e_\ell + a^k b^k e_k \\ &= -a^k(b^0 e_0 + \sum_{\ell>0} b^\ell e_\ell) + b^k(a_0 e_0 + \sum_{\ell>0} a^0 e_0) \\ &= -\langle X, e_k\rangle Y + \langle Y, e_k\rangle X. \end{aligned}$$

따라서 모든 $k \geq 0$에 대하여

$$R(X,Y)e_k = \langle Y, e_k\rangle X - \langle X, e_k\rangle Y.$$

양변은 모두 $\mathfrak{F}$-다중선형이므로 임의의 X, Y, Z에 대하여

$$R(X,Y)Z = \langle Y, Z\rangle X - \langle X, Z\rangle Y.$$

따라서

$$K(X,Y) = \frac{-\langle R(X,Y)X, Y\rangle}{\langle X,X\rangle\langle Y,Y\rangle - \langle X,Y\rangle^2} = 1.$$

참고 10.2.2. 로렌쯔 다양체의 벡터에는 세 가지 종류가 있다. 공간적, 광적, 시간적 벡터가 그것이다. 이 종류에 상관없이 더시터르 공간의 곡률은 항상 *1*이다.

참고 10.2.3. *5*차원 로렌쯔 공간

$$\mathbb{L}^5 := \{(v,w,a,b,c) \in \mathbb{R}^5 : ds^2 = -dv^2 + dw^2 + da^2 + db^2 + dc^2\}$$

에 들어 있는 다음 집합

$$\mathbb{S}_1^4(1) = \{(v,w,a,b,c) \in \mathbb{L}^5 : -v^2 + w^2 + a^2 + b^2 + c^2 = 1\}$$

을 4차원 드시터르 공간이라 하고 $\mathbb{S}^4_1(1)$로 나타낸다. 여기에 다음과 같은 변환

$$t = \frac{1}{w+v}, \quad x = \frac{a}{w+v}, \quad y = \frac{b}{w+v}, \quad z = \frac{c}{w+v}.$$

을 적용하면 계량기는 (10.6)과 같이 표현된다. 그런데 $\mathbb{S}^4_1(1)$에서 $w+v$는 0보다 클 수도 있고, 0과 같을 수도 있고 0보다 작을 수도 있다. 즉 $t > 0$인 부분은 S^4_1의 절반만 나타내고 있다는 것이다. 이 말의 의미를 이해하는 것은 사실 3차원 더시터르 공간을 보면 더 쉽다. §8.8.2를 보라.

10.3 반 더시터르 시공간의 단면 곡률

계량기가 다음과 같이 주어진 4차원 공간을 생각하라.

$$ds^2 = \frac{-(dy^0)^2 + (dy^1)^2 + (dy^2)^2 + (dy^3)^2}{(y^3)^2}.$$

단 $y^3 > 0$. 이 공간의 단면 곡률을 계산해 보자. 참고로, t가 상수면 이 공간은 단면 곡률이 -1인 3차원 쌍곡 공간이 된다. 다음을 정의하자.

$$\theta^0 := \frac{dy^0}{y^3}, \quad \theta^1 := \frac{dy^1}{y^3}, \quad \theta^2 := \frac{dy^2}{y^3}, \quad \theta^3 := \frac{dy^3}{y^3},$$

$$e_0 := y^3\partial_0, \quad e_1 := y^3\partial_1, \quad e_2 := y^3\partial_2, \quad e_3 := y^3\partial_3.$$

그러면 θ는 움직이는 단위 직교 1-형식 틀장이 되고 e는 움직이는 단위 직교 벡터 틀장이 된다.

10.3.1 레비-치비타 접속을 이용한 계산

이제 리 괄호를 계산하자. $0 \le i < j \le 2$에 대하여

$$[e_i, e_j] = z\partial_i(z\partial_j) - z\partial_j(z\partial_i) = 0,$$

$$[e_i, e_3] = z\partial_i(z\partial_z) - z\partial_z(z\partial_i) = -z\partial_i = -e_i.$$

이제 리 괄호의 반-대칭성을 이용하여 다음 리 괄호 표를 채울 수 있다. 그러고 나서 리만 계량의 경우와 똑같은 코줄 공식 (10.1)을 써서 접속을 구할 수 있다.

$[X, Y]$

$X \backslash Y$	e_0	e_1	e_2	e_3
e_0	0	0	0	$-e_0$
e_1	0	0	0	$-e_1$
e_2	0	0	0	$-e_2$
e_3	e_0	e_1	e_2	0

$\nabla_X Y$

$X \backslash Y$	e_0	e_1	e_2	e_3
e_0	$-e_3$	0	0	$-e_0$
e_1	0	e_3	0	$-e_1$
e_2	0	0	e_3	$-e_2$
e_3	0	0	0	0

이제 더시터르 시공간에서 했던 방법 그대로 진행하면 모든 단면 곡률은 -1 임을 알 수 있다.

10.3.2 1-형식 틀장을 이용한 계산

먼저 1-형식틀장의 외미분은 다음과 같다.

$$d\theta = \begin{pmatrix} d\theta^0 & d\theta^1 & d\theta^2 & d\theta^3 \end{pmatrix} = \begin{pmatrix} \theta^0 \wedge \theta^3 & \theta^1 \wedge \theta^3 & \theta^2 \wedge \theta^3 & 0 \end{pmatrix}.$$

이제 더시터르 시공간의 접속 1-형식 구하는 방법을 그대로 적용하면 접속 행렬을 구할 수 있는데 그건 다음과 같다.

$$\omega = \begin{pmatrix} 0 & 0 & 0 & -\theta^0 \\ 0 & 0 & 0 & \theta^1 \\ 0 & 0 & 0 & \theta^2 \\ -\theta^0 & -\theta^1 & -\theta^2 & 0 \end{pmatrix}.$$

다시 한번 더 말하자면 이걸 모르는 상태에서 구하는 건 어려워도 이것이 준 반-대칭성과 제 1 구조방정식을 만족시킨다는 걸 확인하는 건 쉽다. 이로부터 곡률 행렬을 구하면 다음과 같다.

$$\Omega = \begin{pmatrix} 0 & -\theta^0 \wedge \theta^1 & -\theta^0 \wedge \theta^2 & -\theta^0 \wedge \theta^3 \\ -\theta^0 \wedge \theta^1 & 0 & \theta^1 \wedge \theta^2 & \theta^1 \wedge \theta^3 \\ -\theta^0 \wedge \theta^2 & -\theta^1 \wedge \theta^2 & 0 & \theta^2 \wedge \theta^3 \\ -\theta^0 \wedge \theta^3 & -\theta^1 \wedge \theta^3 & -\theta^2 \wedge \theta^3 & 0 \end{pmatrix}. \tag{10.8}$$

더시터르 시공간의 단면 곡률을 구하는 방법을 그대로 적용하면 모든 단면 곡률은 -1임을 알 수 있다. 사실 굳이 모든 계산을 다 하지 않아도 이 사실을 알 수 있는데, 이 Ω는 (10.7)의 Ω와 부호가 반대이기 때문이다.

참고 10.3.1. 계량기가

$$ds^2 = -dt^2 - ds^2 + dx^2 + dy^2 + dz^2$$

인 $\mathbb{R}^5$에서 다음 식

$$-t^2 - s^2 + x^2 + y^2 + z^2 = -1$$

을 만족시키는 점들로 이루어진 부분집합을 *4*차원 반 더시터르*(Anti de Sitter)* 공간이라 하고 $\mathbb{H}_1^4(-1)$로 나타낸다. 계량기가 (10.3)으로 주어진 반공간$(y_3 > 0)$은 $\mathbb{H}_1^4(-1)$의 반이다. *§9.6.3*을 참조하라.

제 11 장

계량기의 활용: 일반 상대론

11.1 들어가며

태양이 지구를 도는 게 아니라 지구가 태양을 돈다는 것이 굉장한 충격으로 받아들여진 시절이 있었는데 행성의 궤도에 관한 우리의 지식이 어떻게 발전되어 왔는지 그 역사를 공부해 보면 재미있는 구석이 많다. 수십 년에 걸친 티코 브라헤의 관측과 케플러의 분석을 통하여 행성의 궤도가 사실은 원이 아니라 타원이라는 것이 알져졌는데 왜 원이 아니고 타원인가 하는 질문에 대한 답은 그렇게 당연하지는 않으나 그렇게 어렵지도 않으며 대부분의 대학 미적분학 교과서에 그 내용이 실려있다.

그런데 태양에 제일 가까운 행성인 수성의 궤도에 관한 관측 자료를 자세히 들여다 보면 태양에 가장 가까운 위치(근일점)가 일정하지 않고 아주 조금씩[1)] 돌아가는 것처럼 보인다고 한다. 그 정도가 아주 작아서 관측 오차이겠지 하고 넘어갔던 이 현상이 사실은 잘못된 관측에서가 아니라 그럴 수 밖에 없는 현상이라는 것을 아인쉬타인은 일반 상대성 이론을 이용하여 설명하였고 이는 일반 상대성 이론이 받아들여지게 되는 계기 중의 하나가 되었다. 이 현상을 수성의 근일점 이동 (Perihelion precession of Mercury) 이라 한다.

아인쉬타인의 설명은 아인쉬타인 방정식을 만족시키는 로렌쯔 계량기가 주어진 다양체에서 곧은선이 어떻게 생겼는가에 대한 분석으로 귀결되는데 이는 우리가 이 책에서 이제까지 다룬 지식으로 이해 가능하며 이 장에서 그걸 살펴볼 것이다. 이 장의 내용에 대한 자세한 설명은 대부분 [13], [19], [31]에서 찾을 수 있으며 사실 이

1) 100년에 약 43/3600도.

세 문헌의 서술을 많이 따랐으나 독자의 편의를 위하여 또는 약간의 잘못된 수식 때문에 조금 수정을 한 부분들이 있다.

11.2 아인슈타인의 방정식

일반상대론의 핵심은, 우주란 어떤 방정식을 만족시키는 로렌쯔 계량기를 가진 다양체라는 것이다. 로렌쯔 계량 g가 만족시키는 그 방정식을 아인쉬타인의 방정식이라 하는데 다음과 같다.

$$(Ric - \frac{1}{2}Sg) + \Lambda g = 8\pi T.$$

여기서 Ric과 S는 (10.2)에 주어진 리치 텐서와 스칼라 곡률이고 Λ는 상수다. T는 스트레스 텐서라고 하며 우주에 아무 것도 없는 경우 $T = 0$이라 한다. 상수 Λ는 있는게 맞는가 없는게 맞는가, 즉 Λ는 0이 아닐 수도 있는가 아니면 반드시 0이어야 하는가에 대한 논란이 있었는데 현재까지도 통일된 의견은 없다고 한다. 여기서

$$G := Ric - \frac{1}{2}Sg$$

를 아인쉬타인 텐서라 한다.

위 방정식을 만족시키는 가장 간단한 공간은 로렌쯔-민코프스키 (Lorentz-Minkowski) 시공간 (1905년) 이며 계량기가 다음과 같이 주어진다.

$$ds^2 := -c^2dt^2 + dx^2 + dy^2 + dz^2.$$

여기서 c는 빛의 속력을 나타내는 상수다. 이 공간은 아인슈타인이 특수 상대성 이론을 발표한 1905년 말에 아인슈타인의 친구인 정수론자 민코프스키 (Minkoswki) 에 의하여 제시되었다. 로렌쯔-로렌쯔 공간에 대한 아주 간단한 수학적 이론에 대해선 양성덕의 미분기하강의 1편[5] 8장에서 볼 수 있으며 좀더 자세한 설명은 [3] 등에서 찾아볼 수 있다.

이 장의 목적은 가장 최초에 발견된 시공간 모델을 소개하고 그것이 어떻게 여러 물리적 현상들을 설명하는 가를 보이는 것이다. 아인쉬타인의 방정식이 어떻게 유도되었는지는 [28] 등에서 볼 수 있다.

11.3 슈바르쯔쉴드 시공간의 유도

슈바르쯔쉴드 시공간은 아인쉬타인이 일반상대론을 발표한 1915년 후반에 발견되었으며 회전하지 않고 전하도 없는 별 하나만 있는 시공간을 모델링한 것이다. 이 계량기를 어떻게 찾았는지 살펴보자. 이 절에 대한 참고 문헌은 [31]이다. 일단 공간에 별이 하나 그리고 단 하나만 있다 하자. 그리고 그 별은 공처럼 생겼으며 시간에 대하여 변하지 않는다고 하자. 그러면 다음이 성립한다고 할 수 있다.

(1) 우주는 정적 (static) 이다.

(2) 우주는 구면대칭 (spherically symmetric) 이다.

(3) 무한으로 가면 $\mathbb{L}^4$ 처럼 생겼다.

이제 그 별이 발생시키는 중력에 의하여 공간이 가지게 되는 계량기를 ds^2 이라 하면 위 생각은 ds^2 이 다음과 같이 생겼다는 것을 말한다.

(1′) $ds^2 = A(x^1, x^2, x^3)dt^2 + \sum_{i=1}^3 g_{ij}(x^1, x^2, x^3)dx^i dx^j$.

(2′) $ds^2 = A(r)dt^2 + B(r)dr^2 + C(r)(d\theta^2 + \sin^2\theta d\phi^2)$.

(3′) $r \to \infty$ 면 $ds^2 \to -c^2dt^2 + dr^2 + r^2(d\theta^2 + \sin^2\theta d\phi^2)$.

변수변환을 통하여 계량기 ds^2 은 다음과 같은 모양이라고 할 수 있다.

$$ds^2 = -e^{2a(r)}c^2dt^2 + e^{2b(r)}dr^2 + r^2d\theta^2 + r^2\sin^2\theta d\phi^2. \quad (11.1)$$

이제 이 계량기의 아인쉬타인 텐서장이 0 이라고 할 때 $a(r)$ 과 $b(r)$ 이 어떻게 결정되는지 알아보자. [2)] 다음은 움직이는 단위 직교 1-형식 틀장이 된다.

$$\theta = \begin{pmatrix}\theta^0 & \theta^1 & \theta^2 & \theta^3\end{pmatrix} = \begin{pmatrix}e^a cdt & e^b dr & rd\theta & r\sin\theta d\phi\end{pmatrix}.$$

이를 가지고 먼저 접속 1형식과 곡률 2-형식을 계산해 보자. 먼저 위 1형식들의 외미분은 다음과 같음을 쉽게 알 수 있다.

$$d\theta^0 = a'e^{-b}\theta^1\wedge\theta^0, \qquad d\theta^1 = 0,$$
$$d\theta^2 = \frac{e^{-b}}{r}\theta^1\wedge\theta^2, \qquad d\theta^3 = \frac{e^{-b}}{r}\theta^1\wedge\theta^3 + \frac{\cot\theta}{r}\theta^2\wedge\theta^3.$$

이제 접속 1형식의 로렌쯔 반-대칭성과 제 1 구조방정식 $d\theta - \theta\wedge\omega = 0$ 으로부터 접속 1형식을 구할 수 있는데 그 결과는 다음과 같다.[3)]

$$\omega = \begin{pmatrix} 0 & a'e^{-b}\theta^0 & 0 & 0 \\ a'e^{-b}\theta^0 & 0 & r^{-1}e^{-b}\theta^2 & r^{-1}e^{-b}\theta^3 \\ 0 & -r^{-1}e^{-b}\theta^2 & 0 & r^{-1}\cot\theta\theta^3 \\ 0 & -r^{-1}e^{-b}\theta^3 & -r^{-1}\cot\theta\theta^3 & 0 \end{pmatrix}.$$

일단 접속 1-형식을 다 구했으면 곡률 2-형식은 제 2 구조 방정식 $\Omega = d\omega - \omega\wedge\omega$ 로 계산한다.

$$\Omega = \begin{pmatrix} 0 & -A\theta^0\wedge\theta^1 & -\frac{a'E}{r}\theta^0\wedge\theta^2 & -\frac{a'E}{r}\theta^0\wedge\theta^3 \\ -A\theta^0\wedge\theta^1 & 0 & -\frac{b'E}{r}\theta^1\wedge\theta^2 & -\frac{b'E}{r}\theta^1\wedge\theta^3 \\ -\frac{a'E}{r}\theta^0\wedge\theta^2 & \frac{b'E}{r}\theta^1\wedge\theta^2 & 0 & -\frac{1-E}{r^2}\theta^2\wedge\theta^3 \\ -\frac{a'E}{r}\theta^0\wedge\theta^3 & \frac{b'E}{r}\theta^1\wedge\theta^3 & \frac{1-E}{r^2}\theta^2\wedge\theta^3 & 0 \end{pmatrix}.$$

---

2) 다음 계산은 [31]을 따랐다.

3) ω 와 Ω 의 i 행 j 열 원소는 각각 ω^{j-1}_{i-1} 과 Ω^{j-1}_{i-1} 이다.

단 $A := (a'' - a'b' + a'^2)E,\ E := e^{-2b}$.

이제 이것의 리치 텐서를 계산하자. 정의에 의하면

$$Ric(e_\alpha, e_\beta) = -\sum_{i=0}^{3}\langle R(e_\alpha, e_i)e_\beta, e_i\rangle$$

인데 식 (5.6)에 의하면 이는 다음과 같다.

$$R_{\alpha\beta} := Ric(e_\alpha, e_\beta) = \sum_{i=0}^{3}\Omega_i^\beta(e_\alpha, e_i) = \sum_{i=0}^{3}\Omega_\beta^i(e_i, e_\alpha).$$

따라서

$$\begin{aligned}
R_{00} &= \Omega_0^1(e_1, e_0) + \Omega_0^2(e_2, e_0) + \Omega_0^3(e_3, e_0) = A + 2a'r^{-1}E,\\
R_{11} &= \Omega_1^0(e_0, e_1) + \Omega_1^2(e_2, e_1) + \Omega_1^3(e_3, e_1) = -A + 2b'r^{-1}E,\\
R_{22} &= \Omega_2^0(e_0, e_2) + \Omega_2^1(e_1, e_2) + \Omega_2^3(e_3, e_2) = B + r^{-2}(1 - E),\\
R_{33} &= \Omega_3^0(e_0, e_3) + \Omega_3^1(e_1, e_3) + \Omega_3^2(e_2, e_3) = B + r^{-2}(1 - E),\\
R_{ij} &= 0, \qquad \text{단 } i \neq j.
\end{aligned}$$

단 $B := (b' - a')E/r$. 이러면 스칼라 곡률

$$S = \mathrm{tr}_g\, Ric = \sum_{i,j=0}^{3} R_{ij}g^{ij}$$

는 다음과 같다.

$$S = R_{00}g^{00} + R_{11}g^{11} + R_{22}g^{22} + R_{33}g^{33} = -2A + 4B + 2r^{-2}(1 - E).$$

여기서

$$-g^{00} = g^{11} = g^{22} = g^{33} = 1, \qquad g^{ij} = 0 \quad \text{단 } i \neq j.$$

이러면 아인쉬타인 텐서 $G := Ric - \frac{1}{2}Sg$ 의 성분

$$G_{ij} := R_{ij} - \frac{1}{2}Sg_{ij}$$

는 다음과 같다.

$$
\begin{aligned}
G_{00} &= r^{-2} - E(r^{-2} - 2r^{-1}b'),\\
G_{11} &= -r^{-2} + E(r^{-2} + 2r^{-1}a'),\\
G_{22} &= A - B,\\
G_{33} &= A - B,\\
G_{ij} &= 0 \qquad \text{단 } i \neq j.
\end{aligned}
$$

이제 이것들이 모두 0이기를 바란다. 그러면 어떻게 a, b를 결정할 수 있겠는가? $0 = G_{00} + G_{11} = 2r^{-1}E(a' + b')$으로부터 $a' + b' = 0$. 따라서 $a + b$는 상수인데 $r \to \infty$일 때 $a + b \to 0$이길 바라므로 $a + b = 0$이다. 즉 $b = -a$. 이제 $G_{00} = 0$으로부터 $E(1 - 2rb') = 1$. 즉 $e^{-2b}(1 - 2rb') = 1$. 따라서 $(rE)' = 1$. 그러므로 어떤 상수 C에 대하여 $rE = r + C$, $E = 1 + Cr^{-1}$. 그러므로 $e^{2a} = E = 1 + r^{-1}C$. 이러면 $G_{22} = G_{33} = 0$이 된다. 이제 물리적인 이유로 인하여 이 상수 C는 $-2m$으로 정한다. 즉 슈바르쯔쉴드 계량기는 다음과 같다.

$$
\begin{aligned}
ds^2 = -\Big(1 - \frac{2m}{r}\Big)c^2dt^2 + \Big(1 - \frac{2m}{r}\Big)^{-1}dr^2 \\
+ r^2(d\theta^2 + \sin^2\theta d\phi^2).
\end{aligned}
\tag{11.2}
$$

참고 11.3.1. 여기서 다시 스칼라 곡률 S를 계산해 보면 0임을 알 수 있다. 따라서 사실 슈바르쯔실드 시공간의 리치 텐서는 0이다. (11.1) 꼴의 계량기 중 리치 텐서가 0인 것은 반드시 슈바르쯔실드 시공간이라는 것 뿐이라는 것도 비슷하게 보일 수 있다.

11.4 수성의 근일점 이동

이제 수성의 근일점 이동에 대한 아인쉬타인의 해석을 들여다 보자. 이는 근본적으로 수성이 움직이는 궤도는 시공간 다양체의 곧은선이라는 가정에 기초하고 있다. 이 절에 대한 참고문헌은 [19]다.

먼저 수성의 공전 궤도가 타원이라는 뉴턴의 해석을 알아보자. 태양의 질량을 M, 수성의 질량을 m이라 하고 중력상수를 G라 하자. 수성의 위치벡터를 $\mathbf{r}$, 공전면의 극좌표를 r, ϕ이라 하고 $\tilde{u} := r^{-1}$이라 하면

$$m\ddot{\mathbf{r}} = \vec{F} = -G\frac{Mm}{r^2}\frac{\mathbf{r}}{r}$$

로부터 $\tilde{u} = \frac{1}{r}$에 대한 다음 미분방정식을 이끌어 낼 수 있고

$$\frac{d^2\tilde{u}}{d\phi^2} + \tilde{u} = \frac{GM}{L^2} \tag{11.3}$$

이의 해

$$\tilde{u}(\phi) = \frac{GM}{L^2}(1 + e\cos\phi) \tag{11.4}$$

의 궤적은 이심률이 e, 장축의 길이가 $\frac{2L^2}{GM(1-e^2)}$ 이며 근일점은 $\phi = 0$일 때인 타원이다. 이 때 $L = \sqrt{\text{장축의 길이} \times GM(1-e^2)/2}$ 이다.

이제 (11.3)과 유사한 방정식을 일반상대론으로부터 이끌어내고자 한다. 기본적 가정은 수성의 공전궤도가 슈바르쯔쉴드 시공간의 시간적 곧은선이라는 것이다. 이제 시간적 곧은선에 대하여 알아보자.

소정리 11.4.1. *[19, 372쪽]* 직교좌표계 x^0, x^1, x^2, x^3에서 곡선

$$s \mapsto (x^0(s), x^1(s), x^2(s), x^3(s))$$

가 곧은선일 조건, 즉 곧은선 방정식은 다음과 같다:

$$\frac{d}{ds}\left[g_{ii}\left(\frac{dx^i}{ds}\right)\right] = \frac{1}{2}\sum_{j=0}^{3}\frac{\partial g_{jj}}{\partial x^i}\left(\frac{dx^j}{ds}\right)^2 \quad 0 \le i \le 3.$$

증명 6장에서 곧은선 방정식은 $\bar{\nabla}_{d_s}\gamma' = 0$임을 살펴보았다. 이로부터 다음을 알 수 있다.

$$0 = \langle \bar{\nabla}_{d_s}\dot{\gamma}, \partial_i \rangle = d_s\langle \dot{\gamma}, \partial_i \rangle - \langle \dot{\gamma}, \bar{\nabla}_{d_s}\partial_i \rangle.$$

여기서

$$d_s\langle \dot{\gamma}, \partial_i \rangle = \frac{d}{ds}\langle x_s^j \partial_j, \partial_i \rangle = \frac{d}{ds} x_s^j g_{ji} = \frac{d}{ds} x_s^i g_{ii}.$$

여기서 마지막 식은 단항식이며 i에 대한 아인쉬타인의 합기호를 적용한 게 아니다. 한편

$$\begin{aligned}
\langle \dot{\gamma}, \bar{\nabla}_{d_s}\partial_i \rangle &= \langle x_s^k \partial_k, \nabla_{x_s^\ell \partial_\ell}\partial_i \rangle = x_s^k x_s^\ell \langle \partial_k, \nabla_{\partial_\ell}\partial_i \rangle \\
&= x_s^k x_s^\ell \langle \partial_k, \Gamma_{\ell i}^u \partial_u \rangle = x_s^k x_s^\ell \Gamma_{\ell i}^u \langle \partial_k, \partial_u \rangle \\
&= x_s^k x_s^\ell \Gamma_{\ell i}^u g_{ku} = x_s^k x_s^\ell \Gamma_{\ell i}^k g_{kk} \\
&= x_s^k x_s^\ell g_{kk} \frac{1}{2} g^{km} \left(\frac{\partial g_{\ell m}}{\partial x^i} + \frac{\partial g_{mi}}{\partial x^\ell} - \frac{\partial g_{\ell i}}{\partial x^m} \right) \\
&= x_s^k x_s^\ell g_{kk} \frac{1}{2} g^{kk} \left(\frac{\partial g_{\ell k}}{\partial x^i} + \frac{\partial g_{ki}}{\partial x^\ell} - \frac{\partial g_{\ell i}}{\partial x^k} \right) \\
&= x_s^k x_s^\ell \frac{1}{2} \left(\frac{\partial g_{\ell k}}{\partial x^i} + \frac{\partial g_{ki}}{\partial x^\ell} - \frac{\partial g_{\ell i}}{\partial x^k} \right) \\
&= \frac{1}{2}(x_s^j)^2 \frac{\partial g_{jj}}{\partial x^i}.
\end{aligned}$$

위 두 식으로부터 결론이 나온다. ■

소정리 11.4.2. *[19, 373쪽]* 만약 γ가 곧은선이면 두 상수 E, L에 대하여

(1) $c^2 h \frac{dt}{ds} = E$,

(2) $r^2 \sin^2\theta \frac{d\phi}{ds} = L/c$,

(3) $\frac{d}{ds}\left(r^2 \frac{d\theta}{ds}\right) = r^2 \sin\theta\cos\theta \left(\frac{d\phi}{ds}\right)^2$.

여기서 c는 빛의 속도를 나타내는 상수다.

증명 (11.2)로부터 $x^0 = t, x^1 = r, x^2 = \theta, x^3 = \phi$은 직교좌표임을 볼 수 있다. 여기서 $h(r) = 1 - 2m/r$, $g_{00} = -c^2 h$, $g_{11} = h^{-1}$, $g_{22} = r^2$, $g_{33} = r^2 \sin^2\theta$. 따라서 소정리의 곧은선 방정식이 성립한다. 그 곧은선 방정식을 좀더 자세히 들여다보면 $i = 0, 1, 2, 3$일 때 다음과 같다.

$$\frac{d}{ds}\left(-c^2 h(r)\frac{dt}{ds}\right) = 0,$$

$$\frac{d}{ds}\left(\frac{1}{h(r)}\frac{dr}{ds}\right) = \frac{1}{2}\Big(-c^2\frac{d(h(r))}{dr}\left(\frac{dt}{ds}\right)^2 + 2r\sin^2(\theta)\left(\frac{d\phi}{ds}\right)^2 - \frac{1}{h(r)^2}\frac{d(h(r))}{dr}\left(\frac{dr}{ds}\right)^2 + 2r\left(\frac{d\theta}{ds}\right)^2\Big),$$

$$\frac{d}{ds}\left(r^2\frac{d\theta}{ds}\right) = \left(\frac{d\phi}{ds}\right)^2 r^2\sin(\theta)\cos(\theta),$$

$$\frac{d}{ds}\left(r^2\sin^2(\theta)\frac{d\phi}{ds}\right) = 0.$$

(1)은 $i = 0$일 때 곧은선 방정식, (2)는 $i = 3$일 때 곧은선 방정식[4)], (3)은 $i = 2$일 때 곧은선 방정식으로부터 나온다. ■

소정리 11.4.3. *[19, 373쪽]* 다음이 성립한다.

$$(G1)\ \frac{dt}{ds} = \frac{E/c^2}{h}, \qquad (G2)\ \frac{d\phi}{ds} = \frac{L/c}{r^2}, \qquad (G3)\ \theta = \frac{\pi}{2}.$$

그리고 다음 에너지 방정식이 성립한다.

$$E^2/c^2 = \left(\frac{dr}{ds}\right)^2 + (1 + \frac{L^2/c^2}{r^2})h(r).$$

---

4) O'Neill은 $i = 1$일 때라고 하고 있는데 $i = 0$이 맞다.

증명 (G1), (G2), (G3) 이 성립하는 건 당연하다. 슈바르쯔쉴드 공간에서 시간적 곡선 $\gamma(s) = (t(s), r(s), \theta(s), \phi(s))$ 의 속력이 -1 이라는 조건 $\langle \gamma_s, \gamma_s \rangle = -1$ 은 다음과 같다.

$$-1 = -hc^2 t_s^2 + h^{-1} r_s^2 + r^2 \theta_s^2 + r^2 \sin^2 \theta \phi_s^2.$$

이제 위 조건 (G1), (G2), (G3) 으로부터 에너지 방정식이 성립함을 알 수 있다. ■

소정리 11.4.4. *[19, 378쪽]* 이제 슈바르쯔쉴드 계량기의 식 (11.2)에서 $m = GM/c^2$ 이라 하자. 그러면 시간적 곧은선 γ 에 대하여 다음이 성립한다.

$$\frac{d^2u}{d\phi^2} + u = \frac{GM}{L^2} + 3\frac{GM}{c^2}u^2. \tag{11.5}$$

단 $u = \frac{1}{r}$.

증명 에너지 방정식을 s 에 대하여 미분한 후 잘 정리하면 된다. ■

따름정리 11.4.1. *[19, 379쪽]* 만약 $L \gg M$, $r\frac{d\phi}{d\tau} \ll 1$ 이면 γ 의 궤도는 타원과 유사하고 그 타원이 도는 정도 δ 는 다음과 같다.

$$\delta \sim \frac{6\pi G^2 M^2}{L^2 c^2} = \frac{6\pi GM}{a(1-e^2)c^2} \quad \text{호도/회전}. \tag{11.6}$$

단 $a = \frac{L^2}{GM(1-e^2)}$ 는 (11.4)로 주어진 타원의 장축의 길이의 반이다.

증명 주어진 곧은선 방정식 (11.5)의 근사방정식으로 다음을 생각한다.

$$\frac{d^2u}{d\phi^2} + u = \frac{GM}{L^2} + 3GM\tilde{u}^2.$$

초기조건

$$u(0) = \tilde{u}(0), \qquad u'(0) = 0$$

하에서 이 미분방정식의 해는 다음과 같다:

$$u = \tilde{u} + \frac{3G^3M^3}{c^2\mathbb{L}^4}\Big(1 + \frac{e^2}{2} - \frac{e^2}{6}\cos 2\phi + e\phi\sin\phi - \cos\phi - \frac{1}{3}e^2\cos\phi\Big).$$

그 다음 근일점이 $\phi = 2\pi + \delta$ 에서 발생한다고 하자. 단 $\delta \sim 0$. 그러면

$$0 = \frac{du}{d\phi}\Big|_{\phi=2\pi+\delta} \sim \frac{GMe}{L^2}\left(-\sin\delta + \frac{3G^2M^2}{c^2L^2}(2\pi+\delta)\cos\delta\right) \tag{11.7}$$

이므로

$$\delta \sim \tan\delta \sim \frac{3G^2M^2}{c^2L^2}(2\pi+\delta).$$

$L \gg M$ 이므로 $\delta \sim \frac{6\pi G^2M^2}{c^2L^2}$. 이제 결과가 따라 나온다. ■

이제 구체적인 값을 대입해 보자. 측정된 자료값은 다음과 같다:

c = 빛의 속도 $\sim 2.99792458 \times 10^8 m/sec$,

G = 중력상수 $\sim 6.67408 \times 10^{-11} m^3/kg \cdot sec^2$,

M = 태양의 질량 $\sim 1.989 \times 10^{30} kg$,

d_m = 태양과 수성 사이의 가장 짧은 거리 $\sim 4.7 \times 10^{10} m$,

d_M = 태양과 수성 사이의 가장 긴 거리 $\sim 7 \times 10^{10} m$,

T = 수성의 공전 주기 = 87.96일.

이러면 다음을 계산할 수 있다:

e = 수성의 타원 궤도의 이심률 ~ 0.2,

a = 타원의 장축의 길이의 반 $\sim 5.85 \times 10^{10} m$,

$L = \sqrt{aGM(1-e^2)} \sim 2.71274 \times 10^{15} m^2/sec.$

이제 (11.6)로부터 다음을 계산할 수 있다.

$$\delta \sim 5.02 \times 10^{-7} \text{호도 /회전}.$$

자, 이제 다음 계산을 얻는다:

$$1\text{호도} = \frac{180}{\pi} * 60 * 60\text{각초} \sim 2.06 \times 10^5\text{각초},$$
$$100\text{년동안 수성의 회전수} \sim \frac{100 \times 365.25}{87.96} \sim 415.2.$$

따라서 100년 동안 수성의 근일점은

$$(5.02 \times 10^{-7}) \times (2.06 \times 10^5) \times 415.2 \sim 43\text{각초}/100\text{년}$$

만큼 이동한다. 이 외에도 다른 여러 요소들을 합하여 수성의 근일점 이동을 설명하는데 이것이 가장 큰 요소고 나머지 요소의 영향은 크지 않다.

11.5 슈바르쯔쉴드 시공간으로 설명하는 여러 가지

이 절의 내용에 대하여 더 자세한 사항이 궁금하면 예를 들어 [19]를 보라.

11.5.1 크루스칼 확장

계량기 (11.2)의 식을 보면 이 식은 $r > 2m$에서 연속이지 않음을 볼 수 있다. 따라서 이 계량기가 정의된 공간의 부분은 $r > 2m$인 부분과 $0 < r < 2m$인 부분으로 나누어진다. 별의 외부만 생각한다는 점에서 $r > 2m$ 부분만을 생각하면 되지 않느냐고 할 수 있지만 근본적으로 별은 한 점으로 생각하고 있다. 따라서 $0 < r < 2m$인 부분도 공간의 일부가 되어야 한다.

설명을 위해 $r > 2m$인 부분을 N, $0 < r < 2m$인 부분을 B라고 하자. 그러면 N에서 B로 진행하는 물체의 움직임을 어떻게 설명할 수 있을까? N과 B를 한 공간에 나타낼 수 있을까?

여기서 제기되는 수학적 문제는 다음과 같다: 우리가 좌표계를 이용하여 한 다양체를 보고 있을 때 그 좌표계가 다양체 전체의 얼마만큼을 나타내고 있는가?

정의 11.5.1. 어떤 리만 다양체 또는 로렌쯔 다양체가 더 큰 다양체의 일부분이 아닐 때 그 다양체는 '더 이상 확장할 수 없다 *(inextendible)*'고 한다.

이제 (11.2)로 주어진 계량기는 $r > 2m$ 인 부분에만 정의된 것으로 생각하기 쉬운데 사실은 $r < 2m$ 인 부분으로 연속적으로 정의되어 있다는 것을 보일 수 있다. 그렇게 확장된 공간이 크루스칼 공간이다.

이를 위하여 $tr\theta\phi$-공간에서 tr-평면을 다음과 같이 uv-평면으로 바꾼다. 먼저 다음을 생각하자.

$$f : (0, \infty) \to R, \qquad f(r) := (r - 2m)e^{-1+r/2m}. \tag{11.8}$$

$f(0) = -2m/e$ 이고 모든 $r > 0$ 에 대하여 $f'(r) = \frac{r}{2m}e^{-1+r/2m} > 0$ 이므로 이 함수는 $(0, \infty)$ 에서 $(-2m/e, \infty)$ 로 가는 일대일대응이다.

이제 uv-평면에서 $uv > -2m/e$ 인 부분을 Q 라고 하자. 그러면 Q 에 다음과 같이 함수 r 을 정의할 수 있다.

$$r : Q \to \mathbb{R}^+, \quad r(u, v) := f^{-1}(uv)$$

그리고 $uv \neq 0$ 인 Q 의 부분집합에 다음과 같이 t 를 정의한다.

$$t = t(u, v) = 2c^{-1}m \ln |v/u|. \tag{11.9}$$

소정리 11.5.1. $F(r) := (8m^2/r)e^{1-r/2m}$ 이라 할 때

$$-h(r)c^2dt^2 + h^{-1}(r)dr^2 = 2F(r(u, v))dudv.$$

증명 먼저 (11.9)에서 쉽게

$$cdt = 2m\left(-\frac{du}{u} + \frac{dv}{v}\right)$$

임을 알 수 있다. 이제 $h(r) = 1 - 2m/r$ 임을 명심하면서 다음을 보자.

$$f(r) = uv \Rightarrow \frac{\partial f}{\partial r}dr = vdu + vdu \Rightarrow dr = \frac{vdu + vdu}{\partial f/\partial r}.$$

이제 (11.8)에서

$$\frac{\partial f}{\partial r} = \frac{1}{2m}\frac{f(r)}{h(r)} = \frac{uv}{2mh(r)}.$$

따라서,

$$dr = 2mh\left(\frac{du}{u} + \frac{dv}{v}\right).$$

단 $uv \neq 0$. 이로부터 결과가 따라 나온다. ■

정의 11.5.2. 다양체 $Q \times \mathbb{S}^2(1)$에 계량기

$$2F(r(u,v))dudv + r(u,v)^2(d\theta^2 + \sin^2\theta d\phi)^2$$

이 주어진 것을 크루스칼 시공간이라 한다.

Q의 부분영역을 정의하자.

$$Q_I := \{(u,v) \in Q : u > 0, v > 0\},$$
$$Q_{II} := \{(u,v) \in Q : u < 0, v > 0\},$$
$$Q_{III} := \{(u,v) \in Q : u < 0, v < 0\},$$
$$Q_{IV} := \{(u,v) \in Q : u > 0, v < 0\}.$$

이러면 슈바르쯔쉴드 시공간에서 $r > 2m$인 부분은 $Q_I \times \mathbb{S}^2(1) \cup Q_{III} \times \mathbb{S}^2(1)$에 해당하고 $0 < r < 2m$인 부분은 $Q_{II} \times \mathbb{S}^2(1) \cup Q_{IV} \times \mathbb{S}^2(1)$에 해당한다. 즉 크루스칼 시공간은 슈바르쯔쉴드 시공간의 확장이다.

이와 같이 한 좌표계에서 계량기의 모양을 보고 판단하였을 때 존재하는 것 같지만 실제로는 존재하지 않는 singularity를 coordinate singularity라 한다. (11.2)에서 $r = 2m$ 인 부분이 바로 coordinate singularity다.

11.5.2 검은구멍

시작점이 Q_{II} 에 있는 곧은선은 Q_{II} 에만 있게 된다. 물리적으로 해석하자면 Q_{II} 에 있는 빛은 Q_{II} 에서만 맴돌게 된다. 따라서 Q_{II} 밖에 있는 관찰자가 Q_{II} 를 보면 나오는 빛이 없어 검게 보이는데 이를 검은구멍 (black hole) 이라고 부른다.

시작점이 Q_{IV} 에 있는 곧은선은 반드시 Q_{QV} 를 벗어난다. 물리적으로 해석하자면 Q_{II} 에 있는 빛은 반드시 Q_{IV} 를 벗어난다. 따라서 Q_{IV} 밖에 있는 관찰자가 Q_{IV} 를 보면 하얗게 보이는데 이를 하얀구멍 (white hole) 이라고 부른다. [19, 395쪽]

11.6 기타 시공간

SchwarzchildMetric, deSitterMetric, AntideSitterMetric, GodelMetric, KerrMetric, KerrNewmanMetric, WeylMetric, ReissnerNordstromMetric, RobertsonWalkerMetric 등의 아인쉬타인 방정식의 해가 있는데 이것들의 식과 아인쉬타인 텐서를 계산하는 매쓰매티카 코드를 부록으로 실어두었다.

부록 A

리만은 어떻게 공간의 곡률을 생각해 냈을까?

A.1 들어가며

(3 이상의 차원을 가진) 공간의 곡률의 정의를 처음으로 제시한 사람은 리만[5)]인데 1854년 6월 10일[6)] 교수자격취득강연을 통해 서였다. 청중에는 77세의 가우스가 있었는데 리만의 강연을 듣고 난 후 기하학의 새로운 시대가 열렸다고 기뻐했다는 설도 있고 깊은 생각에 잠겨 말없이 집으로 돌아갔다는 설도 있다. 곡선과 곡면의 미분기하학을 포함한 수학의 전 분야에 걸쳐 불후의 업적을 남긴 가우스는 리만의 강연에 대해 어떻게 느꼈을까? 조금만 더 젊었더라면 이 젊은 천재 제자와 함께 마음껏 더 수학을 연구해보고 싶다고 생각했을까... 가우스는 이듬해인 1855년에 세상을 떠났다.

리만의 정의는 여전히 유효하며 많은 이들이 그 이론을 발전시켜 왔다. 리만이 아이디어를 내 놓은 후로 아이디어와 기호 등이 많이 변하였지만 리만의 아이디어를 들여다 보는 것은 여전히 의미있는 일이다. 인류 문명의 역사에서 정말 번뜩이는 아이디어로 세상을 깜짝 놀라게 하는 많은 지적 업적이 있어왔는데 잘 살펴보면 대부분의 경우 하늘에서 뚝 떨어진 게 아니라 선대나 동료의 업적과 밀접한 상관관계가 있다고 한다. 한 위대한 아이디어가 어떻게 탄생하는지 이해하는 것은 또 다시 새로운 위대한 아이디어를 낳게 하는 계기를 만들어 낼 수 있을 것이다.

리만이 어떻게 곡률에 대한 아이디어를 떠올리게 되었는지 분석하는 것은 이론 그 자체를 공부하는 것과는 조금 다른 묘미가 있다.

5) 1826–1866. 리만이 더 오래 살았다면 기하학은 더 빨리 발전했을까?
6) 리만이 만 28세 때.

오로지 논리만으로 진위를 판단해 나가는 수학 공부와는 달리 제한된 자료를 가지고 추리를 해 나가면서 여러 군데에서 상상을 할 수 밖에 없다. 그나마 접할 수 있는 자료도 서로 상충되는 부분이 있다. 예를 들어 위키피디아 [30]을 보면

> '...delivered his lecture at Göttingen in 1854 entitled "Ueber die Hypothesen welche der Geometrie zu Grunde liegen" ("On the hypotheses which underlie geometry"). It was not published until twelve years later in 1868 by Dedekind,...'

라고 나와 있는데 1868-1854=4니까 'twelve years later'가 아니라 'fourteen years later'여야 하지 않겠는가? 오타일까, 오류일까, 아니면 어떤 이유가 있는 것일까 그저 공상만 해 볼 따름이다.

하여간 데데킨드가 출판했다는 그 글의 영문번역 [32]가 인터넷에 있어 누구나 접해볼 수 있는데 특징은 수식이 거의 없다는 점이다. 필자는 2014년 11월 8일 한국수학사학회에서 '리만은 공간에 대한 곡률의 개념을 어떻게 유추했을까?'라는 주제로 강연을 했었고 그 강연을 준비하면서 실제로 수식이 등장하는 줄이 몇 개였는지 세본 적이 있었는데 한 대여섯 줄 정도였던 것으로 기억한다. 이 글은 그 당시 강연 내용을 정리한 것이다.

리만의 강연에서 필자가 관심을 두었던 부분은 다음과 같다.

> $\cdots$ the term of next order in it is equal to a homogeneous function of the second order of the 1/2$n(n-1)$ quantities $(x_1dx_2 - x_2dx_1)$, $(x_1dx_3 - x_3dx_1)$,... an infinitesimal, therefore, of the fourth order; so that we obtain a finite quantity on dividing this by the square of the infinitesimal triangle, whose vertices are $(0, 0, 0, \ldots)$, $(x_1, x_2, x_3, \ldots)$, $(dx_1, dx_2, dx_3, \ldots)$. This quantity $\cdots$

리만이 공간에 대한 곡률의 개념을 어떻게 유추했는지를 유추하려면 지금 우리가 알고 있는 것들 중에서 1854년 6월 10일 이전에 알려져 있던 것은 무엇이고 그 후에 발견된 것은 무엇인지 분명히 하여야 한다. 다행히 스피박은 그 작업을 매우 충실히 해 주었다.

우리는 스피박의 책 [26]의 1,2권을 바탕으로 곡률에 관한 리만의 아이디어와 그 후 그 아이디어가 어떻게 발전되었는지를 재구성하여 살펴보도록 한다. 우리 강의에서 리만의 아이디어를 참고하는 주 부분은 [26, 2권 4장]이다.[7)]

물론 스피박의 글에 완벽히 만족했더라면 필자가 이 글을 쓰지 않았을 것이다. 그 설명에 불만족스럽게 느끼는 부분이 있었기 때문에 뭔가를 생각하게 되었고 결국 이 글을 쓰게 된 것이다. 그리고 거기에는 약간의 상상력도 들어있음을 고백한다. 이 글이 부록으로 있는 이유는 나의 '상상'이 가미되어 있기 때문이다.

A.2 1854년 전: 가우스 곡률

A.2.1 가우스의 놀라운 정리

다음은 가우스의 1827년 논문 Disquisione generales circa superfices curvas [33]에 등장하는 가우스 곡률 K의 식이다. 단 양성덕의 미분기하강의 1편 [5]에 나오는 기호를 이용하여 썼다. 곡면의 식을

$$X : (u, v) \in \mathcal{U} \subset \mathbb{R}^2 \to \mathbb{E}^3$$

7) 리만은 세 주제를 제출하여 그중 심사위원들이 정하는 한 주제에 대하여 두달 정도의 기간을 가지고 준비한 후 발표를 하게 되어 있었다. 이 '기하학의 기초에 놓여 있는 가정에 관하여'라는 주제는 리만이 제출한 주제 중 세 번째로서 리만은 사실 박사학위논문 주제에 가까운 복소함수론 쪽의 주제가 선택될 것으로 생각했었는데 가우스가 이 주제를 요구하자 조금 당황했었다고 한다.

라 하고

$$E := X_u \cdot X_u, \quad F := X_u \cdot X_v, \quad G := X_v \cdot X_v$$

라 할 때

$$\begin{aligned} 4(EG - F^2)K = E\left(E_v G_v - 2F_u G_v + G_u^2\right) \\ + F\left(E_u G_v - E_v G_u - 2E_v F_v + 4F_u F_v - 2F_u G_u\right) \\ + G\left(E_u G_u - 2E_u F_v + E_v^2\right) \\ - 2(EG - F^2)\left(E_{vv} - 2F_{uv} + G_{uu}\right). \end{aligned} \tag{A.2.1}$$

A.2.2 극좌표계로 본 가우스 곡률

소정리 A.2.1. 임의의 곡면과 그 곡면에 대하여 곧은선 극좌표계에서는 계량기가 다음과 같이 표현된다.

$$ds^2 = dr^2 + G(r, \theta)d\theta^2. \tag{A.2.2}$$

즉 $E = 1$, $F = 0$. 여기서 $G(r, \theta)$는 다음을 만족시킨다:

$$K(r, \theta) = -\frac{1}{\sqrt{G}(r, \theta)} \frac{\partial^2 \sqrt{G}(r, \theta)}{\partial r^2}, \tag{A.2.3}$$

$$\sqrt{G}(r, \theta) = r - \frac{K(r, \theta)}{6} r^3 + o(r^3). \tag{A.2.4}$$

(A.2.2)와 (A.2.3)은 가우스의 1827년 논문 [9]에 그 표현이 있고 (A.2.4)는 1848년에 출판된 논문 [7]에 그 근본이 되는 표현이 있다. 증명은 스피박의 [26, 2권, 3장, Addendum] 또는 오닐의 [21, 2판, 8장 Lemma 1.6, Lemma 3.8]을 참조하라.

A.3 1854년: 단면 곡률

이제 본격적으로 리만의 아이디어를 추리하여 보자. 먼저 리만이 왜 이런 주제에 대하여 생각했을까 하는 점에 대해서 생각해 보자면 그건 가우스의 제자로서 당연한 것 아닌가 하는 생각이 든다.

A.3.1 공간이란 무엇인가?

먼저 곡면을 평면 영역 $\mathcal{U} \subset \mathbb{R}^2$에 계량기

$$ds^2 = E(u,v)du^2 + 2F(u,v)dudv + G(u,v)dv^2$$

이 주어진 것으로 보자. 그러면 공간은 $(x^1, x^2, \cdots, x^n)$과 같이 n 개의 수로 나타내어지는 점들의 집합에 위 ds^2에 상당한 어떤 것이 주어진 것으로 이해하면 되겠다. 그것 또한 계량기라 하고 ds^2 으로 나타내자. 이 확장을 염두에 두고 곡면의 점과 계량기를 다음과 같이 보자. 일단 곡면의 점을 $(u,v) = (x^1, x^2)$라 하고

$$g_{11} := E, \qquad g_{12} := F, \qquad g_{22} := G$$

라 하면 계량기는 다음과 같이 나타내어 진다.

$$ds^2 = \sum_{i,j=1}^{2} g_{ij}(x^1, x^2)dx^i dx^j. \tag{A.3.1}$$

이로부터 n개의 수$(x^1, x^2, \cdots, x^n)$의 모임에 계량기

$$ds^2 = \sum_{i,j=1}^{n} g_{ij}(x^1, x^2, \cdots, x^{n-1}, x^n)\, dx^i dx^j$$

가 주어져 있는 것을 n차원 공간으로 보면 되겠다.

A.3.2 어떻게 시작해야 하는가?

공간의 곡률을 어떻게 생각하면 좋을까? [5]는 평면곡선, 공간곡선, 곡면 등의 곡률을 다룰 때 제일 먼저 곡률을 어떻게 생각하면 좋을까로 시작하는데 그 맥락을 따라가자면 무엇보다도 다음이 성립해야 함을 생각할 수 있다.

- 내재적이어야 한다. 곡면의 곡률에는 2가지, 즉 가우스 곡률과 평균곡률, 이 있는데 그 중 우리가 들여다 보아야 할 것은

가우스 곡률이다. 왜냐하면 공간은 그 어디에도 들어있지 않은 그 자체로 생각할 것이며 따라서 곡률은 내재적 곡률이 되어야 할 것이기 때문이다.

- 공간의 곡률을 정의하면 그것을 곡면에 적용하였을 때 곡면에 대한 기존의 곡률식과 일치해야 한다. 바꿔 말하면 공간의 곡률의 정의는 곡면의 곡률의 정의를 일반화한 것이어야 한다.

따라서 가우스의 놀라운 정리에 나온 가우스 곡률의 식을 일반화 시켜야 한다. 이것이 출발점이다.

A.3.3 곡면의 곡률 분석

이제 리만이 공간의 곡률을 어떻게 정의할 수 있을까 하는 질문에 대한 답을 곡면의 곡률의 식을 일반화시킨 것으로부터 구하고자 하는 마음을 가지고서 곡면의 곡률의 식을 어떻게 분석했는지 추리해 보자.

이런 관점에서 들여다 보아야 하는 식은 가우스의 놀라운 정리에 등장하는 K의 식이다. 이를 고차원 다양체로 일반화할 것을 생각해 보자. 특히 가우스 곡률의 내재적 식 (A.2.1)을 잘 들여다 보자.

A.3.4 좋은 좌표계의 설정

여기에 등장하는 식들은 $\mathcal{U} \subset \mathbb{R}^2$에서 $\mathbb{R}$로 가는 함수다. 그런데 이 식을 잘 들여다 보면, 만약 X_u와 X_v가 단위직교할 경우 $E = G = 1$, $F = 0$이어서 식의 우변이 조금 간단하게 된다. 당연히 일반적으로는 X_u와 X_v가 단위직교하지 않다. 그러면 주어진 지도 X를 변환하여 새로운 지도를 만드는데 새 지도에서 X_u와 X_v는 단위직교하도록 할 수 있을까?

그런데 이와 같이 좌표를 변환하는 김에 E, F, G의 미분까지도 어떤 조건을 만족시키도록 할 수 있을까? 혹시 $(0,0)$에서 E, F, G의 미분의 값이 모두 0이 되도록 할 수 있을까? 만약 이것까지 성립하는 경우 K의 식은 다음과 같이 매우 간단하게 변한다. 이제부터는 곡면의 계량기가 (A.3.1)과 같이 쓰여진다고 하자.

소정리 A.3.2. 만약 모든 $1 \leq i, j, k \leq 2$에 대하여

$$g_{ij}(0,0) = \delta_{ij}, \tag{A.3.2}$$

$$\frac{\partial g_{ij}}{\partial u^k}(0,0) = 0 \tag{A.3.3}$$

이면, $g_{ij,k\ell} := \frac{\partial g_{ij}}{\partial u^\ell \partial u^k}$라 할 때,

$$\begin{aligned} K(0,0) &= -\frac{1}{2}E_{vv}(0,0) + F_{uv}(0,0) - \frac{1}{2}G_{uu}(0,0) \\ &= -\frac{1}{2}\Big(g_{11,22}(0,0) - g_{12,12}(0,0) \\ &\qquad - g_{21,21}(0,0) + g_{22,11}(0,0)\Big). \end{aligned} \tag{A.3.4}$$

이는 가우스 곡률이 계량기 성분의 2계 미분만으로 계산된다는 것이다. 그렇다면 공간에서도 한 점에서 계량기의 성분과 그것들의 일계 미분이 모두 0일때 이계 미분만으로 표현되는 곡률의 식이 있지 않을까 하는 생각이 든다.

그런데 일반적으로 계량기의 성분은 식 (A.3.2), (A.3.3)을 만족시키지 않는다. 하지만, 계량기의 성분은 좌표 변환을 통하여 바뀐다. 예를 들어 유클리드 평면의 계량기는 직교좌표계로는 $ds^2 = dx^2 + dy^2$이지만 극좌표계로는 $ds^2 = dr^2 + r^2 d\theta^2$이다. 이 때 직교좌표계로 주어진 $ds^2 = dx^2 + dy^2$을 생각한다면 두 식

(A.3.2), (A.3.3)이 성립하고 $ds^2 = dr^2 + r^2 d\theta^2$을 생각한다면 두 식 (A.3.2), (A.3.3)은 성립하지 않는다.

그런데 임의의 곡면에 대하여 (A.3.2), (A.3.3)을 모두 만족시키는 좌표계가 반드시 있기는 있는가? 있다면 유일한가? 라는 질문을 생각할 수가 있다. 먼저 곡면이 $\mathbb{E}^3$에 있는 곡면이라면 다음과 같이 쉽게 그런 좌표계가 있음을 알 수 있다.

예 A.3.1. 어떤 곡면 $S \subset \mathbb{E}^3$와 그 곡면의 한 점 p를 생각하라. 그러면 $p = (0,0,0)$, T_pS는 xy-평면이 되도록 좌표를 잡을 수 있다. 즉 곡면의 식이 다음과 같다고 가정할 수 있다:

$$X(u,v) = (u, v, f(u,v))$$

그러면 $(u,v) = (0,0)$에 대하여 (A.3.2)와 (A.3.3)이 성립함을 쉽게 알 수 있다. $\mathbb{E}^3$에 있는 임의의 곡면과 그 곡면에 있는 임의의 한 점에 대해선 위와 같이 몽주 조각 *(Monge patch)*을 취할 수 있으므로 이 경우 표준좌표계는 존재한다고 할 수 있다. 그런데 z-축에 대한 회전을 생각해 보면 표준좌표계는 유일하지는 않음을 알 수 있다.

이제 곡면이 $\mathbb{E}^3$에 있는 곡면이 아니라면, 즉 다양체와 같이 국소적으로만 $\mathbb{R}^2$와 같은 것이라면 표준좌표계가 있겠는가 하는 생각을 할 수 있다. 그런데 가우스가 이미 생각해 둔 극좌표계를 이용하면 표준좌표계를 만들 수 있다. 먼저 극좌표계가 어떻게 만들어지는 지를 살펴보자. 한 점 p에서 뻗어나오는 반곧은선들을 생각한다. 이 반곧은선들은 p를 시점으로 하는 단위벡터와 일대일대응된다. 이 때 단위벡터 중 서로 수직인 두 개 X_1, X_2를 고정하자. 그러면 임의의 단위벡터는 $\cos\theta X_1 + \sin\theta X_2$에 대응된다. 이 때 각 반곧은선을 단위속력을 가지도록 매개화하고 그 매개변수를 r이라 하면 극좌표계 r, θ가 얻어진다.

이제 극좌표계에서 가우스 곡률의 표현을 상기해 보자. (A.2.2)와 (A.2.4)를 말한다. 리만의 강연은 1854년에 있었으므로 리만은 분명히 이 결과를 알고 있었을 것이다. 그리고 이 결과를 잘 분석하였을 것임이 틀림없다. 이 두 식에서 고차원 공간의 곡률을 도출해내고자 한다면 요점은 고차원 공간의 극좌표계에서 계량기가 어떻게 표현되는지 파악하고 거기서 g_{ij}에 해당하는 부분의 모습이 어떻게 생겼는가를 잘 들여다 봐야 할 것이다.

소정리 A.3.3. 이 좌표계에서

$$x = r\cos\theta, \qquad y = r\sin\theta \tag{A.3.5}$$

로 정의하면 g_{ij}는 식 (A.3.2), (A.3.3)을 모두 만족시킨다.

증명은 단순한 계산이므로 생략한다. (A.3.5)에서 r과 θ는 유클리드 평면의 극좌표가 아니며 x와 y는 유클리드 평면의 직교좌표가 아니다.

A.3.5 곡면의 곡률의 식을 다시 보기

자, 이제 n-차원으로 일반화할 것을 염두에 두고 xy-좌표계에서의 곡률식 (A.2.1)을 다시 보자. 먼저 다음을 정의하자.

$$c_{ij,k\ell} := \frac{1}{2}\frac{\partial g_{ij}}{\partial x^k \partial x^\ell}(o) = \frac{1}{2}g_{ij,\ell k}. \tag{A.3.6}$$

단 $i, j, k, l \in \{1, 2\}$. 이러면, 식 (A.3.2), (A.3.3)이 성립할 때, 곡률식 (A.2.1)은 다음이 된다.

$$K(p) = -c_{11,22} + c_{12,21} + c_{21,12} - c_{22,11}. \tag{A.3.7}$$

이에 대하여 생각해 보자. 이 식이 참임을 보일 수 있는, 또는 확인할 수 있는 다른 방법이 있을까? 음, 사실은 (A.2.2),(A.2.4),(A.3.5)로부터 다음을 알 수 있다

소정리 A.3.4.

$$-\frac{1}{2}c_{11,22} = -\frac{1}{2}c_{22,11} = c_{12,12} = c_{12,21} = c_{21,12} = c_{21,21} = \frac{K(p)}{6}.$$

나머지 모든 $c_{ij,k\ell} = 0$.

이것의 증명도 단순한 계산이다. 이것으로부터 (A.3.7)이 성립함은 자명하다. 그러나 여기서 또다른 질문이 나온다.

질문 A.3.1. 왜 가우스의 놀라운 정리에서 가우스 곡률의 식이

$$K = -3c_{11,22}$$

또는

$$K = 6c_{12,12}$$

등으로 주어지지 않았을까? 왜 (A.3.7)처럼 식이 주어졌을까? 왜 $c_{11,11}$, $c_{11,12}$, $c_{12,11}$, $c_{12,22}$, $c_{22,12}$, $c_{22,22}$등은 없는가?.

이 질문은 어떻게 생각하면 간단한 질문이지만 사실 이 질문은 굉장히 의미있는 질문이다. 왜 가능한 많은 형태 중에서 하필이면 (A.3.7)과 같이 식이 주어졌는가는 이 형태의 식이 나오게 되는 어떤 이유가 있는 것이며 그 이유가 무엇인지 알지 못하면 고차원에서는 곡률의 식이 어떻게 되어야 할 지 알 수가 없을 것이다. 분명히 리만은 이 질문에 대하여 깊이 생각했을 것이다. 그리고 이 질문에 대하여 리만은 다음과 같은 깨달음을 얻었을 것으로 추측된다.

여기서 중요한 것은 1854년 당시 dx^i가 어떤 의미로 해석되고 있었는가 하는 것과 리만이 쓴 $\sqrt{\sum(dx^i)^2}$의 의미를 리만은 어떻게

해석하고 있었는가 하는 점이다. 지금은, [5] 의 부록에서 볼 수 있는 바와 같이, dx^i 를 미분형식으로 $(dx^i)^2$ 을 대칭곱으로 해석하지만 그 당시에는 그러지 않았었다.

깨달음 1 K 를 계산할 때 여러 형태의 식이 가능한 이유는 사실은 곡률의 식에 어떤 요소들이 더 있는데 그 요소들을 특정한 값으로 정할 때마다 나오는 표현식이 달라질 뿐이다. 즉, 곡률의 식은 $c_{ij,k\ell}$ 로만 이루어진 것이 아니라는 것이다. 그렇다면 자연스럽게 생각할 수 있는 것은, 우리는 지금 계량기의 '성분'들의 이계미분을 보고 있는데 그게 아니고 계량기 자체에서 성분의 이계미분이 들어가는 정보를 봐야 할 것이다. 즉 떨궈버린 $dx^i dx^j$ 까지 전부 고려를 해야 한다는 것이다.

그러기 위해선 계량기의 테일러 전개식을 보자. 먼저 다음은 계량기의 성분의 테일러 전개식이다.

$$\begin{aligned} g_{ij}(x) = g_{ij}(\vec{0}) &+ \sum_{m=1}^{2} \frac{\partial g_{ij}}{\partial x^m}(\vec{0}) x^m \\ &+ \sum_{k,\ell=1}^{2} \frac{1}{2} \frac{\partial^2 g_{ij}}{\partial x^k \partial x^\ell}(\vec{0}) x^k x^\ell + o(|x|^2). \end{aligned}$$

다음은 계량기 자체의 테일러 전개식이다.

$$\begin{aligned} ds^2 &= \sum_{i,j=1}^{2} g_{ij}(x) dx^i dx^j \\ &= \sum_{i,j=1}^{2} g_{ij}(\vec{0}) dx^i dx^j + \sum_{i,j,m=1}^{2} \frac{\partial g_{ij}}{\partial x^m}(\vec{0}) x^m dx^i dx^j \\ &\quad + \sum_{i,j,k,\ell=1}^{2} \frac{1}{2} \frac{\partial^2 g_{ij}}{\partial x^k \partial x^\ell}(\vec{0}) x^k x^\ell dx^i dx^j + o(|x|^2). \end{aligned}$$

우리는 지금 표준좌표계에서 생각하고 있으므로 계량기의 테일러 전개식은 다음과 같다.

$$ds^2 = \sum_{i=1}^{2}(dx^i)^2 + \sum_{i,j,k,\ell=1}^{2} \frac{1}{2}\frac{\partial^2 g_{ij}}{\partial x^k \partial x^\ell}(\vec{0})x^k x^\ell dx^i dx^j + o(|x|^2).$$

여기서 다음과 같이 (A.3.6)의 $c_{ij,k\ell}$과 두 벡터 $x = (x^1, x^2)$, $dx = (dx^1, dx^2)$를 인자로 하는 함수 $\mathcal{Q}$를 생각한다.

$$\mathcal{Q}(x, dx) := \sum_{i,j,k,\ell=1}^{2} c_{ij,k\ell}x^k x^\ell dx^i dx^j.$$

이제, 소정리 A.3.4를 이용하여, 다음을 알 수 있다.

$$\mathcal{Q}((1,0),(0,1)) = c_{22,11} = -\frac{K(p)}{3},$$

$$\mathcal{Q}((0,1),(1,0)) = c_{11,22} = -\frac{K(p)}{3},$$

$$\mathcal{Q}((\frac{1}{\sqrt{2}}, \frac{1}{\sqrt{2}}),(-\frac{1}{\sqrt{2}}, \frac{1}{\sqrt{2}})) = c_{11,22} = -\frac{K(p)}{3}.$$

즉 몇 개의 직교단위벡터쌍에 대하여 그 값이 일정함을 알 수 있다. 임의의 직교단위벡터쌍에 대해서도 일정한 값이 나올까? 이와 관련하여 임의의 θ에 대하여 다음이 성립함을 알 수 있다:

$$\begin{aligned}
&\mathcal{Q}((\cos\theta, \sin\theta), (-\sin\theta, \cos\theta)) \\
&= c_{11,22}\sin^4(\theta) + c_{22,11}\cos^4(\theta) - c_{12,11}\sin(\theta)\cos^3(\theta) \\
&\quad - c_{21,11}\sin(\theta)\cos^3(\theta) + c_{22,12}\sin(\theta)\cos^3(\theta) \\
&\quad + c_{22,21}\sin(\theta)\cos^3(\theta) + c_{11,11}\sin^2(\theta)\cos^2(\theta) \\
&\quad - c_{12,12}\sin^2(\theta)\cos^2(\theta) - c_{12,21}\sin^2(\theta)\cos^2(\theta) \\
&\quad - c_{21,12}\sin^2(\theta)\cos^2(\theta) - c_{21,21}\sin^2(\theta)\cos^2(\theta) \\
&\quad + c_{22,22}\sin^2(\theta)\cos^2(\theta) + c_{11,12}\sin^3(\theta)\cos(\theta) \\
&\quad + c_{11,21}\sin^3(\theta)\cos(\theta) - c_{12,22}\sin^3(\theta)\cos(\theta) \\
&\quad - c_{21,22}\sin^3(\theta)\cos(\theta) \\
&= -\frac{K}{3}.
\end{aligned}$$

즉, 임의의 단위직교벡터쌍 X, Y 에 대하여

$$K(p) = -3\mathcal{Q}(X, Y).$$

그런데 단위직교하지 않는 두 벡터 X, Y 에 대해서는 어떤 성질이 성립할까? 이에 대한 답으로 소정리 A.3.4를 이용하여 $\mathcal{Q}((x^1, x^2), (dx^1, dx^2))$ 을 전개해 보면 다음을 얻는다.

$$\mathcal{Q}((x^1, x^2), (dx^1, dx^2)) = -\frac{K(p)}{3}(x^1 dx^2 - x^2 dx^1)^2. \tag{A.3.8}$$

따라서 다음과 같은 결론을 내릴 수 있다: 임의의 $x = (x^1, x^2)$, $dx = (dx^1, dx^2)$ 에 대하여

$$K(p) = -3\frac{\mathcal{Q}((x^1, x^2), (dx^1, dx^2))}{(x^1 dx^2 - x^2 dx^1)^2} \tag{A.3.9}$$

자, 이제 여기서 만족할 것인가? 우선 이 식은 고차원으로 확장할 수는 있어 보인다. 먼저 분모의 $x^1 dx^2 - x^2 dx^1$ 는 다음과 같음을 보자.

$$x^1 dx^2 - x^2 dx^1 = \begin{vmatrix} x^1 & dx^1 \\ x^2 & dx^2 \end{vmatrix}.$$

이는 (x^1, x^2) 와 (dx^1, dx^2) 로 만들어지는 평행사변형의 부호가 있는 넓이다. 따라서 (A.3.9)는 두 벡터

$$x = (x^1, x^2, \cdots, x^n), \quad dx = (dx^1, dx^2, \cdots, dx^n)$$

에 대하여 다음과 같이 일반화될 수 있겠다.

$$\begin{aligned} K(x, dx) &:= -3\frac{\mathcal{Q}(x, dx)}{\|x, dx\|^2}, \\ \mathcal{Q}(x, dx) &:= \sum_{i,j,k,\ell=1}^{n} c_{ij,k\ell}\, x^k x^\ell dx^i dx^j. \end{aligned} \tag{A.3.10}$$

여기서 $\|x, dx\|$ 는 n 차원 공간에서 두 벡터 x 와 dx 로 만들어지는 평행사변형의 부호가 있는 넓이다. 제법 그럴듯해 보이는 식이다.

하지만 이것으로 만족할 수는 없다. 무엇보다도 여전히 어떻게 하면 자연스럽게 식 (A.3.7)이 얻어지는가 하는 데에 대한 질문 A.3.1에 대한 대답을 아직 얻지 못하였다.

깨달음 2 여기서 리만은 다음과 같이 생각하지 않았을까? (A.3.7)을 이용하면

$$\begin{aligned}-3\mathcal{Q}((x^1,x^2),(dx^1,dx^2)) &= K(x,dx)\left(x^1dx^2-x^2dx^1\right)^2\\ &= \left(-c_{11,22}+c_{12,21}+c_{21,12}-c_{22,11}\right)\left(x^1dx^2-x^2dx^1\right)^2.\end{aligned}$$

그런데 놀랍게도[8] 이건 다음과 같다.

$$-c_{ij,k\ell}(x^k dx^i - x^i dx^k)(x^\ell dx^j - x^j dx^\ell).$$

따라서

$$\begin{aligned}&Q((x^1,x^2),(dx^1,dx^2))\\ &:= \sum_{i,j,k,\ell=1}^{2} \frac{1}{3}c_{ij,k\ell}(x^k dx^i - x^i dx^k)(x^\ell dx^j - x^j dx^\ell)\end{aligned}$$

이라 하면

$$\mathcal{Q}((x^1,x^2),(dx^1,dx^2)) = Q((x^1,x^2),(dx^1,dx^2))$$

임을 알게 된다. 이 식으로부터 다음을 얻는다.

$$K(p) = -3\frac{Q(x,dx)}{\|x,dx\|^2}. \tag{A.3.11}$$

여기까지 식을 얻은 리만은 무척 행복했었을 것 같다. 식 (A.3.10)과 식 (A.3.11)은 같은 식이다. 그러나 식 (A.3.11)은 질문 A.3.1에 대한 답을 주고 있다는 점에서 (A.3.10)보다 더 곡률의 근본에 가까이 있는 식이라 할 수 있다.

여기서 한 가지만 짚고 넘어가자. 식 (A.3.11)의 좌변은 x와 dx에 의존하지 않는 반면 우변은 x와 dx에 의존하고 있다. 따라서 위 식은 $-3\frac{Q(x,dx)}{\|x,dx\|^2}$의 값이 x와 dx에 상관없이 일정하다는 것 또한 의미하고 있다.

---

8) 이 두 식이 서로 같다는 걸 보이는 건 단순한 계산이다. 그렇지만 이 두 개가 같다는 걸 생각해 낸다는 것은 다른 문제다. 리만의 천재성이 느껴지는 순간이다.

A.3.6 공간에 대한 좋은 좌표계는?

이제 앞 절에서 유도한 곡률의 식을 공간에 대한 곡률의 식으로 확장하고 싶은데 그 방법은 모든 인수 i, j, k, ℓ이 1부터 n까지 변한다고 하면 될 것 같다. 그런데 먼저 처리해야 할 일이 있다. 그것은, 앞 절에서 유도한 식이 특수한 형태의 좌표계에 의존하여 정의되었다는 사실이다. 즉 극좌표계로부터 얻어진 데카르트 좌표계 (A.3.5)를 가지고 곡률의 식을 살펴보았는데 이제 그 식을 확장하려면 공간에 대해서도 마찬가지로 극좌표계를 통한 데카르트 좌표계를 생각해야 할 것이다.

공간의 극좌표를 다루는 것은 조금만 생각하면 어렵지 않게 할 수 있다. 먼저, 곡면에 극좌표계를 어떻게 도입했었는지를 돌이켜 보고 이를 공간에 대하여 일반화하면 된다. 그렇게 먼저 극좌표를 정하고 나서 데카르트 좌표계를 정한다.

공간의 극좌표계를 만들려면 먼저 점 p에서 뻗어나오는 단위속력의 반곧은선들을 생각한다. 반곧은선은 시점과 초기 단위벡터에 의해 결정되므로 반곧은선 각각을 매개화하려면 그 반곧은선의 초기단위속도벡터만 나타내면 된다. n차원 공간에서 점 p에서 뻗어나오는 단위벡터들의 모임은 $n-1$차원의 구에 해당하므로 n개의 직교단위벡터들 $X_1, X_2, \cdots, X_n$을 정하고 그것으로부터 $n-1$차원 구면 좌표계 $\theta^1, \theta^2, \cdots, \theta^{n-1}$을 생각할 수 있다. 그리고 그 반곧은선들이 단위속력을 가지게 매개하고 그 매개변수를 r이라 하자. 이제 이 극좌표를 이용한 계량기는 식 (A.2.2)처럼 다음과 같이 쓰여진다.

$$ds^2 = dr^2 + \sum_{i,j=1}^{n-1} G_{ij} d\theta^i d\theta^j, \quad G_{ij} = G_{ij}(r, \theta^1, \theta^2, \cdots, \theta^{n-1}).$$

이제 이를 이용하여 공간의 데카르트 좌표계를 생각하자. 그것은 다음과 같다.

$$
\begin{aligned}
x^1 &= r\cos\theta^1,\\
x^2 &= r\sin\theta^1\cos\theta^2,\\
x^3 &= r\sin\theta^1\sin\theta^2\cos\theta^3,\\
&\dots\\
x^{n-1} &= r\sin\theta^1\sin\theta^2\cdots\sin\theta^{n-2}\cos\theta^{n-1},\\
x^n &= r\sin\theta^1\sin\theta^2\cdots\sin\theta^{n-2}\sin\theta^{n-1}.
\end{aligned}
$$

정의에 의하여 이 좌표계에서는 다음이 성립한다.

- $X_i = \frac{\partial}{\partial x^i}\Big|_p$,
- 임의의 $x = (x^1, \cdots, x^n)$에 대하여 $\gamma(s) := (sx^1, \cdots, sx^n)$은 속력이 $\sqrt{(x^1)^2 + (x^2)^2 + \cdots (x^n)^2}$인 곧은선이 된다.

이렇게 만들어진 좌표계 $x^1, x^2, \cdots, x^n$을 '리만의 표준좌표계' 또는 '곧은선 표준좌표계'라고 한다.

소정리 A.3.5. 임의의 곧은선 표준좌표계에서 모든 $1 \le i, j, k, \ell \le n$에 대하여 식 (A.3.2)와 (A.3.3)이 성립한다. 단 $p = (0, \cdots, 0)$.

증명 위 두 사실로부터 따라 나오는데 [26, 2권, 4장 Proposition 1]의 증명을 조금 변형하면 된다. ■

두 식 (A.3.2)와 (A.3.3)을 만족하는 좌표계를 표준좌표계라 한다.

따름정리 A.3.1. [26, 2권, 4장 Part B, 170쪽] n-차원 공간에 대한 곧은선 표준좌표계에서 계량기 g는 다음과 같이 표현된다.

$$
g = \sum_{i=1}^{n} (dx^i)^2 + \frac{1}{2}\sum_{i,j,k,\ell=1}^{n} \frac{\partial^2 g_{ij}}{\partial x^k \partial x^\ell}(p) x^k x^\ell dx^i dx^j + o(|x|^2).
$$

A.3.7 공간의 곡률을 어떻게 정의할 것인가?

자, 이제 공간의 곡률에 관한 식을 어떻게 정하면 될까? 당연히 곡면의 경우에 얻은 곡률의 식을 확장하여 다음과 같이 곡률을 정의하는 게 될 것이다. 사실 앞 절에서 곡면의 곡률을 재해석한 식은 이러한 확장을 염두에 두고 한 것이므로 다음과 같이 확장하는 것은 당연한 일이다.

정의 A.3.1. $i, j, k, l \in \{1, 2, \cdots, n\}$에 대하여

$$c_{ij,k\ell} := \frac{1}{2}\frac{\partial g_{ij}}{\partial x^\ell \partial x^k}(p),$$

$$Q(x, dx) := \sum_{i,j,k,\ell=1}^{n} \frac{1}{3} c_{ij,k\ell}(x^k dx^i - x^i dx^k)(x^\ell dx^j - x^j dx^\ell),$$

$$K(x, dx) := -3\frac{Q(x, dx)}{\|x, dx\|^2}.$$

여기서 $\|x, dx\|$은 $x = (x^1, x^2, \cdots, x^n)$와 $dx = (dx^1, dx^2, \cdots, dx^n)$로 결정되는 평행사변형의 부호가 있는 넓이를 말한다.

237쪽에 있는 리만의 설명은 이를 말로 풀어쓴 것이다. 이 정의는 과연 타당한가? 리만은 다음과 같이 주장한다.

소정리 A.3.6 (리만, 1854년 6월 10일, 교수자격취득강연에서). 다음이 성립한다.

(1) $n = 2$면 $K(x, dx)$는 원점 o에서의 가우스 곡률과 같다.

(2) 일반적인 n에 대하여 $K(x, dx)$는 원점 o와 x 그리고 dx로 결정되는 평면(에 해당하는 곡면)의 가우스 곡률과 같다.

(3) 만약 $Q(\frac{\partial}{\partial x^i}, \frac{\partial}{\partial x^j})$가 모든 $1 \le i < j \le n$에 대하여 알려지면 계량기를 알 수 있다.

증명 (1) 에 대한 증명은 쉽다. 이미 앞 절에서 다룬 내용이 (1) 에 대한 증명이다. (2) 에 대한 증명 또한 개념적으로는 쉽다. 두 벡터 x, dx 를 일단 고정하자. 그리고 새로운 곧은선 좌표계를 취하는데 기존의 x, dx 가 $(1, 0, 0, \cdots, 0), (0, 1, 0, \cdots, 0)$ 방향이 되도록 곧은선 표준좌표계를 바꿀 수 있다. 이제 (1) 에 의하여 결론이 성립한다. (3) 에 대한 증명은 [26, 2권, 4장] 을 참고하라. ■

여기서 한 가지 짚고 넘어가고 싶은 것이 있다. '원점 o와 x 그리고 dx 로 결정되는 평면(에 해당하는 곡면)' 을 나타내는 다른 쌍의 벡터 (x', dx') 을 생각할 수 있다. 이제 $K(x', dx')$ 을 생각하면 이는 $K(x, dx)$ 와 같아야 한다. 위 증명은 이미 이러한 사실을 내포하고 있다. 그러나 위 증명과 상관없이 다음과 같이 보일 수도 있다.

소정리 A.3.7. [26, 2권, 4장, Part B, Proposition 2] 두 벡터쌍 x, dx 와 x', dx' 모두 한 평면의 기저라고 하자. 그러면

$$K(x', dx') = K(x, dx).$$

즉, K 는 평면 자체에 정의된 값이지 어떤 기저를 택하느냐에 따라 좌우되지는 않는다.

증명

$$Q(a_{11}x + a_{12}dx, a_{21}x + a_{22}dx) = (a_{11}a_{22} - a_{12}a_{21})^2 Q(x, dx),$$
$$\|a_{11}x + a_{12}dx, a_{21}x + a_{22}dx\| = (a_{11}a_{22} - a_{12}a_{21})\|x, dx\|$$

여서 그렇다. ■

이제 고차원 다양체의 곡률에 관한 리만의 아이디어를 거의 모두 해설하였다.

리만의 아이디어는 옳은가? 결론은 그렇다라는 것이다. 리만의 아이디어가 정확한 개념으로 정립되기까지는 수십 년의 세월이 걸렸다고 한다. 그만큼 리만의 아이디어는 시대를 뛰어넘는 것이었는데 그럼에도 불구하고 리만이 어떻게 해서 그 아이디어를 얻었을까 하나하나 뒤집다 보면 의외로 가우스가 행한 계산을 철저히 다차원 공간으로 확장하여 결론을 얻었다는 것을 짐작할 수 있다. 역시 뉴튼의 말처럼 아무리 거장이라도 그 선대가 쌓아놓은 지식 위에서 더 멀리 바라볼 수 있는 것인가 보다. K를 단면 곡률이라 한다.

A.4 1854년 후: 리만 곡률 텐서

지금까지는 리만이 어떻게 단면 곡률의 개념을 알아내게 되었을까를 중심으로 이야기를 전개하였는데 이제 다음과 같은 질문들을 생각할 수 있다.

- 다른 곧은선 표준좌표계를 취해도 단면 곡률의 값은 변하지 않는가?
- 곧은선 표준좌표계가 아닌 일반좌표계가 주어지면 단면 곡률은 어떻게 계산할 수 있는가?

예 A.3.1에서 살펴본 바와 같이 일반적으로 표준좌표계는 유일하지 않다. 첫 번째 질문은 앞에서 정의한 단면 곡률이 잘 정의된 개념인가를 묻는 것이다. 그런데 사실 이 질문에 대한 답은 두 번째 질문에 대한 답을 이용하여 얻을 수 있다.

이제 곧은선 표준좌표계가 아닌 일반좌표계에서는 곡률을 어떻게 계산할 수 있는지 생각해 보자. 이것은 굉장히 실질적인 질문이다. 어떤 리만 다양체에 대하여 주어진 좌표계는 일반적으로 표준좌표계가 아니다. 그렇다면 단면 곡률을 어떻게 계산할 수 있나? 리만의 강연을 기록한 글 [32]에 이에 대한 언급은 없다.

일단 두 가지 방법을 생각할 수 있다. 하나는 주어진 좌표계를 곧은선 표준좌표계로 변환하는 것이고 다른 하나는 곧은선 좌표계가 아닌 일반좌표계에서 통용되는 단면 곡률의 식을 구하는 것이다.

두 번째 방법이 그럴 듯해 보인다. 식이 조금 더 복잡해 질 수 있겠지만 어쨌거나 일반좌표계에서 그대로 단면 곡률을 계산할 수 있다면 좋지 않겠는가?

자, 이를 위해선 어떻게 하면 좋을까? 한 가지 방법은 곡면의 경우를 잘 들여다 보는 것이다. 곡면의 경우에는 분명히 일반좌표계로 가우스 곡률을 계산하는 식이 있다. 따라서 그 식과 곧은선 포준좌표계에서 계산한 식을 비교하여 어떻게 대응관계가 이루어지는지 알 수 있다면 고차원의 경우에도 일반좌표계의 경우와 곧은선 표준좌표계의 경우 단면 곡률의 식이 어떻게 대응되는지 알 수 있을 것이다.

그런데 리만은 이미 이 질문에 대한 답을 제공해 줄 수 있는 핵심적인 개념을 이미 알고 있었던 것으로 보인다. 리만이 1861년에 파리 학술원에 제출한 라틴어로 쓰여진 논문 [23]에 그 단서가 나와 있는데[9] 스피박이 그 내용의 일부를 비교적 현대적 기호로

9) 필자는 당연히 라틴어를 전혀 모르는데 구글 번역기를 이용하여 [23]의 해당 부분을 읽어보았다. 자료도 번역도 인터넷을 통하여 다 해결할 수 있다는 것은 참 축복이다. 오래전 읽었던 어느 원로 수학자의 회고가 생각난다. 논문을 손으로 일일이 옮겨쓰다가 어느날 복사기라는 '신의 선물'이 들어와서 너무나 감격했었다는...

재구성하여 [26, 2권, 4장 Part C]에 넣어두었다. 스피박의 번역/서술을 따라가면서 리만이 알고 있었던 바가 무엇인지 살펴보자.

A.4.1 리만의 1861년 논문의 일부

$\cdots$ 주어진 계량기 $g_{ij}(y)dy^i dy^j$ 가 어떤 조건을 만족시킬 때 $\sum_i (dx^i)^2$ 의 꼴로 바뀔 수 있는가 하는 질문에 대해 생각해 보자. 즉, $g_{ij} = g_{ij}(y)$ 가 y 에 대하여 어떤 (미분)방정식을 만족시킬 때 어떤 적당한 변환

$$
\begin{aligned}
x^1 &= x^1(y^1, y^2, \cdots, y^n), \\
x^2 &= x^2(y^1, y^2, \cdots, y^n), \\
&\cdots \\
x^n &= x^n(y^1, y^2, \cdots, y^n)
\end{aligned}
$$

이 있어서 $g_{ij}(y)dy^i dy^j$ 가 $\sum_i (dx^i)^2$ 의 꼴과 같은지 알고 싶다.

우리는 필요조건에 집중한다. 즉 그런 변환이 있다고 하자. 그러면 다음이 성립한다.

$$\sum_\alpha \frac{\partial x^\alpha}{\partial y^i}\frac{\partial x^\alpha}{\partial y^j} = g_{ij} \tag{A.4.1}$$

이제 (A.4.1)를 y^k 에 대하여 미분하자. 그러면

$$\sum_\alpha \frac{\partial^2 x^\alpha}{\partial y^i \partial y^k}\frac{\partial x^\alpha}{\partial y^j} + \sum_\alpha \frac{\partial^2 x^\alpha}{\partial y^j \partial y^k}\frac{\partial x^\alpha}{\partial y^i} = \frac{\partial g_{ij}}{\partial y^k}. \tag{A.4.2}$$

지표를 바꾸면서

$$\frac{\partial g_{ij}}{\partial y^k}, \qquad \frac{\partial g_{ik}}{\partial y^j}, \qquad \frac{\partial g_{jk}}{\partial y^i} \tag{A.4.3}$$

의 식을 구한 후 변변 더하면 다음이 얻어진다.

$$\sum_\alpha \frac{\partial^2 x^\alpha}{\partial y^j \partial y^k}\frac{\partial x^\alpha}{\partial y^i} = \frac{1}{2}\left(\frac{\partial g_{ij}}{\partial y^k} + \frac{\partial g_{ik}}{\partial y^j} - \frac{\partial g_{jk}}{\partial y^i}\right) \tag{A.4.4}$$

여기서 다음을 정의하자.

$$[jk, i] := \frac{1}{2}\left(\frac{\partial g_{ij}}{\partial y^k} + \frac{\partial g_{ik}}{\partial y^j} - \frac{\partial g_{jk}}{\partial y^i}\right),$$
$$\Gamma^{\gamma}_{jk} := g^{i\gamma}[jk, i]$$

$[jk, i]$를 제1종 크리스토펠 기호, Γ^{γ}_{jk}를 제2종 크리스토펠 기호라 한다.[10)] 이제 다음이 성립함을 보자.

$$\begin{aligned} g^{i\gamma}\frac{\partial x^\lambda}{\partial y^\gamma}[jk, i] &= \sum_\alpha \frac{\partial^2 x^\alpha}{\partial y^j \partial y^k}\frac{\partial x^\alpha}{\partial y^j}\frac{\partial x^\lambda}{\partial y^\gamma}g^{i\gamma} \\ &= \sum_\alpha \frac{\partial^2 x^\alpha}{\partial y^j \partial y^k}\left(\frac{\partial x^\alpha}{\partial y^j}\frac{\partial x^\lambda}{\partial y^\gamma}g^{i\gamma}\right) \\ &= \frac{\partial^2 x^\alpha}{\partial y^j \partial y^k}\delta_{\alpha\lambda}. \end{aligned}$$

따라서

$$\frac{\partial^2 x^\lambda}{\partial y^j \partial y^k} = \Gamma^{\gamma}_{jk}\frac{\partial x^\lambda}{\partial y^\gamma}. \tag{A.4.5}$$

이는 다시 다음과 같이 쓸 수 있다.

$$\frac{\partial}{\partial y^k}\left(\frac{\partial x^\lambda}{\partial y^j}\right) = \Gamma^{\gamma}_{jk}\frac{\partial x^\lambda}{\partial y^\gamma}. \tag{A.4.6}$$

지표를 바꾸어 다음이 성립함을 알 수 있다.

$$\frac{\partial}{\partial y^l}\left(\frac{\partial x^\lambda}{\partial y^j}\right) = \Gamma^{\gamma}_{jl}\frac{\partial x^\lambda}{\partial y^\gamma}. \tag{A.4.7}$$

이제 (A.4.6)를 y^l에 대해, (A.4.7)를 y^k에 대해 편미분한 후 이 둘이 같다는 것을 이용하여 다음과 같은 적분조건을 얻게 된다.[11)]

$$\frac{\partial \Gamma^{\gamma}_{jk}}{\partial y^l} - \frac{\partial \Gamma^{\gamma}_{jl}}{\partial y^k} + \Gamma^{\mu}_{jk}\Gamma^{\gamma}_{\mu l} - \Gamma^{\mu}_{jl}\Gamma^{\gamma}_{\mu k} = 0. \tag{A.4.8}$$

따라서

$$R^{\gamma}_{jlk} := \frac{\partial \Gamma^{\gamma}_{jk}}{\partial y^l} - \frac{\partial \Gamma^{\gamma}_{jl}}{\partial y^k} + \Gamma^{\mu}_{jk}\Gamma^{\gamma}_{\mu l} - \Gamma^{\mu}_{jl}\Gamma^{\gamma}_{\mu k} \tag{A.4.9}$$

10) 크리스토펠은 20세기 초에 활약했던 수학자므로 이런 이름은 리만 당시에는 존재하지 않았다.

11) [26, 2권, 4장, Part D] 참조.

라 하면 적분조건은 다음을 말한다.[12)]

$$R^{\gamma}_{jlk} = 0.$$

...

A.4.2 리만 곡률 텐서의 고전적 정의

위 내용은, $R^{\gamma}_{jlk} \neq 0$ 이면 $g_{ij}(y)dy^i dy^j$ 를 절대 $\sum_i (dx^i)^2$ 의 꼴로 바꿀 수 없음을 말하고 있다.[13)] 이 R^{γ}_{jlk} 의 정체는 무엇인가?

리만의 뒤를 이은 후대 수학자들이 연구한 내용을 정리하면 다음과 같다. 먼저 텐서장이라는 것을 다음과 같이 정의한다. §4.2에 주어진 정의는 이를 계량한 것이다.

정의 A.4.2 (고전적 정의). 텐서장이란 모든 좌표계에 n^{k+l} 개의 함수를 할당하는 것인데 단 그 함수들이 다음과 같은 변환관계를 만족시켜야 한다: 좌표계 x 에 할당된 함수들을 $A^{j_1 \ldots j_l}_{i_1 \ldots i_k}$, 좌표계 $\bar{x}$ 에 할당된 함수들을 $\bar{A}^{\beta_1 \ldots \beta_l}_{\alpha_1 \ldots \alpha_k}$ 라고 하면

$$\bar{A}^{\beta_1 \ldots \beta_l}_{\alpha_1 \ldots \alpha_k} = A^{j_1 \ldots j_l}_{i_1 \ldots i_k} \frac{\partial x^{i_1}}{\partial \bar{x}^{\alpha_1}} \cdots \frac{\partial x^{i_k}}{\partial \bar{x}^{\alpha_k}} \frac{\partial \bar{x}^{\beta_1}}{\partial x^{j_1}} \cdots \frac{\partial \bar{x}^{\beta_l}}{\partial x^{j_l}}.$$

이 변환관계를 기억하는 좋은 방법은 텐서 A 의 국소적 표현을 다음과 같이 이해하는 것이다.

$$\begin{aligned} A &= A^{j_1 \ldots j_l}_{i_1 \ldots i_k} dx^{i_1} \otimes \cdots \otimes dx^{i_k} \otimes \frac{\partial}{\partial x^{j_1}} \otimes \cdots \frac{\partial}{\partial x^{j_l}} \\ &= \bar{A}^{\beta_1 \ldots \beta_l}_{\alpha_1 \ldots \alpha_k} d\bar{x}^{\alpha_1} \otimes \cdots \otimes d\bar{x}^{\alpha_k} \otimes \frac{\partial}{\partial \bar{x}^{\beta_1}} \otimes \cdots \frac{\partial}{\partial \bar{x}^{\beta_l}} \end{aligned}$$

---

12) 식 (A.4.2), (A.4.4), (A.4.5)는 각각 리만의 1861년 논문 [23]의 (4), (5), (6)에 해당한다. 식 (A.4.8)은 [23]의 (6)과 (I) 사이에 있는 식에 해당한다.

13) 자, 여기서 R^{γ}_{jlk} 의 식이 눈에 익지 않은가? 이는 주어진 다양체가 곡면인 경우 '양성덕의 미분기하강의 1편'에서 가우스의 놀라운 정리의 증명에 등장하는 식이다. 이 함수들의 중요성은 다음 몇 가지 정리들에서 알 수 있다.

그리고 미분의 연쇄법칙에 기인한 다음 변환규칙을 기억하는 것이다.

$$dx^{i_s} = \frac{\partial x^{i_s}}{\partial \bar{x}^{\alpha_s}} d\bar{x}^{\alpha_s}, \qquad \frac{\partial}{\partial x^{j_t}} = \frac{\partial \bar{x}^{\beta_t}}{\partial x^{j_t}} \frac{\partial}{\partial \bar{x}^{\beta_t}}.$$

텐서의 중요성은 기하학에서 매우 중요한 개념인 '계량기'가 텐서라는 것과 다음 소정리에서 주장되는 바와 같이 곡률을 계산하는 과정에 출현하는 R^{γ}_{jlk} 도 텐서라는 사실로 알 수 있다. 그 외에도 중요한 텐서는 많다.

질문 A.4.2. *3*차원 유클리드 공간에 있는 *2*차원 곡면의 제 *1* 기본형식 *(*계량기*)* $Edu^2 + 2Fdudv + Gdv^2$ 와 제 *2* 기본형식 $Ldu^2 + 2Mdudv + Ndv^2$ 모두 위 정의에 따라 텐서가 됨을 설명하라.

소정리 A.4.8. [26, 2권, 4장, Part D, Proposition 5]

$$R^{\gamma}_{jlk} dy^j \otimes dy^l \otimes dy^k \otimes \frac{\partial}{\partial y^{\gamma}}$$

는 텐서다. 지금은 이것을 리만 곡률 텐서라고 한다.

이를 이용하여 일단 다음을 정의한다:

정의 A.4.3. 세 접벡터장 X, Y, Z 에 대하여

$$R(X,Y)Z := R^{\gamma}_{jlk}\, dy^j(Z)\, dy^l(X)\, dy^k(Y)\, \frac{\partial}{\partial y^{\gamma}} \tag{A.4.10}$$

이는 세 벡터장 X, Y, Z 에 대하여 새로운 벡터장

$$R^{\gamma}_{jlk}\, dy^j(Z)\, dy^l(X)\, dy^k(Y)\, \frac{\partial}{\partial y^{\gamma}}$$

을 대응시키는 사상이다. *(X, Y, Z* 의 순서에 주의한다.*)*

이를 이용하여 다음을 정의하자.

정의 A.4.4.

$$R_{ijkl} := g_{i\gamma} R^{\gamma}_{jkl}.$$

그러면 다음이 성립한다.

소정리 A.4.9. [26, 2권, 4장, Part D, Proposition 5 바로 위]

$$R_{ij\ell k} = \frac{1}{2}\left(g_{ik,j\ell} + g_{j\ell,ik} - g_{i\ell,jk} - g_{jk,i\ell}\right)$$
$$+ g^{\alpha\beta}\left([j\ell,\alpha]\cdot[ik,\beta] - [i\ell,\alpha]\cdot[jk,\beta]\right). \quad \text{(A.4.11)}$$

그리고

$$(R_{ijk\ell}dy^i \otimes dy^j \otimes dy^k \otimes dy^\ell)(X,Y,Z,W) = \langle R(Z,W)Y,X\rangle.$$

증명 두 번째만 증명한다. $X = a^i \frac{\partial}{\partial y^i}$ 라고 하자. 그러면 $a^i = dy^i(X)$.

$$\begin{aligned}\langle R(Z,W)Y,X\rangle &= \langle R^\gamma_{jlk}\, dy^j(Y)\, dy^l(Z)\, dy^k(W)\, \frac{\partial}{\partial y^\gamma}, X\rangle \\ &= R^\gamma_{jlk}\, dy^j(Y)\, dy^l(Z)\, dy^k(W)\, \langle \frac{\partial}{\partial y^\gamma}, a^i \frac{\partial}{\partial y^i}\rangle \\ &= R^\gamma_{jlk}\, dy^j(Y)\, dy^l(Z)\, dy^k(W)\, dy^i(X) \langle \frac{\partial}{\partial y^\gamma}, \frac{\partial}{\partial y^i}\rangle \\ &= g_{i\gamma} R^\gamma_{jlk}\, dy^i(X)\, dy^j(Y)\, dy^l(Z)\, dy^k(W) \\ &= g_{i\gamma} R^\gamma_{jkl}\, dy^i(X)\, dy^j(Y)\, dy^k(Z)\, dy^l(W).\end{aligned}$$

■

이를 이용하여 다음과 같이 곧은선 표준좌표계에서 단면곡률을 리만 곡률 텐서 R을 이용하여 계산할 수 있음을 알 수 있다.

소정리 A.4.10. [26, 2권, 4장, Part D, Proposition 6] 곧은선 표준좌표계에서는 다음이 성립한다.

$$\langle R(X,Y)Y,X\rangle = -3Q(X,Y).$$

증명 곧은선 표준좌표계에서는 모든 $[ij,k]$가 원점에서는 0이므로 (A.4.11)을 이용해서

$$R_{ij\ell k}(0) = c_{ik,j\ell} + c_{j\ell,ik} - c_{i\ell,jk} - c_{jk,i\ell}.$$

이제 다음을 보자. $X = a^i \frac{\partial}{\partial y^i}$, $Y = b^j \frac{\partial}{\partial y^j}$ 라 하면 $a^i = dy^i(X)$, $b^k = dy^k(Y)$. 따라서

$$\begin{aligned}
3Q(X,Y) &= c_{ij,k\ell}(a^ib^k - a^kb^i)(a^jb^\ell - a^\ell b^j) \\
&= c_{ij,k\ell}(a^ib^ka^jb^\ell + a^kb^ia^\ell b^j - a^ib^ka^\ell b^j - a^kb^ia^jb^\ell) \\
&= c_{ij,k\ell}a^ib^ka^jb^\ell + c_{ij,k\ell}a^kb^ia^\ell b^j \\
&\qquad - c_{ij,k\ell}a^ib^ka^\ell b^j - c_{ij,k\ell}a^kb^ia^jb^\ell \\
&= c_{ik,j\ell}a^ib^ja^kb^\ell + c_{j\ell,ik}a^ib^ja^kb^\ell \\
&\qquad - c_{i\ell,jk}a^ib^ja^kb^\ell - c_{jk,i\ell}a^ib^ja^kb^\ell \\
&= (c_{ik,j\ell} + c_{j\ell,ik} - c_{i\ell,jk} - c_{jk,i\ell})a^ib^ja^kb^\ell \\
&= R_{ij\ell k}(0)dy^i \otimes dy^j \otimes dy^k \otimes dy^\ell(X,Y,X,Y) \\
&= -R_{ijk\ell}(0)dy^i \otimes dy^j \otimes dy^k \otimes dy^\ell(X,Y,X,Y) \\
&= -\langle R(X,Y)Y,X\rangle.
\end{aligned}$$

■

따름정리 A.4.2. 곧은선 표준좌표계에서는 다음이 성립한다.

$$K(X,Y) = \frac{\langle R(X,Y)Y,X\rangle}{\|X,Y\|^2} = \frac{-\langle R(X,Y)X,Y\rangle}{\|X,Y\|^2}.$$

A.4.3 일반좌표계에서의 단면 곡률 계산

이제 드디어 임의의 좌표계가 주어졌을 때 단면 곡률을 계산할 수 있게 된다. 이는 다음 소정리 덕분이다.

소정리 A.4.11. x와 $\bar{x}$가 점 p 근방의 임의의 두 좌표계라 하자. 임의의 두 벡터 X_1, X_2에 대하여 좌표계 x를 가지고 계

산한 것을 $\langle R(X_1, X_2)X_2, X_1\rangle$, 좌표계 $\bar{x}$를 가지고 계산한 것을 $\langle \bar{R}(X_1, X_2)X_2, X_1\rangle$라 하면 둘은 서로 같다. 즉

$$\langle \bar{R}(X_1, X_2)X_2, X_1\rangle = \langle R(X_1, X_2)X_2, X_1\rangle.$$

증명 좌표계를 이용하였을 때 $X_k = a_k^i \frac{\partial}{\partial x^i} = \bar{a}_k^j \frac{\partial}{\partial \bar{x}^j}$ 라고 하자. 그러면

$$a_k^i = \bar{a}_k^j \frac{\partial x^i}{\partial \bar{x}^j}, \qquad \bar{a}_k^j = a_k^i \frac{\partial \bar{x}^j}{\partial x^i}. \tag{A.4.12}$$

이제 다음을 볼 수 있다.

$$\begin{aligned}
&\langle \bar{R}(X_1,X_2)X_2, X_1\rangle \\
&\quad = (R_{ijk\ell}dy^i \otimes dy^j \otimes dy^k \otimes dy^\ell)(X_1, X_2, X_1, X_2) \\
&\quad = R_{ijk\ell}dx^i(X_1)dx^j(X_2)dx^k(X_1)dx^\ell(X_2) \\
&\quad = R_{ijk\ell}dx^i(a_1^\alpha \partial_\alpha)dx^j(a_2^\beta \partial_\beta)dx^k(a_1^\gamma \partial_\gamma)dx^\ell(a_2^\delta \partial_\delta) \\
&\quad = R_{ijk\ell}a_1^i a_1^j a_1^k a_2^\ell.
\end{aligned}$$

마찬가지로

$$\langle \bar{R}(X_1, X_2)X_2, X_1\rangle = \bar{R}_{\alpha\beta\gamma\delta}\bar{a}_1^\alpha \bar{a}_1^\beta \bar{a}_1^\gamma \bar{a}_2^\delta.$$

그런데 (A.4.12)로부터

$$\langle \bar{R}(X_1, X_2)X_2, X_1\rangle = \bar{R}_{\alpha\beta\gamma\delta}\frac{\partial \bar{x}^\alpha}{\partial x^i}\frac{\partial \bar{x}^\beta}{\partial x^j}\frac{\partial \bar{x}^\gamma}{\partial x^k}\frac{\partial \bar{x}^\delta}{\partial x^\ell}a_1^i a_1^j a_1^k a_2^\ell.$$

이제 마지막으로

$$\bar{R}_{\alpha\beta\gamma\delta}\frac{\partial \bar{x}^\alpha}{\partial x^i}\frac{\partial \bar{x}^\beta}{\partial x^j}\frac{\partial \bar{x}^\gamma}{\partial x^k}\frac{\partial \bar{x}^\delta}{\partial x^\ell} = R_{ijk\ell}.$$

이로부터[14)]로부터 결론이 따라 나온다. ■

---

14) 양성덕의 미분기하강의 1편 5장 7절에 $n = 2$일 때의 증명이 나와 있는데 그 증명은 일반적인 n에 대하여 그대로 확장된다. 이는 R이 텐서라는 것과 동치다.

따름정리 A.4.3. 두 벡터 X_p, Y_p로 결정되는 단면 곡률 $K(X_p, Y_p)$는 임의의 좌표계를 이용하여 다음과 같이 계산될 수 있다.

$$K(X_p, Y_p) = \frac{\langle R(X_p, Y_p)Y_p, X_p\rangle}{\langle X_p, X_p\rangle\langle Y_p, Y_p\rangle - \langle X_p, Y_p\rangle^2}.$$

이제 이 값이 (X_p, Y_p)가 아니라 (X_p, Y_p)가 만들어내는 평면의 함수라는 걸 보이자. 먼저 다음을 살펴보자.

소정리 A.4.12. 다음이 성립한다.

$$R_{ijk\ell} = -R_{ij\ell k} = -R_{jik\ell} = R_{k\ell ij}.$$

이는 임의의 벡터장 X, Y, Z, W에 대하여

$$\begin{aligned}\langle R(X,Y)Z, W\rangle &= -\langle R(X,Y)W, Z\rangle \\ &= -\langle R(Y,X)Z, W\rangle = \langle R(Z,W)X, Y\rangle\end{aligned}$$

가 성립하다는 것과 같다. (A.4.11)을 이용하면 이 사실이 참임을 쉽게 볼 수 있다. 이제 이것으로부터 다음을 알 수 있다. 이는 소정리 A.3.7에 해당한다.

소정리 A.4.13. 만약 $span\{X_1, X_2\} = span\{Y_1, Y_2\}$라 하면

$$K(X_1, X_2) = K(Y_1, Y_2).$$

즉 단면 곡률은 기저에 의존하지 않는다.

증명 가정으로부터, 어떤 a_i^j에 대하여

$$Y_i = a_i^j X_j.$$

그러면

$$\begin{aligned}\langle R(Y_1,Y_2)Y_2,Y_1\rangle &= \langle R(a_1^iX_i, a_2^jX_j)a_2^kX_k, a_1^\ell X_\ell\rangle\\ &= a_1^ia_2^ja_2^ka_1^\ell\langle R(X_i,X_j)X_k,X_\ell\rangle\\ &= (a_1^1a_2^2a_2^ka_1^\ell - a_1^2a_2^1a_2^ka_1^\ell)\langle R(X_1,X_2)X_k,X_\ell\rangle\\ &= (a_1^1a_2^2 - a_1^2a_2^1)a_2^ka_1^\ell\langle R(X_1,X_2)X_k,X_\ell\rangle\\ &= -(a_1^1a_2^2 - a_1^2a_2^1)(a_1^2a_2^1 - a_1^1a_2^2)\langle R(X_1,X_2)X_1,X_2\rangle\\ &= (a_1^1a_2^2 - a_1^2a_2^1)^2R(X_1,X_2)X_2,X_1\rangle.\end{aligned}$$

한편

$$\begin{aligned}\begin{pmatrix}Y_1\cdot Y_1 & Y_1\cdot Y_2\\ Y_2\cdot Y_1 & Y_2\cdot Y_2\end{pmatrix} &= \begin{pmatrix}Y_1\\ Y_2\end{pmatrix}\cdot\begin{pmatrix}Y_1 & Y_2\end{pmatrix}\\ &= \begin{pmatrix}a_1^iX_i\\ a_2^jX_j\end{pmatrix}\cdot\begin{pmatrix}a_1^kX_k & a_2^\ell X_\ell\end{pmatrix}\\ &= \begin{pmatrix}a_1^1 & a_1^2\\ a_2^1 & a_2^2\end{pmatrix}\begin{pmatrix}X_1\\ X_2\end{pmatrix}\cdot\begin{pmatrix}X_1 & X_2\end{pmatrix}\begin{pmatrix}a_1^1 & a_2^1\\ a_1^2 & a_2^2\end{pmatrix}\\ &= \begin{pmatrix}a_1^1 & a_1^2\\ a_2^1 & a_2^2\end{pmatrix}\begin{pmatrix}X_1\cdot X_1 & X_1\cdot X_2\\ X_2\cdot X_1 & X_2\cdot X_2\end{pmatrix}\begin{pmatrix}a_1^1 & a_2^1\\ a_1^2 & a_2^2\end{pmatrix}.\end{aligned}$$

따라서

$$\begin{aligned}&(Y_1\cdot Y_1)(Y_2\cdot Y_2) - (Y_1\cdot Y_2)^2\\ &= (a_1^1a_2^2 - a_1^2a_2^1)^2((X_1\cdot X_1)(X_2\cdot X_2) - (X_1\cdot X_2)^2).\end{aligned}$$

이로부터 결론이 따라나온다. ■

부록 B

아인쉬타인 텐서를 계산하는 매쓰매티카 코드

여러 시공간의 아인쉬타인 텐서장 계산

저자 : 양성덕

이 파일은 2015년 2월 2일 한국고등과학원 미분기하학 겨울학교에서 발표한 내용을 손질한 것이다.

날짜1 : 2015년 1월 29일

(1) 여러 시공간 계량기의 리치 텐서, 스칼라 곡률, 아인쉬타인 텐서를 Mathematica로 계산해 본다.

(3) 알려진 여러 시공간 계량기가 정말로 아인슈타인의 중력 방정식을 만족시키는지 Mathematica로 계산해 본다.

날짜2 : 2022년 2월 2일

(1) 새 버전의 MathSymbolica (SymbolicComputing 패키지)로 다시 돌려보았다.

- SCDerivExpand를 SCEvalDeriv로 바꿔야 했다.

✓✓✓ 가지고 계산할 시공간 계량기 선택 ✓✓✓ 여기를 바꿈

다음은 이 파일에서 선택할 수 있는 계량기의 종류입니다.

SchwarzchildMetric
deSitterMetric
AntideSitterMetric
GodelMetric
KerrMetric
KerrNewmanMetric
WeylMetric
ReissnerNordstromMetric
RobertsonWalkerMetric

In[∘]:=
```
SpaceTimeMetric := RobertsonWalkerMetric;
```

준비 -- Symbolic Computing 함수 꾸러미 불러오기

In[∘]:=
```
<< SymbolicComputing`
```

정의 : 아인슈타인의 장 방정식, 리만 곡률 텐서, 리치 텐서, 스칼라 곡률, 등등

제1종 크리스토펠 기호

In[∘]:=

$$\text{FirstChristoffel[i, j, m]} = \frac{\partial g_{i,m}}{\partial x^{j}} + \frac{\partial g_{m,j}}{\partial x^{i}} - \frac{\partial g_{i,j}}{\partial x^{m}};$$

제2종 크리스토펠 기호

In[ ]:= $\Gamma^{k}_{i,j} = \frac{1}{2}\sum_{m=0}^{n} g^{k,m}$ FirstChristoffel[i, j, m];

곡률 텐서

출처: Wald [28, 48쪽]

In[ ]:= $R^{\sigma}_{\mu,\nu,\rho} == -\frac{\partial \Gamma^{\sigma}_{\nu,\rho}}{\partial x^{\mu}} + \frac{\partial \Gamma^{\sigma}_{\mu,\rho}}{\partial x^{\nu}} + \sum_{\alpha=0}^{n}\left(-\Gamma^{\alpha}_{\nu,\rho}\Gamma^{\sigma}_{\alpha,\mu} + \Gamma^{\sigma}_{\alpha,\nu}\Gamma^{\alpha}_{\mu,\rho}\right);$

리치 텐서

출처: Hawking and Ellis [13, 36쪽]

In[ ]:= $R_{b,d} == \sum_{a=0}^{n} R^{a}_{b,a,d};$

계량기의 행렬식

In[ ]:= g == Det[Table[$g_{i,j}$, {i, 0, 3}, {j, 0, 3}]];

스칼라 곡률

출처: Hawking and Ellis [13, 41쪽]

In[ ]:= $R == \sum_{a=0}^{n}\sum_{b=0}^{n} g^{a,b} R_{a,b};$

아인쉬타인 텐서

$G_{a,b} == R_{a,b} - \frac{1}{2} R\, g_{a,b};$

아인쉬타인의 장 방정식

출처: Hawking and Ellis [13, 74쪽]

In[ ]:= $8\pi T_{a,b} == R_{a,b} - \frac{1}{2} R\, g_{a,b} + \Lambda g_{a,b};$

여러 시공간의 계량기

슈바르쯔쉴드 시공간의 계량기

In[•]:= $\text{SchwarzchildMetric} = -\left(1-\frac{2\,m}{r}\right)(dt)^2 + \left(1-\frac{2\,m}{r}\right)^{-1}(dr)^2 + r^2\left((d\theta)^2 + \text{Sin}[\theta]^2\,(d\phi)^2\right);$

In[•]:= $\text{SchwarzchildMetric;}$
$\text{SCMAF}\Big[\%,$
$\quad \text{RA}, \{\text{All}, \{t == x^0,\ r == x^1, \theta == x^2,\ \phi == x^3\}\}\Big];$

In[•]:= $\text{SchwarzchildMetric} = \%\ ;$

더시터르 시공간의 계량기

In[•]:= $\text{deSitterMetric} = -(dv)^2 + (dw)^2 + (dx)^2 + (dy)^2 + (dz)^2\ ;$

적당한 계량기 변환 후 다음이 얻어진다.

In[•]:= $\text{deSitterMetric} = \frac{-(dt)^2 + (dx)^2 + (dy)^2 + (dz)^2}{(t)^2};$

In[•]:= deSitterMetric;
$\text{SCMAF}\Big[\%,$
$\quad \text{RA}, \{\text{All}, \{dt == dx^0, dx == dx^1, dy == dx^2,\ dz == dx^3,\ t == x^0, x == x^1, y == x^2,\ z == x^3\}\}\Big];$

In[•]:= $\text{deSitterMetric} = \%\ ;$

반 더시터르 시공간의 계량기

In[•]:= $\text{AntideSitterMetric} = -(du)^2 - (dv)^2 + (dx)^2 + (dy)^2 + (dz)^2;$

적당한 계량기 변환 후 다음이 얻어진다.

In[•]:= $\text{AntideSitterMetric} = \frac{-(dt)^2 + (dx)^2 + (dy)^2 + (dz)^2}{z^2};$

In[•]:= $\text{AntideSitterMetric;}$
$\text{SCMAF}\Big[\%,$
$\quad \text{RA}, \{\text{All}, \{dt == dx^0, dx == dx^1, dy == dx^2,\ dz == dx^3,\ t == x^0, x == x^1, y == x^2, z == x^3\}\}\Big];$

In[∘]:=
```
AntideSitterMetric = %;
```

Reissner-Nordstrom 시공간의 계량기

출처: Hawking and Ellis [13, 156쪽]

In[∘]:=
```
ReissnerNordstromMetric =
```
$$-\left(1-\frac{2\,\mathrm{m}}{\mathrm{r}}+\frac{\mathrm{e}^2}{\mathrm{r}^2}\right)(d\mathrm{t})^2+\left(1-\frac{2\,\mathrm{m}}{\mathrm{r}}+\frac{\mathrm{e}^2}{\mathrm{r}^2}\right)^{-1}(d\mathrm{r})^2+\mathrm{r}^2\,(d\theta)^2+\mathrm{r}^2\,(\mathrm{Sin}[\theta])^2\,(d\phi)^2;$$

In[∘]:=
```
ReissnerNordstromMetric;
SCMAF[%,
  RA, {All, {dt = dx^0, dr == dx^1, dθ == dx^2, dϕ == dx^3, t == x^0, r == x^1, θ == x^2, ϕ == x^3}}];
```

In[∘]:=
```
ReissnerNordstromMetric = %;
```

Robertson-Walker 시공간의 계량기

http://www.astro.ex.ac.uk/people/sing/Notes/17.Cosmology.Robertson.Walker.pdf

In[∘]:=
$$\mathrm{RobertsonWalkerMetric}=-\mathrm{c}^2\,(d\mathrm{t})^2+(\mathrm{R}[\mathrm{t}])^2\left(\frac{(d\mathrm{r})^2}{\left(1-\mathrm{k}\,\mathrm{r}^2\right)}+\mathrm{r}^2\,(d\theta)^2+\mathrm{r}^2\,(\mathrm{Sin}[\theta])^2\,(d\phi)^2\right);$$

In[∘]:=
```
RobertsonWalkerMetric;
SCMAF[%,
  RA, {All, {dt = dx^0, dr == dx^1, dθ == dx^2, dϕ == dx^3, t == x^0, r == x^1, θ == x^2, ϕ == x^3}}];
```

In[∘]:=
```
RobertsonWalkerMetric = %;
```

Kerr 시공간의 계량기

출처: Hawking and Ellis [13, 161쪽]

In[∘]:=
$$\mathrm{KerrMetric}=\rho^2\left(\frac{(d\mathrm{r})^2}{\Delta}+(d\theta)^2\right)+\left(\mathrm{r}^2+\mathrm{a}^2\right)(\mathrm{Sin}[\theta])^2\,(d\phi)^2-(d\mathrm{t})^2+\frac{2\,\mathrm{m}\,\mathrm{r}}{\rho^2}\left(\mathrm{a}\,(\mathrm{Sin}[\theta])^2\,d\phi-d\mathrm{t}\right)^2;$$
```
SCMAF[%,
  RA, {At[2], {ρ^2 == r^2 + a^2 Cos[θ]^2, Δ == r^2 - 2 m r + a^2}}, ,
  Expand, At[2]];
```

```
In[∘]:= KerrMetric;
SCMAF[%,
   RA, {All, {dt == dx^0, dr == dx^1, dθ == dx^2, dϕ == dx^3, t == x^0, r == x^1, θ == x^2, ϕ == x^3}}];
```

```
In[∘]:= KerrMetric = %;
```

Kerr-Newman 시공간의 계량기

Christian Wuthrich, On Time Machines in Kerr-Newman Spacetime, MSc Thesis, 1999.

In[∘]:=

$$ds^2 == \frac{\Delta}{\Sigma}\left(dt - a\,(\mathrm{Sin}[\theta])^2\, d\phi\right)^2 - \frac{(\mathrm{Sin}[\theta])^2}{\Sigma}\left(a\,dt - \left(r^2 + a^2\right) d\phi\right)^2 - \frac{\Sigma}{\Delta}(dr)^2 - \Sigma\,(d\theta)^2;$$

$$\Delta == r^2 - 2\,M\,r + a^2 + Q^2;$$

$$\Sigma = r^2 + a^2\,\mathrm{Cos}[\theta]^2;$$

In[∘]:= KerrNewmanMetric =

$$\frac{\Delta}{\Sigma}\left(dt - a\,(\mathrm{Sin}[\theta])^2\, d\phi\right)^2 - \frac{(\mathrm{Sin}[\theta])^2}{\Sigma}\left(a\,dt - \left(r^2 + a^2\right) d\phi\right)^2 - \frac{\Sigma}{\Delta}(dr)^2 - \Sigma\,(d\theta)^2;$$

```
KerrNewmanMetric;
SCMAF[%,
   RA, {All, {Σ == r^2 + a^2 Cos[θ]^2, Δ == r^2 - 2 M r + a^2 + Q^2}}, , ,
   Expand, At[2]
  ];
```

```
In[∘]:= KerrNewmanMetric = %;
```

```
In[∘]:= KerrNewmanMetric;
SCMAF[%,
   RA, {All, {dt == dx^0, dr == dx^1, dθ == dx^2, dϕ == dx^3, t == x^0, r == x^1, θ == x^2, ϕ == x^3}}];
```

```
In[∘]:= KerrNewmanMetric = %;
```

Godel 시공간의 계량기

출처: http://www.math.nyu.edu/~momin/stuff/grpaper.pdf
https://en.wikipedia.org/wiki/G%C3%B6del_metric

In[∘]:=

$$\mathrm{GodelMetric} = -a^2\left(\left(dx^0\right)^2 - \left(dx^1\right)^2 + \frac{1}{2}e^{2x^1}\left(dx^2\right)^2 - \left(dx^3\right)^2 + 2\,e^{x^1}\,dx^0\,dx^2\right);$$

Weyl 계량기

```
In[•]:= WeylMetric = -e^(2ψ[ρ,z]) (dt)^2 + e^(2γ[ρ,z]-2ψ[ρ,z]) ((dρ)^2 + (dz)^2) + e^(-2ψ[ρ,z]) ρ^2 (dϕ)^2;
```

```
In[•]:= WeylMetric;
SCMAF[%,
    RA, {All, {dt == dx^0, dρ == dx^1, dϕ == dx^2, dz == dx^3, t == x^0, ρ == x^1, ϕ == x^2, z == x^3}}];
```

```
In[•]:= WeylMetric = %;
```

시공간 계량기의 계수 뽑아내기

```
In[•]:= SpaceTimeMetric
```

참고 : 이 표현이 x^0, x^1, x^2, x^3의 꼴로 나타나지 않으면 잘못된 것이다. Mathematica를 완전히 껐다가 다시 켠 후 다시 이 파일을 돌려 보라.

```
In[•]:= Table[X Y, {X, {dx^0, dx^1, dx^2, dx^3}}, {Y, {dx^0, dx^1, dx^2, dx^3}}];
SCMAF[%,
    Coefficient, { SpaceTimeMetric,  At[_, _]}, MainArg → 2, , ,
    Times, {All,  Table[If[i == j, 1, 1/2], {i, 1, 4}, {j, 1, 4}]}
  ];
CoeffOfMetric = %;
```

```
In[•]:= CoeffOfMetric;
SCMAF[%,
    Equal, {Table[g_{i,j}, {i, 0, 3}, {j, 0, 3}], All}, MainArg → 2,
    Thread, {All},
    Thread, At[_], , ,
    Flatten, All
  ];
ComponentsOfMetric1 = %;
```

```
In[*]:= Inverse[CoeffOfMetric] // FullSimplify ;
SCMAF[%,
    Equal, {All, Table[g^{i,j}, {i, 0, 3}, {j, 0, 3}]},
    Thread, All,
    Thread, At[_],
    Flatten, All, , ,
    Reverse, At[_]
  ];
ComponentsOfMetric2 = %;
```

```
In[*]:= ComponentsOfMetric = ComponentsOfMetric1 ~ Join ~ ComponentsOfMetric2
```

제2종 크리스토펠 기호 계산

```
In[*]:= Γ^k_{i,j} == 1/2 Sum[g^{k,m} FirstChristoffel[i, j, m], {m, 0, n}];
SCMAF[%,
    RA, {At[2], n == 3},
    RA, {At[2], FirstChristoffel[i, j, m] = ∂g_{i,m}/∂x^j + ∂g_{m,j}/∂x^i - ∂g_{i,j}/∂x^m},
    SCEvalSum, At[2],
    Table, {All, {k, 0, 3}, {i, 0, 3}, {j, 0, 3}},
    Flatten, All,
    RA, {At[_, 2], ComponentsOfMetric},
    SCDerivExpand, At[_, 2],
    SCEvalDeriv, At[_, 2], , ,
    Simplify, At[_, 2]];
```

```
In[*]:= ComponentsOfGamma = %
```

리만 곡률 텐서 성분 계산

In[ ]:=

$$R^{\sigma}_{\mu,\nu,\rho} == -\frac{\partial \Gamma^{\sigma}_{\nu,\rho}}{\partial x^{\mu}} + \frac{\partial \Gamma^{\sigma}_{\mu,\rho}}{\partial x^{\nu}} + \sum_{\alpha=0}^{n}\left(-\Gamma^{\alpha}_{\nu,\rho}\Gamma^{\sigma}_{\alpha,\mu} + \Gamma^{\sigma}_{\alpha,\nu}\Gamma^{\alpha}_{\mu,\rho}\right);$$

```
SCMAF[%,
    RA, {At[2], n == 3},
    SCEvalSum, At[2],
    Table, {All, {σ, 0, 3}, {μ, 0, 3}, {ν, 0, 3}, {ρ, 0, 3}},
    Flatten, All,
    RA, {At[_, 2], ComponentsOfGamma}, , ,
    SCEvalDeriv, At[_, 2]];
```

In[ ]:=

```
ComponentsOfCurvatureTensor = %
```

리치 텐서 성분 계산

In[ ]:=

$$R_{b,d} == \sum_{a=0}^{n} R^{a}_{b,a,d};$$

```
SCMAF[%,
  RA, {At[2], n == 3},
  SCEvalSum, At[2],
  Table, {All, {b, 0, 3}, {d, 0, 3}},
  Flatten, All,
  RA, {At[_, 2], ComponentsOfCurvatureTensor},
  Simplify, At[_, 2]]
```

In[ ]:=

```
ComponentsOfRicci = %
```

스칼라 곡률 계산

In[ ]:=

$$S == \sum_{a=0}^{n}\sum_{b=0}^{n} g^{a,b} R_{a,b}$$

```
SCMAF[%,
    RA, {All, n == 3},
    SCEvalSum, At[2],
    RA, {At[2], ComponentsOfRicci~Join~ComponentsOfMetric},
    Simplify, At[2]];
```

```
ScalarCurvature = %;
```

아인슈타인의 장 방정식에 대입, 우주 상수 Λ 결정

우주 상수 Λ 선택

SchwarzchildMetric : $\Lambda == 0$

deSitterMetric : $\Lambda == 3$

AntideSitterMetric : $\Lambda == -3$

GodelMetric의 경우 : $\Lambda == \frac{-1}{2\,a^2}$

KerrMetric : $\Lambda == 0$

KerrNewmanMetric : $\Lambda == 0$

에너지 - 모멘텀 텐서

ReissnerNordstromMetric : 이것의 Energy-momentum 텐서는 다음 사이트에 나와 있다. http://gmam-mado.mysite.syr.edu/notes/rn_metric.pdf 참조할 것. 계산결과가 에너지-모멘텀 텐서 맞다.

RobertsonWalkerMetric : 자, 이제 이것이 정녕 Energy-momentum 텐서인가 하는 것을 보이기 위해선 물리를 알아야 한다. 구한 방정식이 맞는가는 http://www.ita.uni-heidelberg.de/~dullemond/lectures/-cosmology_2011/Chapter_4.pdf 에 어느 정도 나와 있다. 두 개의 ODE를 얻는다고 되어 있다.

```
In[•]:= CosmologicalConstant = {
          SchwarzchildMetric → 0,
          deSitterMetric → 3,
          AntideSitterMetric → -3,
          GodelMetric → -1/(2 a^2),
          KerrMetric → 0,
          KerrNewmanMetric → 0};
```

대입

```
In[•]:= TheRule = ComponentsOfRicci ~ Join ~ ComponentsOfMetric ~ Join ~ {ScalarCurvature};
```

$$8\pi T_{a,b} == R_{a,b} - \frac{1}{2} S g_{a,b} + \Lambda g_{a,b};$$

```
SCMAF[%,
   Table, {All, {a, 0, 3}, {b, 0, 3}},
   RA, {At[_, _, 2], TheRule},
   RA,
   {At[_, _, 2], Append[Join[ComponentsOfRicci, ComponentsOfMetric], ScalarCurvature]},
   Simplify, At[_, _, 2]];
```

In[ ]:=
```
SCMAF[%,
    RA, {All, {T_{a_,b_} == 0, Λ == (SpaceTimeMetric /. CosmologicalConstant)}}, , ,
    MatrixForm, All
  ];
```

In[ ]:=
```
FinalResult = %
```

참고

다른 식을 이용하여 리치 곡률 텐서의 성분을 다시 계산해 보았다. 같은 결론을 얻는다.

$$R_{\mu,\nu} == \left(\sum_{\sigma=0}^{n} \frac{\partial \Gamma^{\sigma}_{\mu,\nu}}{\partial x^{\sigma}}\right) - \frac{1}{2}\frac{\partial^2 \mathrm{Log}[g]}{\partial x^{\mu}\,\partial x^{\nu}} + \frac{1}{2}\left(\sum_{\sigma=0}^{n} \Gamma^{\sigma}_{\mu,\nu}\frac{\partial \mathrm{Log}[g]}{\partial x^{\sigma}}\right) - \sum_{\rho=0}^{n}\sum_{\sigma=0}^{n} \Gamma^{\rho}_{\sigma,\mu}\,\Gamma^{\sigma}_{\rho,\nu}$$

```
SCMAF[%,
    RA, {At[2], n == 3},
    SCEvalSum, At[2],
    Table, {All, {μ, 0, 3}, {ν, 0, 3}},
    Flatten, All,
    RA, {At[_, 2], g == ((x^1)^4 Sin[x^2]^2 (-1 + 2m/x^1))/(1 - 2m/x^1)},
    RA, {At[_, 2], ComponentsOfGamma}, , ,
    SCDerivExpand, All,
    Simplify, At[_, 2]];
```

참고 문헌

[1] 김강태, 리만 기하학, 교우사, 2015.

[2] 김강태, 미분다양체론, 교우사, 2015.

[3] 김선부, 유클리드 공간과 민코프스키 공간의 비유클리드 모델, 2판, 경문사, 2018.

[4] 김영욱·고성은, 기하학개론 강의록, 안암 수학강의록 시리즈 제 *1*권, 고려대학교 수학과, 2019.

[5] 양성덕, 양성덕의 미분기하강의 *1*편, 미출판 원고.

[6] 윤갑진, 미분기하학, 개정판, 경문사, 2007.

[7] J. Bertrand, C. F. Diguet, and V. Puiseux, *Démonstration d'un théorème de Gauss*, Journal de Mathématiques, 13 (1848), 80–90.

[8] S. Fujimori, M. Noro, K. Saji, T. Sasaki, and M. Yoshida, *Schwarz maps for the hypergeometric differential equation*, International Journal of Mathematics Vol. 26, No. 6 (2015).

[9] C. F. Gauss, *General investigations of curved surfaces of 1827 and 1825*, Translated with notes and a bibliography by J. C. Morehead and A. M. Hiltebeitel, The Princeton University Library, Princeton, N.J. (1902), available from `https://math.dartmouth.edu/~doyle/docs/102.2020/sources/gauss_surfaces.pdf`

[10] D. T. Guarrera, N. G. Johnson, and H. F. Wolfe, *The Taylor Expansion of a Riemannian Metric*, Rose Hulman Undergraduate Math Journal, Vol. 3, No. 2 (2002).

[11] K. Y. Ha and J. B. Lee, *Left invariant metrics and curvatures on simply connected three-dimensional Lie groups*, Math. Nachr., Vol. 282, No. 6 (2009), 868–898.

[12] K. Y. Ha and J. B. Lee, *The isometry groups of simply connected 3-dimensional unimodular Lie groups*, J. Geom. Phy., Vol. 62, (2012), 189–203.

[13] S. Hawking and G. Ellis, *The large scale structure of space-time*, Cambridge University Press, 1973.

[14] M. Kokubu, *On Minimal Surfaces in the Real Special Linear Group* $\mathbf{SL}(2, \mathbb{R})$, Tokyo J. Math., Vol. 20, No. 2 (1997).

[15] H. L. Liu, *Surfaces in the lightlike cone*, J. Math. Anal. Appl. 3256 (2007), 1171–1181.

[16] J. D. Moore, *Lectures on Differential Geometry Math 240BC*,

June 5, 2009 version, lecture notes available from
https://web.math.ucsb.edu/~moore/riemanniangeometry.pdf

[17] K. Nomizu, *The Lorentz-Poincaré metric on the upper half-space and its extension*, Hokkaido Mathematical Journal Vol. 11 (1982), 253–261.

[18] T. Novello, V. da Silva, L. Velho, and M. Belolipetsky, *How to see the eight Thurston geometries*, https://arxiv.org/pdf/2005.12772.pdf

[19] B. O'Neill, *Semi-Riemannian geometry. With applications to relativity.* Pure and Applied Mathematics, 103. Academic Press, Inc., New York, 1983.

[20] B. O'Neill, *Elementary Differential Geometry*, Korean Student Edition, United Publishing & Promotion Co., 1984.

[21] B. O'Neill, *Elementary Differential Geometry*, Revised second edition, Elsevier/Academic Press, Amsterdam, 2006.

[22] C. Quigley, *On the Origins of Gauge Theory*, April 14, 2003, http://www.math.toronto.edu/~colliand/426_03/Papers03/C_Quigley.pdf

[23] G. F. B. Riemann, "*Trouver quel doit être l'état calorifique d'un corps solide homogène indéfeni pour qu'un système de courbes isothermes, à un instant donné, restent isothermes après un temps quelconque, de telle sorte que la température d'un point puisse*

s'exprimer en fonction du temps et de deux autres variables indépendantes.",
https://www.emis.de/classics/Riemann/index.html

[24] H. Shin. Y. W. Kim, S.-E. Koh, H. Y. Lee, and S.-D. Yang, *Ruled minimal surfaces in the Berger sphere*, Differential Geom. Appl., 40 (2015), 209–222.

[25] M. Spivak, *A Comprehensive Introduction to Differential Geometry*, Vol. Ⅰ, Ⅱ, Ⅲ, Ⅳ, Ⅴ. Second edition, Publish or Perish, Inc., Wilmington, Del., 1979.

[26] M. Spivak, *A Comprehensive Introduction to Differential Geometry*, Vol. Ⅰ, Ⅱ, Ⅲ, Ⅳ, Ⅴ. Third Edition, Second Printing, Publish or Perish, Inc., Houston, Texas, 1999.

[27] J. Suh and S.-D. Yang, *Zero mean curvature surfaces in isotropic three-space*, Bull. Korean Math. Soc. 58, No. 1 (2021), 1–20.

[28] R. Wald, *General Relativity*, The University of Chicago Press, 1984.

[29] C. Wüthrice, *On time machines in Kerr-Newman Spacetime*, M. Sc. Thesis, 1999.

[30] https://en.wikipedia.org/wiki/Bernhard_Riemann#Riemannian_geometry

[31] https://heiup.uni-heidelberg.de/reader/download/534/534-69-86463-1-10-20190919.pdf

[32] https://www.emis.de/classics/Riemann/WKCGeom.pdf

[33] http://www.gutenberg.org/files/36856/

[34] http://arkadiusz-jadczyk.eu/blog/2017/05/riemannian-metric-sl2r-explicit-formula/

[35] http://arkadiusz-jadczyk.eu/blog/2017/05/parametrization-sl2r/

[36] https://en.wikipedia.org/wiki/Iwasawa_decomposition

[37] https://en.wikipedia.org/wiki/Cartan\%27s_lemma

주제어 찾아보기

양성덕

경력
고려대학교 조교수, 부교수, 정교수 (2001. 9 ~ 현재)
브라운 대학교 방문조교수 (2000. 9 ~ 2001. 8)
인디애나 대학교 맥스 조른 방문조교수 (1997. 9 ~ 2000. 5)

학력
브라운 대학교, 수학박사 (1997. 5)
브라운 대학교, 수학석사 (1991. 5)
한국과학기술원, 수학학사 (1990. 2)

양성덕의 **미분기하강의 2편**

초판발행 2022년 7월 20일
지은이 양성덕
펴낸이 오판근
펴낸곳 (주) 교우
주 소 서울시 동대문구 약령시로 8 교우빌딩 2층 (주)교우
전 화 02-925-2861 / **팩 스** 02-925-2860, **편집부** 02-925-2825
홈페이지&북스토어 www.kyowoo.co.kr / 이메일 kyowoo@kyowoo.co.kr
등 록 1994년 3월 24일 제1994-000013호
ISBN 979-11-251-0359-2(94410) / 979-11-251-0067-6(세트)

Published by Kyowoo Co., Ltd. Printed in Korea

(주) 교우는 보다 혁신적이고 참신한 도서를 다양하게 기획하고 있습니다.
책으로 펴내고자 하는 아이디어나 원고는 메일로 보내주세요.
(주) 교우는 전과정을 책임지고 최선을 다하겠습니다.

값 23,000원

교우미디어는 (주) 교우의 Imprint 사입니다.
수학정원·과학정원은 (주) 교우의 새로운 브랜드명입니다.

잘못된 책은 구입하신 서점에서 교환해 드립니다.